Emilia Kliment
So wird dein Tier zum echten Freund

Emilia Kliment

So wird dein Tier zum echten Freund

Katze, Hund und Pferd verstehen und von ihnen verstanden werden

1. Auflage 2009

Emilia Kliment
So wird dein Tier zum echten Freund

Übersetzt aus dem Ungarischen von Eva Becze .
Lektorat: Anja Fietz

Zeichnungen: Brigitta Lang

© für die deutsche Ausgabe Neue Erde GmbH 2009
Alle Rechte vorbehalten.

Titelseite:
Foto: Margaretha Olschweski/Jahreszeiten Verlag
Gestaltung: Dragon Design, GB

Satz und Gestaltung:
Dragon Design, GB
Gesetzt aus der Minion

Gesamtherstellung: Fuldaer Verlagsanstalt GmbH, Fulda

Printed in Germany

ISBN 978-3-89060-529-6

Neue Erde GmbH
Cecilienstr. 29 · 66111 Saarbrücken · Deutschland · Planet Erde
www.neue-erde.de

Dieses Buch widme ich Pamela J. Grant,
deren Liebe, Fürsorge und Hilfe
mich ein ganzes Leben lang begleitet hat.

»*Das seidene Roß ging also in das Land der Menschen, in das weite Land,*
zu einer Burg aus Erde, die man Weiße Burg nannte. Dort traf es auf einen
Sohn von Rma, namens Ldamsam. Das Roß sprach so zu ihm:
›Pferde haben wenig Verstand, die Angst liegt ihnen nicht fern. Du,
Mensch! Kannst du klug sein? Kannst du deiner Ängste Herr sein?‹
›Ja, ich kann klug sein, ich kann meiner Ängste Herr sein.‹
›Dann werde ich dich auf meinem Rücken tragen – heute, morgen und
immerdar.‹«

(Märchen aus Tibet)

Inhalt

Warum dieses Buch?
Ein persönliches Vorwort

Seitdem ich denken kann, habe ich ein starkes unwillkürliches Interesse an der Natur und ihren Lebewesen. Von Kindesbeinen an sog ich alles, was auch nur im Entferntesten mit Tieren und Pflanzen zu tun hatte, gierig in mich auf. Dabei wurde ich von meinen Eltern tatkräftig unterstützt: Sie versorgten mich mit erstklassigen Fachbüchern, und in der Schulzeit war ich stolze Besitzerin einer Jahreskarte für den Zoo, in den es mich jeden Tag nach dem Unterricht zog.

Während dieser Besuche beobachtete ich die Wildtiere nicht bloß wie jeder normale Mensch, sondern versuchte beharrlich, ihnen näherzukommen, ja, eine richtige Herzensbindung zu ihnen – über die Absperrung hinweg – aufzubauen.

Das gelang mir auch zu meinem Entzücken: Ein ehrfurchtgebietender Hirsch, eine gefleckte Hyäne und ein altersgrauer Wolf zählten bald genauso zu meinen Freunden wie eine zierliche Fuchsdame. Sie kamen heran, wenn ich sie beim Namen rief, und ließen sich bereitwillig von mir füttern und streicheln. Das mußte natürlich heimlich geschehen, denn die Pfleger, die um mein Wohl besorgt gewesen wären, hätten mich sonst mit Sicherheit vertrieben.

Mein Vater, der leider viel zu früh verstorben ist, lehrte mich schon als Dreijährige, daß man die Tiere nicht nur lieben, sondern ihnen auch Achtung entgegenbringen muß. Sie dürfen nicht grob angepackt, hochgehoben und getätschelt werden, da es ihnen unangenehm ist. Unsere Liebe sollten wir dadurch zum Ausdruck bringen, indem wir ihnen alles geben, was sie wirklich brauchen und wollen.

Oft fuhren wir hinaus aufs Land, wo wir durch Wälder und Wiesen streiften, immer leise und darauf bedacht, die Natur nur ja nicht durch unsere Anwesenheit zu stören. Mein Vater konnte mir alle Pflanzen und Säugetiere, Vögel und Insekten erklären; und es gab kein einziges Tier darunter, dem er mit Furcht, Widerwillen oder gar Abscheu begegnet wäre. Daher kamen auch bei mir keine derartigen Empfindungen auf – sondern Liebe und tiefe Rührung.

Ich mochte vier oder fünf Jahre alt gewesen sein, als wir einmal in der Dämmerung durch den Wald pirschten und uns ein heftiger Regen überraschte. Wir suchten unter dem Blätterdach der Bäume Schutz und hofften, daß der Schauer bald vorübergehen würde. Plötzlich tauchte wie von Zauberhand ein Rudel

Hirsche auf der Lichtung vor uns auf. Sie begannen zu grasen, und ich verfolgte gebannt jede ihrer Bewegungen.

Eines der Tiere, eine junge Hirschkuh, kam immer näher an unseren Unterschlupf heran, so daß ich kaum zu atmen wagte, um es nicht zu erschrecken. Aber es war so schön, daß in mir der Wunsch aufkeimte, es zu berühren. Dabei durfte ich das nicht, weil es sonst davonlaufen würde, das wußte ich sehr wohl. Doch inzwischen stand es so dicht vor mir, daß ich sogar die Wärme seines Körpers spüren konnte. Mein Herz tat sich auf bei so viel Anmut. Das Tier kaute an ein paar Blatttrieben, als sich unsere Blicke für eine Weile begegneten. Es blieb ganz ruhig, doch in mir war die Versuchung schon übergroß geworden. Als es sich zur Seite neigte, streckte ich langsam die Hand nach ihm aus und berührte sanft sein Fell – im Nu sprang es hoch und war mit seinem Rudel auf und davon! Das war mir eine schmerzhafte Lehre, die ich nie vergessen sollte.

Später rieten mir meine Eltern und Lehrer davon ab, Tierärztin oder Biologin zu werden, daher entschied ich mich für den Ingenieursberuf. Doch auf Umwegen kehrte ich immer wieder auf meinen ursprünglichen Pfad zurück. Ich lernte reiten, züchtete Tiere und beschäftigte mich privat mit Pferden, Hunden und Katzen. Hauptsächlich arbeitete ich als Lehrerin, Journalistin, Redakteurin, Übersetzerin und Dolmetscherin und zuletzt als Heilpraktikerin. Durch die Verbindung mit meinem Ehemann, der zuvor jahrelang als Profireiter tätig gewesen war, arbeiteten wir fortan gemeinsam in vielen Reitställen in ganz Ungarn als Zureiter und Reitlehrer.

Längst war mir aufgefallen, daß ich die Gabe besaß, mit einem Tier schnell auf die gleiche Wellenlänge zu kommen, auch mit Problemtieren, die zu Angriffen neigen. In dieser Zeit habe ich sehr viel gelernt, nicht nur über das Verhalten und die geistigen Fähigkeiten von Pferden, Hunden und Katzen, sondern genauso viel über die Schwierigkeiten, mit denen sie und ihre Besitzer zu kämpfen haben. Um beiden Seiten zu helfen, habe ich meine Erfahrungen zu Papier gebracht. In zwei Zeitschriften sind bereits meine Artikelreihen zum Thema Verhaltensforschung erschienen und nun also dieses Buch »So wird dein Tier zum echten Freund«.

Emilia Kliment

Einleitung

Wir wissen nicht, wann und aus welchen Überlegungen heraus unsere Vorfahren in der Steinzeit auf den Gedanken kamen, Wildtiere als Haustiere zu nutzen. Vielleicht haben diese Vorfahren beobachtet, daß der Wolf schneller laufen kann als sie und daß er mit seinem feinen Geruchssinn leichter die Fährte des Wildes aufnimmt. Ihnen fiel wahrscheinlich auf, daß sich ein Pferd auf unebenem Boden besser fortbewegt und überdies dank seiner großen Kraft beachtliche Lasten tragen oder ziehen kann. Nach diesen Beobachtungen mußten noch viele Jahre vergehen, Jahre voller Mißerfolge, vielleicht mit aufopfernder, unablässiger Arbeit unter Einsatz von Menschenleben, bis sie die Lösung fanden: Was mußten sie tun, damit die Wildtiere ihre Befehle befolgten? Wie konnten sie das Wildtier zu ihrem Gefährten machen, der gemeinsam mit ihnen Aufgaben bewältigt? Bloße Gewalt reichte dazu nicht aus und ist auch nicht geeignet – wer kann schon ein Wildtier zu irgend etwas zwingen?

Nein, die Verbindung zwischen Mensch und Tier entstand keineswegs durch Zwang. Unsere Vorfahren bewunderten sicher die wilden Lebewesen wegen ihrer Schönheit, sie bestaunten ihre Kraft, ihre Ausdauer, ihren Einfallsreichtum, selbst dann, wenn diese Wildtiere für den Menschen nichts anderes als einen Jagderfolg, sprich Nahrung, bedeuteten. Theorien gehen davon aus,

Am Anfang war die Frage:
Wie zähmt der Mensch das wilde Tier, wenn es mit Gewalt nicht geht?

11

daß der Urzeitmensch wahrscheinlich Wildtiere gefangennahm oder Findelkinder mit nach Hause brachte und sie bei sich aufzog. Vielleicht verhielt es sich so oder aber auch ganz anders.

Wir sollten bedenken, wie viele Wildtiere heutzutage in der Lage sind, in Siedlungsgebieten heimisch zu werden, ausgelegtes Futter oder Schutz anzunehmen, und auf diese Weise zahm werden. Es ist durchaus möglich, daß die Tiere die Gesellschaft des Menschen sogar gesucht haben. Auf jeden Fall brachte dies die Notwendigkeit mit sich, daß Mensch und Tier miteinander kommunizierten, wenn sie etwas voneinander wollten. Es ist gut vorstellbar, daß der unzivilisierte Mensch von damals, der viel mehr mit der Natur verbunden war, aber wenig Kenntnisse besaß, dennoch intuitiv besser mit den Tieren kommunizierte als wir es heute tun.

Heute, mehrere Tausend Jahre später, gibt es vor allem über schon lange gezähmte Rassen eine Fülle von Informationen. Weltweit existieren diverse Einrichtungen, die sich mit der Lebensweise der Tiere befassen und wo man etwas über ihre Bedürfnisse und den Umgang mit ihnen erfahren kann. Sie werden von uns gezähmt und gezüchtet. In Unmengen von Büchern, Zeitschriften und Filmen wird das Wissen über die Tiere verbreitet. Und doch fällt es den Menschen von heute schwer, einen Kontakt zu den Tieren aufzubauen.

Wer es tatsächlich versucht, muß sozusagen völliges Neuland betreten. Denn was dazu nötig ist, steht nirgendwo in den Büchern geschrieben. Viele von uns stecken voller Vorurteile und Fehlansichten, deshalb ist den meisten Menschen das Tier fremd. Wenn gelegentlich ein Hund oder eine Katze Einlaß in eine Familie findet, wird die Betreuung des Tieres oft als Last oder Opfer empfunden. Manche Tierhalter sind zunächst mit Begeisterung dabei, doch bald haben sie die Lust verloren. Ein Hund, der – anscheinend – alles bekommt, wird bald knurrig, unfolgsam, manchmal sogar bissig. Die mit allergrößter Fürsorge umhegte Katze hingegen macht – und das gibt es wirklich – aus reiner Langeweile in die Stube.

In erster Linie habe ich das Buch aus folgendem Grund geschrieben: Ich möchte meinen Mitmenschen vor Augen halten, daß in den oben genannten Fällen nicht das Tier der Schuldige ist. Das viel gescholtene Biest (welches auch immer) kann mit entsprechender, ihm angemessener Behandlung unser bester Freund, treuester Gefährte und »größter Trost« werden. Es kann uns mit seiner Liebe und Güte Kraft geben, unser Los zu tragen. Es kann unser Herz erwärmen, indem es sich über viele Jahre, Tag für Tag immer wieder über unser Dasein freut.

Doch um dies zu erlangen, müssen wir selbst etwas geben. Zuallererst müssen wir uns frei von jeglichen Vorurteilen und Fehlansichten machen. Mittlerweile ist wissenschaftlich unwiderlegbar bewiesen, daß Wirbeltiere (und auch andere Arten) eine empfindende Seele besitzen und intelligente Lebewesen sind. Trotzdem werden sie nicht von allen Tierhaltern als solche behandelt. Es ist kaum zu fassen, aber sogar aus dem Mund von Tierärzten habe ich schon gehört: »Das Tier ist primitiv; es versteht nur, daß Fressen und Streicheln gut ist und Prügel schlecht.« Und das, obwohl schon der einfache Hirte seit Jahrtausenden weiß, daß sein Hund auf einen einzigen Wink hin seine Herde zusammentreibt. Und wenn der Hirte befiehlt: »Bello, bring mir den Bock«, dann wählt der Hund gezielt den Bock aus der Herde aus und bringt ihn.

Zum Glück wird die Zahl der Fachleute immer größer, die voller Überzeugung sagen, daß das Tier viel mehr versteht, *als wir je gedacht hätten*. Der mit ihm bestehende Kontakt führt zu unglaublichen Ergebnissen. Meine Beobachtungen und Erfahrungen, die ich mit Tieren gesammelt habe, gebe ich zusammen mit einer Anleitung an all jene weiter, die sich mit Tieren beschäftigen wollen, die mit ihnen eine harmonische Verbindung aufbauen möchten und die beim Abrichten ein besseres Ergebnis als bisher zu erzielen wünschen. Meine Aufzeichnungen umfassen etwas, das in keinem Buch und keiner Zeitschrift steht und in keinem Film gezeigt wird.

Das Thema erwies sich als sehr vielschichtig und umfangreich. Zuerst mußte ich eine Einschränkung hinsichtlich der Tierarten vornehmen: Über welche Tiere sollte berichtet werden? Dabei mußte die Intelligenz von Tieren als Aspekt außer acht gelassen werden. Zu viele Tierarten wären in Betracht gekommen. Außerdem wäre die Abgrenzung schwierig gewesen, weiß man doch aus eigener Erfahrung, daß die Kommunikation mit einem Aquarienfisch schlecht funktioniert, aber nicht etwa, weil der Flossenträger an sich nicht intelligent wäre. Vielleicht beschäftigen wir uns einfach zu wenig mit diesem Gebiet. Wahrscheinlich unterscheiden sich Fische zu sehr von uns, und deshalb verstehen wir auch ihre Sprache nicht und andersherum. Oder die Fische wollen gar nicht mit uns kommunizieren. Auch mit Insekten können wir keine Verbindung aufnehmen, obwohl wir wissen, daß einige Arten – z. B. Bienen, Wespen und Ameisen – einen regen Informationsaustausch untereinander pflegen. Mönche aus dem Fernen Osten äußerten bereits vor Jahrzehnten die Annahme, daß sogar Pflanzen vernunftbegabte Wesen sind. Ihre Lebensweise ist uns Menschen allerdings dermaßen fremd, daß wir nicht in der Lage sind, ihre Zeichen zu deuten.

An der Schwelle zum 21. Jahrhundert hat sich sogar die westliche Wissenschaft der Annahme genähert, daß auch Pflanzen Klänge wahrnehmen, Schmerz empfinden und Symptome zeigen. Sie reagieren ähnlich wie Tiere auf äußere Reize, nur für uns nicht unmittelbar wahrnehmbar.

In meinem Buch soll von den drei wichtigsten Tierarten die Rede sein, mit denen wir im allgemeinen kommunizieren wollen: dem Hund, der Katze und dem Pferd. Auf den Nutzen der Haustiere werde ich nicht weiter eingehen. Es finden auch andere Tiere Erwähnung, aber nur sofern dies von Interesse ist oder die Verhaltensweise dieser Tiere meine Aussagen stützt.

Mit dem Begriff »Tiere« sind bei mir im engeren Sinne Säugetiere gemeint und von diesen die drei genannten Arten. Im Laufe meines Lebens, besonders in den letzten fünfzehn Jahren, habe ich mich mit verschiedenen Vertretern dieser Arten beschäftigt. Wenn ich über diese Tiere berichte, wird sicher mehrfach der eine oder andere Name auftauchen. Mit ihnen verbindet mich eine sehr lange gemeinsam verbrachte Zeit, in der ich mich von ihrem außergewöhnlichen Denkvermögen und den in ihnen steckenden Fähigkeiten überzeugen konnte. Der Grund, weshalb ich eher untypische, besondere Begebenheiten schildere, ist leicht erklärt: Es hat sich mir immer mehr gezeigt, daß bei der Entwicklung tierischer Intelligenz nicht die Vererbung ausschlaggebend ist, sondern die richtige Einstellung des Menschen. Da jedoch die ererbten Fähigkeiten irgendwo eine Obergrenze setzen, ergibt sich daraus, daß *diese Grenze bei den herausragenden Fähigkeiten liegt und nicht beim Durchschnittsverhalten.*

Während meiner jahrzehntelangen Studien bin ich zu der Erkenntnis gelangt, daß eine lieblose Behandlung der Tiere daher rührt, daß wir Menschen Tiere als niedrigergestellte Lebewesen ansehen, die keine Seele haben und nur von ihren Instinkten geleitet werden. Solange wir unsere Mitmenschen nicht vom Gegenteil überzeugen, wird ein wirksamer Tierschutz nicht umsetzbar sein. Meiner Ansicht nach sollte diese Überzeugungsarbeit bei den Haustieren ansetzen, beim Hund, bei der Katze und beim Pferd. Mit ihnen sind wir am engsten verbunden.

Alles, was ich niedergeschrieben habe, kann jeder von uns jederzeit beobachten. Wie kann von jemandem erwarten werden, daß er mit einem Bären behutsamer umgeht, daß er auf die Jagd von Hirsch, Tiger oder Wal verzichtet, daß er Tiere nicht nur wegen ihres Fells oder irgendeines Organs umbringt, daß er überhaupt keine Tiere tötet oder in unwürdiger Gefangenschaft hält, wenn er für seinen eigenen Hund oder Nachbars Katze kein Mitgefühl empfindet? Dabei sind Bär, Hirsch und alle anderen Wildtiere ebenso empfindende

Lebewesen und geistig ebenso hoch entwickelt – das ist für jeden ersichtlich, der dies bei seinen Haustieren schon beobachtet hat. Ich habe die große Hoffnung, mit meinem Buch dieses Ziel zu erreichen, und wenn es soweit ist, werde ich im Namen aller Hunde, Katzen, Pferde, Bären, Hirsche, Tiger, Wale und im Namen aller anderen Tiere dankbar sein.

Ihre Emilia Kliment

Tiere in der Literatur

Im Verlauf der Geschichte haben die Menschen, die in der Nähe von Tieren lebten, schon immer deren Verhalten beobachtet und daraus ihre Schlüsse gezogen. Man gewann den Eindruck, daß Tiere mit dem Menschen vergleichbar sind, über Gefühle verfügen, oft in ähnlicher Weise auf die Umwelt reagieren und vielfältige Beziehungen zum Menschen und untereinander aufbauen. Diese Beobachtungen bzw. Anschauungen des Menschen über das Wesen, die Fähigkeiten, über die Herkunft der Tiere spiegeln sich seit jeher in der Überlieferung wider.

Die Tiere hatten seit jeher eine bedeutende Rolle in der Literatur, angefangen bei den ältesten Aufzeichnungen, den Sagen und Fabeln. Je nach den geographisch-ökonomischen Gegebenheiten hatten alle Völker, alle Regionen ihre Lieblingstierarten. Dabei handelte es sich meist um heimische Tierarten, die mit ihrer Schönheit, ihrer Kraft, ihrer ehrfurchtgebietenden Ausstrahlung und der damit offenkundigen Verwundbarkeit des Menschen seine Phantasie, Bewunderung oder Sympathie wachriefen. Nicht nur Haustiere, sondern auch Wildtiere, pflegten einen gewissen Kontakt zu den Menschen. Das machte sich dadurch bemerkbar, wie sie auf die Annäherung von Menschen reagierten oder wie sie sich ihnen selbst näherten. Das Verhalten der Tiere war oft nachvollziehbar, manchmal aber vom menschlichen Blickwinkel her völlig unerklärlich.

Es ist naheliegend, daß die Menschen des Altertums weniger Furcht vor Tieren hatten, da sie mehr mit ihnen vertraut waren. Sie nahmen es schlichtweg als gegeben hin, daß der Tiger, das Krokodil *tötet*. Ihnen erschien es eher seltsam, wenn diese Tiere gemächlich vor sich hindösten oder würdevoll an der möglichen Beute vorbeischritten. Die Menschen betrachteten diese Tiere nicht als Feinde, sondern hielten sie für Geschöpfe Gottes, die hin und wieder ein Opfer forderten oder Gerechtigkeit walten ließen.

Das alte Krokodil befahl allen anderen Krokodilen, sich nicht zu unterstehen, Damura oder ihrem Mann etwas anzutun. – Aber wenn ihr Damuras Schwiegermutter seht, wie sie im Fluß badet oder ihre Wäsche wäscht, dann zerfleischt sie in aller Seelenruhe.

Volksmärchen aus Indonesien

In den europäischen Märchen, darunter auch in denen Ungarns, ist öfter eine gewisse Feindseligkeit gegenüber Raubtieren zu erkennen. Wolf, Fuchs und Bär sind keine bewunderten Helden, sondern finden den Tod oder werden für ihre Missetaten hart bestraft. Das bedeutet nicht, daß die Europäer die Tiere weniger liebten oder sich vor Raubtieren weniger fürchteten. Es hat einfach damit zu tun, daß diese Sagen und Märchen viel später entstanden sind als die Erzählungen in Asien, Afrika und die Legenden der Indianer Nordamerikas. Die europäischen Märchen sind ein Ergebnis zivilisierter Gesellschaften und entstanden zu einer Zeit, in der die Menschen dabei waren, sich von der Natur zu entfernen, ihren Lebensraum stetig auszudehnen und damit ihren Untergang einzuläuten. In der Natur war vieles für den Menschen schon nicht mehr selbstverständlich.

Die meisten unserer Märchen kann man nicht mehr in ihrer Urfassung lesen, denn Literaten und Märchensammler haben sie umgeschrieben, brachten sie in eine künstlerisch anspruchsvollere oder nur modernere Form. (Neufassungen sind auch bei den östlichen Märchen zu beobachten. Aber der naturliebende Mensch des Ostens hätte weder damals noch heute irgendwelche Lehren in den Märchen ergänzt, die besagen, daß »die Natur dazu da sei, dem Menschen zu dienen«.)

Trotz alledem liebten und achteten die Europäer die Tiere. Sie bewunderten sie und verurteilten jeden, der sie quälte oder sinnlos tötete. In ihren Sagen spielen auch weise Tiere eine Rolle, die den Menschen hilfreich sind, ihnen guten Rat geben und sie in schweren

Lebenslagen trösten. Die Vielzahl der mit Zauberkraft begabten Tiere (Schlange, Bär, Igel), die den Menschen beistehen, weist auf das uralte Gesetz hin, daß uns der Dank der Tiere sicher ist, wenn wir ihnen unsere Liebe und Fürsorge erweisen.

... und der Affe brachte ihm, der sehr ermattet war, Obst und süße Feigen, die Natter zeigte ihm eine kühle, angenehme Grotte, wo er ruhen und rasten konnte, ... Die Schlange aber schlüpfte in die Königsburg und stahl dort einige goldene Kleinode, die gab sie dem Pilger zur Verehrung, sagte ihm aber nicht, woher sie dieselben hatte.

Ludwig Bechstein

Die Helden der modernen Märchen sind oft keine wirklichen Tiere mehr. In den alten Volksmärchen wurden die Tiere noch mit menschlichen, oft sogar übermenschlichen Fähigkeiten ausgestattet, sie konnten sprechen und sich wie Menschen benehmen. Dies diente zum leichteren Verständnis, zur Unterhaltung und zur besseren Verdeutlichung der Moral. Diese Figuren waren echte Tiere. Die Erzähler haben folgende Gedanken beschäftigt: Warum sind die Tiere so, wie sie sind? Wie verhalten sie sich gegenüber Menschen oder ihresgleichen? Dann keimt im Menschen der Wunsch auf, die »Sprache« der Tiere zu verstehen. Später werden die Tiere zu charakteristischen Symbolen. Diese Symbolik basiert manchmal auf Tatsachen, manchmal hingegen nicht. Den schlauen Fuchs gibt es auch im Tierreich. Den prahlenden Hasen, der den Löwen besiegt, jedoch nicht. Diese Art der Beschreibung erscheint angefangen bei den neugefaßten Volksmärchen über die klassischen Werke von Dichtern wie Aesopus, La Fontaine, Shakespeare und anderen (Lewis Carroll: *Alice im Wunderland*, Exupéry: *Der kleine Prinz* usw.) bis hin zur heutigen Zeit.

Die modernen Schriftsteller des 20. Jahrhunderts beschrieben die Tiere wirklichkeitsgetreu. Ihre Tierhelden haben keine übernatürlichen Kräfte mehr, sie sprechen nicht wie Menschen und benehmen sich auch nicht wie sie (d. h. nicht anthropomorph).

Die Rolle der Tiere ändert sich: Die Figuren dienen nicht mehr zur Belehrung, sondern wieder – aber jetzt eben wahrheitsgemäß – zur Beschreibung der Tiere und der Natur. Die Erzählungen bieten einen Vergleich mit der menschlichen Welt, ergründen das Verhältnis zwischen Mensch und Tier, wobei die menschliche Welt oft aus der Sicht der Tiere beschrieben wird – also mit den Augen der unschuldigen und neutralen Betrachter.

Das bewußte Handeln, die Sprache und Weisheit – das alles wurde auf die symbolischen Tiere übertragen. Die echten Tiere drücken glaubwürdig ihre Gedanken und Absichten aus. Wenn sie »sprechen«, sprechen sie zum Leser, mit ihrer Stimme und ihren Gesten teilen sie den Menschen und ihren Artgenossen ihre Botschaften mit. (Die Tiere »sprechen«, weil ihre Informationen so zugänglicher für junge Leser sind.) Diese Ansichten kommen beispielsweise in dem Buch *Lassie kehrt zurück* von Eric Knight zum Vorschein, *Friedolin der freche Dachs* von Hans Fallada und *Black Beauty* von Anna Sewell (dieser Roman wurde schon früher, nämlich im Jahre 1877 veröffentlicht) sowie in den Werken von István Fekete und Felix Salten. In den Erzählungen von Rudyard Kipling (*Das Dschungelbuch*) wird die reale Tierbeschreibung mit der mystischen und stellenweise mit der symbolischen Tierbeschreibung vermischt. Die obigen Schriftsteller beschreiben auf kunstvolle und mitreißende Weise nicht nur die Tiere und ihre Lebensweise, sondern auch ihre vielschichtige und komplexe Gefühlswelt und ihre Intelligenz. Es wird betont, daß die seelischen

Eigenschaften, Reaktionen und die Beziehungen zu den einzelnen Menschen bei den Tieren ebenso unterschiedlich ausgeprägt sind und von einer Vielzahl verschiedener Faktoren abhängen wie bei den Menschen selbst. Wenn Tierhelden in Ausnahmesituationen herausragende Taten vollbringen, bedienen sich die Autoren keines Kunstkniffs, sondern berichten höchstwahrscheinlich aus Erfahrung.

Ich peitsche es wieder. Es schüttelt seinen Kopf zum dritten Mal, aber jetzt spricht es sogar: »Nein und nochmals nein!« Ich kann nichts tun und muß absteigen. Das Pferd von Simion geht vorwärts, es macht zwanzig, dreißig Schritte, bleibt stehen und wendet den Kopf nach hinten. Mir ist, als würde es mich rufen. Plötzlich habe ich das treue Tier verstanden. Hier, an dieser Stelle pflegt man abzusteigen. Wer nicht absteigt, der stürzt kopfüber in den Kanal der Flößer, wenn das Tier nicht so aufmerksam ist ...

Lajos Áprily: Die drei störrischen Pferde

Viele Verfasser schreiben in Berichtform über die Tiere, unabhängig ob sie ihre eigenen oder fremde Erfahrungen wiedergeben. Auch Filme mit diesem Thema sind beliebt. Obwohl in diesen Werken die seelischen und geistigen Fähigkeiten der Tiere als auf hohem Niveau stehend beschrieben werden, so werden doch keine näheren Einzelheiten geschildert und das Verhalten der Tiere auch nicht erklärt oder begründet; eine Schlußfolgerung fehlt ebenfalls (*Swift Lightning: A Story of Wildlife Adventure in the Frozen North* von James Oliver *Curwood, Die Bären und ich* von R. F. Leslie sowie unzählige Geschichten über Polizeihunde, z. B. der Roman *Kantor* von Rudolf Szamos und *Die unglaubliche Reise* von Sheila Burnford – aus dieser Reihe würde ich die Werke von Jack London herausnehmen, da er sich seiner Hundehelden nur bedient, aber nicht wirklich von ihnen berichtet.)

Egal welchen Stil die Schriftsteller gewählt haben, nie stellt einer von ihnen die Intelligenz bzw. das Vorhandensein eines geistigen Austauschs zwischen Mensch und Tier und dessen Erweiterung in Frage. Obwohl sie sich weder der allgemeinen Auffassung anschließen noch dem Standpunkt der Wissenschaftler, stimmen ihre Beschreibungen ganz mit der Wirklichkeit überein. Wir müssen ihnen einfach glauben.

Verhaltensforschung bei Tieren – damals und heute

Damals, als die Philosophen der Antike erstmals über die Besonderheiten des Geistes, über die Gefühlswelt und die Stufe des Bewußtseins bei Tieren nachdachten, gab es noch keine verschiedenen Wissenschaftszweige. Es gab nur *die Wissenschaft* an sich, die sich später durch die Anhäufung von Wissen in Fachgebiete aufspaltete. Die Spezialisierung ist selbst heute noch nicht abgeschlossen. Mehr und mehr Wissenschaftszweige werden eigenständig, und eines dieser jüngeren Gebiete ist die Verhaltensforschung bei Tieren. In den 1950er Jahren wurde die Verhaltungsforschung (Ethologie) zu einem eigenständigen Wissenschaftszweig, umgangssprachlich auch Tierpsychologie genannt. Aber letztere Bezeichnung wurde schnell aus den Köpfen der Menschen verdrängt; bis etwa 1990 war dieses Thema tabu. Die Wissenschaft – weder die Ethologie noch eine andere – erforschte weder die Gefühlswelt noch die mentalen Fähigkeiten der Tiere. Die Wissenschaftler sperrten sich gegen diese Forschung, denn es fehlten ihnen angemessene, exakte Untersuchungsmethoden. Aus diesem Grund wurden auch Erkenntnisse über dieses Gebiet vernachlässigt. So ein Unwort wie Tierpsychologie brachte ein gebildeter Mensch nie über seine Lippen. Und weil diese Wissenschaft über kein Hintergrundwissen verfügte, war man äußerst vorsichtig und vermied derartige Begriffe wie »Tierseele« oder »Intelligenz« in diesem Zusammenhang.

Die griechischen Philosophen hingegen beschäftigten sich schon seit 500 bis 600 Jahren v. Chr. mit den geistigen Fähigkeiten der Tiere. Sie bestritten die Fähigkeiten nicht etwa, sondern übertrieben ihren Glauben daran. Da sie von der Seelenwanderung überzeugt waren, machten sie keinen Unterschied zwischen Menschen- und Tierseele. Bemerkenswert aber ist ihre Erkenntnis, daß sich das triebhafte, instinktive Verhalten der Tiere erst im Zuge der natürlichen Auslese entwickelt hat.

Unter den verschiedenen Schulen jedoch kam es zum Streit, wieviel die Tiere lernen und ob sie sich an das Gelernte erinnern können. Im 4. Jh. v. Chr. behauptete Aristoteles, daß im Menschen eine Geistseele (anima intellectualis) wohne, die unsterblich sei. Die Gefühlsseele der Tiere (anima sensitiva) hingegen sei sterblich. Weiterhin stellte er fest, daß manche Tierarten zum Lernen fähig seien und sich sowohl von anderen Tierarten als auch vom Menschen Wissen aneignen könnten. Die Denkfähigkeit der Tiere sei verschieden, in jungem Alter sei die Seele des Tieres und des Menschen fast gleich.

Eine völlig andere Auffassung ist im Mittelalter maßgebend. Die Gelehrten des Mittelalters vertraten aus religiösen Gründen die Meinung, daß das Tier über keinen Intellekt verfüge und auch über keinen eigenen Willen. Tiere würden nicht aus der Erkenntnis heraus handeln, weil ihre Seele an die Materie gebunden sei. Das war der offizielle Standpunkt – am Rande gab es eine kleine Minderheit, die sich dagegen aussprach. Hieronymus Rorarius verfaßte im 16. Jh. sein Werk mit dem Titel *Quod animalia bruta ratione utantur melius homine (Wie die Tiere ihren Verstand oft besser als der Mensch einsetzen)*. Seine Abhandlung konnte erst 100 Jahre später erscheinen.

Im 17. Jahrhundert wurde das Phänomen des Reizes erkannt. Die Physiologie des Reflexes stellte mit seinen breit angelegten Untersuchungen eine solche Pionierarbeit dar, daß das Tier als Individuum dabei völlig in Vergessenheit geriet. Man betrachtete es als »Automat« und war bestrebt, sämtliche Verhaltensweisen als reinen Reflex zu belegen. Im Zeitalter der Aufklärung gab es einen Machtkampf zwischen letzterer Auffassung und einer etwas toleranteren Haltung, welche davon ausging, daß das Tier doch einen Verstand habe. Inmitten dieser großen Streitgespräche ist A. Bernos Bemerkung sehr treffend: »Wie können wir nur so viel über die Vernunft (Seele) des Tieres philosophieren, da doch niemand von uns je in einer Tierhaut gesteckt hat!«

Alfred Brehm und alle Anhänger der Vererbungslehre des 19. Jahrhunderts stellten fest, daß zwischen Mensch und Tier keine unüberbrückbare Kluft besteht, daß das Tun und Handeln der Tiere nicht geringer zu schätzen ist und sie sich in ihren grundlegenden Eigenheiten nur *stufenweise* vom Menschen unterscheiden.

Natürlich wurde eine Reihe von Argumenten angeführt – daß ein älterer Vogel z. B. bessere Nester baut als ein jüngerer, daß ein Fuchs aus Überlegung heraus seine Beute im richtigen Moment schlägt usw. – den tief verwurzelten Dogmatismus konnten sie dennoch nicht aus der Welt schaffen. In der zweiten Hälfte dieses Jahrhunderts trat schließlich eine Lehre in den Vordergrund, die sich mit der Physiologie, der Nerventätigkeit und den Fähigkeiten der Sinnesorgane beschäftigt, und seitdem wurde die Diskussion über die Psychologie beiseitegeschoben. Da der Begriff des bewußten Handelns nicht anerkannt war, wurde er um ein Haar in die absurde Richtung »gedanklicher Instinkt« verfrachtet.

Auch in der zweiten Hälfte des 20. Jahrhunderts herrschte noch diese Auffassung vor, obwohl die Wissenschaftler schon viele Versuche durchführten, um den Verstand der Tiere und ihre Lernfähigkeit zu erforschen. Es gibt mittlerweile etliche Beweise dafür, daß sich das Tier an Gelerntes erinnert, seine Erfahrungen anwendet, Zusammenhänge versteht, aber trotzdem wurde nicht ausgesprochen, daß das Tier intelligent ist. In seinem Buch *Tierpsychologie* von 1956 nannte Günter Tembrock den Grund dafür: Die Äußerung von Verstandesfähigkeiten ist eine biologische Erscheinung. Aber der Begriff der Intelligenz ist subjektiv, ähnlich wie seelische Erscheinungen, und so existiert sie für die Naturwissenschaft nicht.

In der Mitte des letzten Jahrhunderts entstand dann innerhalb der Ethologie eine Bewegung, die das Verhalten der Tiere erforschte. Ein Pionier dieser Bewegung war Konrad Lorenz, er verfaßte den Grundsatz: »Die Begegnung mit Tieren verlangt von uns einen engen Kontakt zur Natur.« Im Dschungel, in der Tundra und in der Wüste stellen Forscher für sich bemerkenswerte und ausführliche Studien über das Leben und Verhalten von Tieren an, um Jahrhunderte währenden Vorurteilen ein Ende zu setzen. Sie erkennen die vielen herausragenden Fähigkeiten der Tiere. Doch vor allem erkennen sie, was die genaue Beobachtung zutagebringt: Tiere handeln größtenteils nicht »vorprogrammiert«, sondern ihre Tat wird bestimmt durch Überlegung und Entscheidung, die wiederum durch äußere Umstände beeinflußt werden.

Ähnliche Forschungen dauern bis heute an, und es steht außer Frage, daß sie viele nützliche Ergebnisse erzielt haben. Die modernen Untersuchungsmethoden lassen jedoch einen Aspekt unberücksichtigt: Die Wissenschaft, welche die Lebensweise und das Verhalten der Wildtiere erforscht, befaßt sich nicht im Geringsten mit der Seele der Tiere, mit ihrem Geist.

Mit dem Einsatz moderner Technik wurde die Forschungsarbeit erschreckend sachlich, geradezu lebensfremd. Die Tiere werden eingefangen, mit Betäubungsmitteln ruhiggestellt, mit Sensoren ausgestattet und schließlich mit dem Hubschrauber verfolgt. Auf diese Weise entstehen unzählige populärwissenschaftliche Filme, doch die Kehrseite wird der Öffentlichkeit verschwiegen, nämlich daß dieses Vorgehen die Tiere stört, sie in andauernden Streß versetzt und ihren ohnehin geringen Bestand schmälert. Von diesem Umstand erfährt man nur aus den offiziellen Versuchsprotokollen und auch davon, daß die so erlangten Informationen nicht das wahre Bild widerspiegeln. Denn ein Tier, das sich in Gefahr wähnt, ändert sein Verhalten. Es versucht, so schnell wie möglich den Halsbandsender oder dergleichen loszuwerden und ergreift die Flucht. Es flieht dorthin, wo es keine Signale mehr aussendet, wenn es diesen Rückzugsort überhaupt noch gibt. Schade, daß man heutzutage nur noch selten von solchen ausgefallenen Unternehmen hört wie der Erforschung der Berggorillas durch Dian Fossey oder der Erforschung der Wildschweine durch Heinz Meynhardt.

Sie und ähnlich Denkende haben den richtigen Weg beschritten, doch wenige traten in ihre Fußstapfen. Forscher, deren Hauptanliegen das Wohl der Tiere ist, sind kaum noch anzutreffen; sie streben nur nach Ruhm und beruflichem Erfolg. Abgesehen von den oben genannten Mißständen kommt es öfters vor, daß man für eine sensationelle Aufnahme oder einen Film in den Bau des Tieres eindringt, ihn durchstöbert oder eine versteckte Kamera dort anbringt, daß man die schutzlosen Jungtiere anfaßt und bewirkt, daß die Mutter sie nicht mehr annimmt und verstößt. Ihnen ist es gleichgültig, daß die veröffentlichten Bilder und Filme Scharen von Abenteurern in den Lebensraum der Tiere lockt und somit die Opferzahl erhöht. Auf eine passiv-destruktive Weise und eines Forschers unwürdig wird die breite Meinung vertreten: »Wir mischen uns nicht in das Leben der Tiere ein.« Unter diesem Motto lassen sie verletzte Tiere in freier Wildbahn liegen, lassen sie verhungern und häufig schauen sie sogar zu, wie diese kläglich verenden.

Ich kenne nicht die Beweggründe für diese Haltung, aber ein wahrer Wissenschaftler kann so etwas nicht ernsthaft vertreten. Man muß sich einfach klar darüber sein, daß Untersuchungen, die in der Wildnis angestellt werden, ein Eindringen in den Lebensraum darstellen. Davon, daß der Bestand des untersuchten Tieres durch legale oder illegale Jagd verringert und sein Lebensraum durch Verschmutzung beträchtlich verkleinert wird, will ich gar nicht erst sprechen. Diese nachteiligen Eingriffe sollte man lieber ausgleichen, besonders, wenn es sich um vom Aussterben bedrohte Arten handelt. Glücklicherweise gibt es auch hier einige Menschen, die in Ordnung zu bringen versuchen, was andere in Unordnung gebracht haben. Es gibt Tierärzte, die verletzte Wildtiere gesundpflegen, und es gibt Forscher, die mit sanften Methoden arbeiten, bei denen das Tier weder markiert noch eingefangen oder betäubt wird. Es wäre gut, wenn noch mehr Menschen diese Auffassung teilen würden, wenn wir mehr Leben retten anstatt zerstören.

Auf jeden Fall bestehen noch viele »weiße Flecken auf der Landkarte«, gleichgültig, welche großen Fortschritte die Wissenschaft schon gemacht hat – bei der Erforschung des Verhaltens, des inneren Antriebs, ihres Bewußtseins, ihres Denkvermögens und ihrer Gefühlswelt. Das ist auch nicht verwunderlich, denn schließlich sind in der Humanpsychologie immer noch viele Bereiche zu entdecken: Unser Gehirn, die Fähigkeiten der Sinne, das alles ist noch recht unübersichtlich. Die Tierpsychologie als Wissenschaft gibt es erst seit den 1990er Jahren. Sie existiert genau ab dem Zeitpunkt, seitdem man im biologischen

Labor dazu fähig ist, die im Gehirn ablaufenden chemischen Vorgänge bzw. die vorhandenen biochemischen Stoffe mit den verschiedenen Gefühlen, Stimmungen, dem Bewußtsein und mentalen Eigenschaften in Verbindung zu bringen. Dem ist zu verdanken, daß sich die wissenschaftlichen Kenntnisse über die Gefühlswelt und die Intelligenz der Tiere erweitert haben und so möglicherweise eine feste Brücke über die vermeintliche »Kluft« geschlagen werden kann.

TEIL I

DIE GRUNDLAGEN FÜR DEN KONTAKT

In diesem Kapitel befassen wir uns nun mit den Grundlagen für den verstandesmäßigen Kontakt, den wir mit unserem Tier herstellen wollen. Es werden die Voraussetzungen seitens Mensch und Tier erörtert. Ferner soll verdeutlicht werden, worauf dieser Kontakt aufbauen kann und welchen Zielen er dient. Wir müssen genau feststellen können, in welchem Zustand sich das jeweilige Tier befindet und über welche körperlichen, seelischen und mentalen Fähigkeiten es verfügt. Es kann sein, daß wir unseren Standpunkt und unsere Einstellung ändern müssen.

Zunächst stehen wir vor der Aufgabe zu untersuchen, was ein intellektueller Kontakt zwischen Mensch und Tier überhaupt bedeutet. Natürlich werden unsere Vierbeiner keine Romane lesen, sie werden keine Theaterkritiken schreiben und auch nicht unsere Probleme bzw. die aktuelle politische Lage mit uns besprechen. Daraus ließe sich schlußfolgern, daß wir aus unseren Tieren keine Intellektuellen machen können. Es muß jedoch folgendes bedacht werden: Unser Begriff von Denkfähigkeit hat sich entsprechend unserer Lebensweise und unserer Gesellschaft herausgebildet. Wenn unsere Entwicklung auf einem anderen Planeten oder unter anderen Bedingungen abgelaufen wäre, hätte sich unser Gehirn verbunden mit unserem Körper völlig anders entwickelt, wir würden über ganz andere Mechanismen der Sinneswahrnehmung und Verständigung verfügen; es wäre denkbar, daß z. B. Theater, Fernsehen und Bücher, ja, selbst die Sprache uns völlig unbekannt wären.

Wenn wir das verallgemeinern, legen wir damit alle Schichten unserer menschlichen Kultur ab, die wir während der vergangenen Jahrtausende angenommen haben! Was bleibt dann noch von unserem Verstandeswesen übrig? Nichts weiter als eine Art »Gedanken-Gemeinschaft«, die Fähigkeit, denken zu können. Und wir sind in der Lage, unsere Gedanken anderen so mitzuteilen, daß sie unsere Nachricht deuten können. Wir sollten danach streben, die Zeichen der Tiere zu deuten und so zu reagieren, daß sie unsere Reaktion deuten können. Das ist nicht schwer, doch gibt es besondere Bedingungen. Zuerst müssen alle Vorurteile und festen Denkmuster beseitigt werden. Streichen Sie aus Ihrem Gedächtnis, daß »ein Tier«, »der Hund« oder »die Katze« dies oder jenes tut. Selbstverständlich haben sie Eigenschaften gemein, die auf ihre Lebensweise und ihren natürlichen Instinkt zurückzuführen sind. Bei der Denkfähigkeit der einzelnen Tiere gibt es mindestens genauso viele Unterschiede wie unter Menschen. Außerdem reagieren sie in derselben Situation nicht immer gleich. Solche entschiedenen Behauptungen wie: »Das Pferd rennt keinen Menschen über den Haufen,« oder »Mein Hund beißt nicht!« können unangenehme Überraschungen zur Folge haben.

Andererseits haben sich die Urinstinkte unserer Haustiere während des langen Zusammenlebens mit dem Menschen verändert. Das Einreiten eines Jungpferdes, das im Stall neben der Mutterstute aufgewachsenen ist, geht wesentlich leichter vonstatten als bei einem kräftigen, wilden, dreijährigen Tier, das in der Herde aufgewachsen ist und weder Mensch noch Arbeit kennt. Wer kann noch erahnen, wieviel Zeit und Mühe aufgewandt werden mußten, um einem frisch gefangenen Wildpferd die Grundlagen der Hohen Schule beizubringen! Die Katzenkinder, deren Vorfahren über mehrere Generationen daheim beim Menschen aufwuchsen, können sich die Hausregeln fast von allein aneignen. Nicht so die verwilderten Katzen, die nach ihren eigenen Gesetzen leben.

Das wesentliche beim geistigen Austausch ist, daß wir unser Tier als verständiges Wesen betrachten, mit dem wir eine Gedankenverbindung herstellen können, wobei wir ihre allgemeinen und individuellen Fähigkeiten berücksichtigen. So wird das Zusammenleben, jegliche Beschäftigung und Dressur nicht auf Zwang, Gewalt und Furcht aufgebaut, sondern auf *Verständnis*.

Heutzutage arbeitet bereits jeder erfolgreiche Dompteur, Trainer und Hundeausbilder usw. nach diesem Prinzip. Und es ist kein Zufall, daß sich ihre Schützlinge an Eifer überbieten.

Wer braucht ihn und warum?

Mr. Gordon unterhielt sich leise mit John darüber, daß sie beide ihrem Pferd ihr Leben zu verdanken hätten, indem es sich geweigert hatte, die Brücke zu überqueren. Und dann erzählten sie sich Geschichten darüber, wie Pferde oder Hunde das Leben ihrer Besitzer gerettet hatten. Sie waren sich darüber einig, daß viele Menschen den Wert ihrer Tiere überhaupt nicht zu schätzen wußten.

Anna Sewell: *Black Beauty*

Wenn wir die Frage so stellen: »Braucht der Mensch oder das Tier den Kontakt?«, ist die Antwort einfach: »Beide, in gleicher Weise.« Der geistige Kontakt erleichtert in großem Maße die Arbeit des Menschen, weil die Tiere in seiner Gesellschaft Worte verstehen, schneller lernen und das Erlernte begreifen. Es ist ebenfalls bekannt, daß das Tier lieber einem Wort folgt als der Peitsche oder einem mechanisch gegebenen Signal. Für das Tier ist das gesprochene Wort angenehmer, Gewalt ist damit ausgeschlossen. Weniger bekannt ist die Tatsache, daß Tiere ein *Herrchen lieber mögen*, das mit ihnen kommuniziert, sie gehorchen auch besser. Das Tier fühlt sich dem Menschen ebenbürtig, nicht untergeordnet. In dieser Stimmung folgt das Tier unseren Anweisungen mit Freude, besonders dann, wenn es spürt, daß wir es wegen seines Gehorsams lieben. Dem Menschen zuliebe setzt es sich auch einer Gefahr aus, selbst wenn es sich ihrer bewußt ist und sich fürchtet. Das ist eine bedeutsame Angelegenheit: Angst, die durch eine elementare Bedrohung (Feuer, Hochwasser, Gewitter) ausgelöst wird, kann das Tier nur dann überwinden, wenn es seinem Herrn absolut vertraut. Wir sollten ihm dafür dankbar sein und unsere Dankbarkeit auch ausdrücken.

Wenn wir die Frage so stellen: »Zu welchem Tier soll man Kontakt aufnehmen?«, würde ich am liebsten wieder antworten: »Zu allen.« Doch dann würde mich die Kritik treffen, daß ich nicht mit beiden Beinen auf der Erde stehe.

»Wie kann ich mich mit der Seele der Tiere befassen, wenn ich 100 Kühe melken muß!«, entschuldigen sich die Viehhalter. »Und warum auch? Sie sollen Milch geben und basta.«

Ich will mich mit dieser Frage nicht beschäftigen, daß wir es auch mit einer Kuh einfacher haben, wenn wir uns ihrer Seele annehmen. Die Kuh wird einen beim Melken nicht treten und muß auch nicht von sechs Leuten festgehalten werden, wenn ihr der Tierarzt eine Spritze geben will usw. Es ist zutreffend, daß ein intellektueller Kontakt nicht wichtig ist, sofern Tiere aus rein wirtschaftlichen Gründen gehalten und sie nicht abgerichtet werden sollen. Von Bedeutung ist vielmehr, daß das Tier artgerecht gefüttert und gepflegt wird, in einer gesunden Umgebung untergebracht ist und genügend Auslauf hat. Überfüllung und mangelnde Bewegungsfreiheit können zu Trübsinn, Nervosität und gelangweilten oder bösartigen Tieren führen, was bei der Rinderhaltung bzw. im Schweinestall ein Problem darstellt. Die Tiere entwickeln sich nur mäßig, vermehren sich nicht und verursachen oder erleiden Unfälle, wodurch ihr Wert sinkt. Wenn wir aufrichtig sind und das Letztgesagte im Hinterkopf behalten, haben wir uns schon ein bißchen mit der Seele der Tiere beschäftigt. Der Kontakt wird dadurch noch nicht verstandesmäßig, aber menschlich. Wir können fünfhundert Schafe oder Schweine nicht beim Namen nennen, aber kleine Erfolge lassen sich selbst bei ihnen erzielen. Indem wir zu den Tieren sprechen – das kostet nichts, und wir sind ja sowieso im Stall – hören sie uns zu und sind weniger scheu. Sie flüchten nicht vor uns, und wir können sie anfassen. Sie lernen, den Menschen zu vertrauen, und nähern sich uns.

Mir sind Züchter begegnet, die es für besser hielten, keinen Kontakt zu den Tieren aufzubauen, da sie ja geschlachtet würden. Schließt man sie erst ins Herz, muß man später mit ihnen leiden. Was diese Frage betrifft, ist guter Rat teuer; und trotzdem will ich es versuchen. Daß wir Fleisch essen und aus diesem Grund Tiere töten, ist an sich kein Verbrechen. In der Natur wurde jedem Lebewesen die Möglichkeit gegeben, zu leben, und alle sind dabei der Gefahr ausgesetzt, von einem anderen Tier gefressen zu werden. Wichtig ist jedoch, wie wir es tun. Die Natur nimmt es uns nicht übel, daß wir ein Lebewesen aufessen, aber quälen oder plagen darf man es nicht. Es ist wichtig, daß die Tiere gesund und glücklich aufwachsen und leben. Geschlachtet werden können sie auch auf eine Weise, bei der sie keinerlei Schmerz empfinden und nicht einmal merken, daß sie zum Schlachthof geführt werden und was mit ihnen passiert. Mit dieser Auffassung ist ein Viehhalter fähig, die zwei Aspekte – Liebe und Bestimmung – voneinander zu trennen. (Ich kann sagen, daß dies möglich ist, weil ich Menschen kenne, die dazu fähig sind.) So bereitet uns auch ihr späteres Schicksal keinen Kummer mehr. Auch wir wissen nicht, wie lange wir leben; es ist aber nicht egal, wie wir leben und ob wir glücklich dabei sind.

In dem Augenblick, wenn wir mit unserem Tier ein gemeinsames Ziel verfolgen, sollten wir stets daran denken: Es gibt keine vergeudete Zeit. Während des Abrichtens sollten wir nicht nur vor Augen haben, daß das Tier etwas lernt, sondern vor allem, daß ihm das Lernen und die damit verbundenen Übungen angenehm sind. Mit Gewalt kann man ein Tier zu vielem zwingen, aber nur bis zu einem gewissen Grad. (Irgendwann wird es den Zwang nicht mehr zulassen.) Unter Gewalt wird das Tier immer weniger Befehle befolgen, und es muß immer mehr Zwang ausgeübt werden, um es zu einer Handlung zu bewegen. Das geht so weit, daß das Tier zuerst die Übungen haßt – und dann uns. Hier ist der Weg zu einer Sackgasse geworden, er führt nirgendwo hin. Zwang und Gewalt führen zu nichts Gutem. Wir müssen ohne ihn auskommen. Wir müssen uns nicht als Dompteur aufspielen, um unser Tier abrichten zu können. Die aus Liebhaberei gehaltenen Katzen oder Hunde sind auch so in der Lage, viel zu lernen, wenn wir den richtigen Draht zu ihnen haben. Das erleichtert nicht nur unser Zusammenleben, sondern schenkt beiden viel Freude, bietet heitere Augenblicke, anregende Erholung und nicht zuletzt: Harmonie und Frieden.

Die wichtigsten Grundsätze

Für die lange Nachtwache, die ich bei ihm hielt, rückte ich meinen Stuhl heran, um so nah wie möglich bei meinem vierbeinigen Freund zu sein. Während die Stunden langsam vergingen, stöhnte und bewegte er sich nicht mehr so unruhig. Schließlich sank er in einen barmherzigen Schlaf. Wie nie zuvor wurde mir bewußt, wie sehr ich mich meinen Bären verbunden fühlte.

R. F. Leslie: *Die Bären und ich*

Sobald wir uns der Gedankenwelt unserer Tiere annähern, verstehen wir auch ihre Signale besser, und damit auch sie im Verstehen von uns auf eine höhere Ebene gelangen, müssen beide aktiv werden. Egal wer von beiden als erstes den Kontakt aufnimmt – das Tier tut dies instinktiv von klein auf – Hauptsache, es geschieht recht bald und dieser Austausch findet regelmäßig statt. Wenn uns das Tier ein Zeichen gibt, daß es kommunikationsbereit ist, müssen wir unbedingt darauf reagieren. Genauso, wenn wir das Tier ansprechen oder uns ihm nähern, können wir uns nicht erlauben, nicht auf diese Annäherung zu reagieren. Uns muß – beiderseitig – klar sein, daß wir Kontakt zueinander aufnehmen wollen. Beim Menschen ist das eine Frage des Wollens und der Entscheidung. Das Tier hingegen ist bei der Kontaktaufnahme vom Gefühl geleitet, daß es sich auf uns verlassen kann und wir ihm jederzeit beistehen.

Nach dieser Ausführung bleibt »nur« noch die Frage offen: Wie? Wie können wir die beste Ausgangsbasis schaffen für einen Kontakt in gegenseitigem Einvernehmen, und welcher Weg führt dorthin? Das Verinnerlichen der nun folgenden Grundsätze ist dabei unerläßlich.

Gleichrangigkeit

Beim Abrichten und den damit verbundenen Aufgaben, sogar beim täglichen Miteinander, sollten wir bestrebt sein, das Tier als gleichrangigen Partner zu behandeln. Nein, natürlich ist nicht gemeint, daß das Tier neben uns am Tisch sitzt oder wir es an einer Konferenz teilnehmen lassen. Wir müssen es nur als verständiges, nicht als lernunfähiges Lebewesen ansehen. Außerdem sollte das Tier ein ebenso wichtiger Kamerad in unserem Leben sein wie Menschen in unserer Umgebung auch. Es ist ein großer Fehler zu denken: Jetzt habe ich keine Lust, mit dem Hund spazierenzugehen; der Katze Futter zu geben; das Pferd zu striegeln usw. Wenn keine lebenswichtigen Ereignisse dazwischenkommen, vernachlässigen wir bitte nie die Tiere und erfüllen ihre Bedürfnisse!

Wir dürfen nicht vergessen, daß für die Tiere Hunger, Schmerz, Angst, aber auch Erschöpfung ebenso unangenehm sind wie für uns Menschen. Hierzu gehört auch, daß wir die Persönlichkeit des Tieres, seinen Willen oder Wunsch akzeptieren. Ein ängstliches Tier braucht unseren Schutz vor einer bedrohlichen Situation, unsere beruhigenden Worte und Ermutigung. Beim Abrichten sollten wir keinesfalls nach dem Motto vorgehen: Was sein muß, muß sein. Besonders bei schweren Aufgaben können wir dem Tier ruhig einmal »frei« geben, wenn es sich unwohl fühlt, nervös ist oder sich sträubt. Für ein Tier ist es nicht ungewöhnlich, daß es auf Verpflichtungen keine Lust hat. Ein Grund besteht sicherlich in der Gleichförmigkeit der Aufgaben oder der Eintönigkeit. Wenn sich die Tiere öfter die Übungen aussuchen könnten, würden sie sie vielleicht lieber durchführen.

Mein Vollbluthengst Gorsia z. B. gab mir eindeutig zu »verstehen«, daß er keine Lust habe, auf der Bahn zu trainieren, sondern lieber ins Gelände wollte oder umgekehrt. Da keine Veranlassung bestand, seinen Wunsch nicht zu berücksichtigen, gab ich also nach. Gorsia merkte das und dankte es mir mit großartigem Fleiß. Wir sollten nur das zur Verpflichtung machen, was für das Tier aus gesundheitlichen Gründen unumgänglich ist. In diesen Fällen müssen wir das Tier davon überzeugen – sei es mit Worten, Streicheln oder mit sicheren, aber ruhigen Bewegungen –, daß wir es nicht quälen wollen, sondern es *ihm selbst wohltut*. Es wird nicht lange dauern, und das Tier wird uns verstehen.

Wenn wir in der Vergangenheit schon einmal sein verletztes Bein versorgt oder die entzündeten Augen geheilt haben, weiß es, daß wir ihm Gutes tun. Es vertraut uns, ja, es kommt zu uns, wenn es eine Wunde hat, damit wir diese behandeln können. Es wird den schmerzhaften Eingriff über sich ergehen lassen, doch müssen wir es bei jeder Gelegenheit loben und belohnen. (Über dieses Thema erfahren Sie mehr unter dem Kapitel »Worauf muß man bei der Pflege und Heilung achten muß«.)

Wer die Tiere nicht als gleichrangige Partner betrachtet, sondern auf sie »herabsieht«, behindert sie in ihrer geistigen Entwicklung, in dem Wunsch, mit den Menschen zu kommunizieren und mit ihnen zusammenzuwirken. Und es werden noch größere Fehler begangen, die bis an die Grenze zur Unmenschlichkeit heranreichen oder sie überschreiten. Ein Tier, das als Ding, als persönlicher Besitz angesehen wird, ist zu seinem Unglück auch noch der Gefahr aus-

Grobe Kinderhände wirken auf Tiere abschreckend.

gesetzt, unbegründet Prügel oder Grobheiten einzustecken. Sein Herr reagiert seine schlechte Laune an ihm ab, und wenn er das Tier satt hat, jagt er es weg. Kleintiere werden oft von Eltern als »Spielzeug« für ihre Kinder angeschafft, die dann das Tier an sich drücken, mit sich herumschleppen und sehr schnell die Meinung vertreten, daß es ja »gekauft«, also ihres sei. Man könne damit also tun und machen, was man will. Dieses Verhalten ist menschenunwürdig. Es ist anzunehmen, daß so jemand auch seine Mitmenschen nicht anders behandelt oder sich als höher erachtet. Ein Tier ist ohnehin in vielfacher Hinsicht von uns abhängig, und diese Abhängigkeit sollten wir lieber mildern und niemals ausnutzen.

Gefangenschaft und Freiheit

Es schwelt ein ewiger Streit, ob man Tiere gefangenhalten darf und ob es gut für sie ist, und währenddessen leben sie in Gefangenschaft. Einige behaupten, daß es grausam sei, Hunde und Katzen in der Wohnung und Pferde im Stall zu halten. Andere sagen, daß die Tiere die Gefangenschaft annehmen. Meine Meinung ist folgende:

Es trifft zu, daß es Tieren schadet, auf verhältnismäßig kleinem Raum zu leben und so in ihrer Bewegungsfreiheit eingeschränkt zu sein. Das alles läßt sich jedoch ausgleichen. Pferde sollten in einer Box stehen, nicht angebunden werden und so oft wie möglich aus dem Stall heraus in den Auslauf gelassen werden; gleichgültig, wie oft wir sie reiten, was ebenfalls nötig ist. Deshalb müssen wir ihnen im Frühjahr und Herbst, wenn sie besonders übermütig sind, genügend Auslauf verschaffen, damit sie frei umherspringen können. Dafür bietet sich eine Koppel an, eine Weide oder ein Ort, wo kein Autoverkehr herrscht, den Tieren keinerlei Gefahr droht und sie wiederum niemanden erschrecken können. Auch unseren Hund sollten wir so oft wie möglich nach draußen begleiten und ihn frei herumlaufen lassen, um so weniger Probleme wird ihm die häusliche Enge bereiten. Der Auslauf dient aber nicht nur dazu, den Bewegungsdrang auszuleben, sondern stellt eine wichtige Verbindung zur Natur und dem Leben in der Natur her. Ein Hund (oder jedes beliebige Tier) kann ein ganzes Leben lang in einer Stadtwohnung zubringen – aber er vergißt nie, daß es Wälder, Wiesen und Flußufer gibt. Er sehnt sich geradezu danach!

Am besten erträgt eine Katze die Enge der Wohnung, sie akzeptiert sie. Draußen jedoch beansprucht sie ihr eigenes Revier. Um so besser, wenn ein Park in der Nähe ist, damit sie gefahrlos und unbesorgt vor die Tür gelassen werden kann; so ist das Tier am glücklichsten. Schließlich gehört zu den Verhaltensmerkmalen, die fürs Katzendasein entscheidend sind, auf Bäume zu klettern, zu jagen und sich auf einer sonnigen Wiese zu aalen. Alle Stubentiger,

Zum Katzendasein gehört ein Stück Freiheit.

33

die keinen Auslauf haben, ahmen all dies nach. Deshalb brauchen sie drinnen viel Platz für sich. Wenn die Katze ständig auf Verbote stößt und wir sie fortwährend ermahnen, ist sie nicht ausgeglichen und auch nicht glücklich. Sie wird uns nicht lieben. Außerdem werden unsere Erziehungsmaßnahmen wenig Erfolg haben. Bei uns zu Hause gibt es beispielsweise wenige Tabus. Es ist der Katze lediglich verboten, in den Kleiderschrank zu kriechen und sich in der Nähe eines offenen Fensters aufzuhalten (damit sie nicht hinausfällt). Das verstehen die Katzen, und sie beachten es. Und wenn sie ihre Krallen am Sesselbezug wetzen? Mein Gott! Ehe man sich versieht, ist der Sessel sowieso alt!

Wir gleichen ihren Freiheitsentzug aus, außerdem genießt das Tier in Gesellschaft des Menschen noch weitere Vorzüge: Es erhält Zuwendung, die es in der freien Natur nicht hätte. Niemand pflegt es dort, wenn es krank oder verletzt ist, von Ungeziefer geplagt wird, Schmutz und Dreck die Pfoten wund schürfen, wenn Steine die Sohlen aufritzen oder durch Insektenstiche Krankheiten übertragen werden. Nicht immer findet das Tier in der Wildnis Nahrung – es hungert, hat Durst. Und wenn es alt oder krank ist, kann es nicht mehr jagen, keine Revierkämpfe mehr bestreiten oder vor Feinden Reißaus nehmen – es ist zum Sterben verurteilt. Zuweilen müssen auch Tiere diesen Mangel erleiden, die bei einem Menschen leben, was besonders traurig ist.

Wenn wir unser Tier richtig versorgen und beschützen, wenn wir ihm genügend Freiraum bieten, können wir ein gutes Gewissen haben: Die Tiere leiden dann nicht unter der Gefangenschaft. Um so mehr leiden aber Hunde, die man von zu Hause fortgejagt hat und nun herrenlos herumirren, zum Betteln verurteilt. Streunende Tiere, besonders Katzen, finden manchmal ein neues Heim. Katzen »wählen« sich häufig mit umwerfendem Charme eine Bleibe und einen neuen Menschen aus, der für sie sorgt. Doch nicht selten müssen sie hungern, sie erkranken oder man stellt ihnen nach und quält sie. Darüber hinaus können viele dieser Tiere nicht aus eigener Kraft überleben, wenn die Umstände es erzwingen. Hunde sind sogar nahezu unfähig, sich allein durchzuschlagen. Grund dafür ist der durch Züchtung veränderte Körperbau und die verminderten Instinkte. Wenn ein Hund trotzdem in diese Zwangslage gerät, wird er kaum in der Lage sein, Beute zu erlegen. Und dort, wo er Fleisch findet, wird man ihn wegen seiner Tat erschießen. Die Katze wiederum hat es schwer, mit den Erfordernissen in freier Wildbahn fertig zu werden. Sie hat immer in einer Wohnung gelebt und in ihrer Jugend bei der Mutter nie beobachtet und erlernt, wie man jagt und sein Gebiet verteidigt. Herrenlos zu sein, bedeutet für unsere Haustiere keine wiedergewonnene Freiheit, sondern eine Verschlechterung ihrer Lebenslage.

Liebe und Geduld

Banal und nichtssagend ist die bloße Phrase, daß wir tierlieb sind. Auf Kommando oder willentlich geht das nicht, und dem Tier kann man nichts vortäuschen. Niemand muß Tiere lieben, das ist sein gutes Recht. Es wird erst zum Problem, wenn jemand Tiere quält, jagt, sie zum Spaß erschreckt oder sogar tötet, weil er sie nicht liebt. (Liebe Autofahrer! Unter Ihnen gibt es wahre Tierfreunde, die auf Hunde oder Katzen achten, die über die Straße laufen oder wie angewurzelt dastehen und nicht wissen, wie sie sich vor dem nahenden Fahrzeug retten sollen. Unter Ihnen sind Menschen, die auf Hupen verzichten, um die Pferde am Straßenrand nicht zu erschrecken. Ich danke Ihnen für Ihre Rücksicht, und bitte ermuntern Sie auch andere Verkehrsteilnehmer, sich genauso zu verhalten!)

Mein Rat an alle lautet: Wer keine Tiere mag, sollte auch keine halten. Ich kann mir nicht erklären, aus welchen Gründen man sich unbedingt ein Tier anschaffen muß, es gibt so viele technische Möglichkeiten, um sich vor Einbrechern zu schützen; und Mäusen kann man mit Fallen den Garaus machen usw. Wer es nur darauf anlegt, sich mit einem edlen, auffälligen Tier zu schmücken und anzugeben, sollte sein Geld lieber in andere Dinge stecken. Wenn man keine Liebe für das Lebewesen empfindet, bringt die Tierhaltung nur unangenehme Pflichten mit sich und Verdruß, sobald einem das »Biest« lästig wird. Und weil das Tier das spürt und folglich auch seinen Herrn nicht mag, wird alles nur noch schlimmer. Auch dann sollte man von einer Anschaffung absehen, falls einem das Tier nur äußerlich gefällt und man einen kurzen Augenblick etwas Zuneigung zu ihm empfindet. Die Liebe ist ein sehr vielschichtiges, tiefes Gefühl und deshalb so beständig und auch über lange Zeit nicht zu zerstören. Sie setzt Weisheit und Klugheit voraus – denn wie sonst könnte man jemanden lieben, den man noch gar nicht kennt?

Ich weiß nicht, ob ich lachen oder weinen soll, wenn mir jemand erzählt: »Ich liebe Pferde« (oder meinetwegen Löwen), und es stellt sich später heraus, daß er diese Tiere nur von Bildern her kennt oder in einem Film gesehen hat.

Die gegenteilige Äußerung ist ebenso seltsam: »Ich hasse Katzen, wenn sie mit ohrenbetäubendem Lärm ihr Liebesspiel treiben.« Oder: »Das ist doch ekelhaft, wie Hunde haaren!« usw. Wahre Zuneigung spiegelt sich darin wider, daß wir das Tier in seiner Ganzheit annehmen, so wie es ist. Den Hund schätzen wir z. B. wegen all seiner guten und schönen Eigenschaften, weil er uns beschützt und zur Seite steht, uns überallhin folgt, treu und mutig ist, klug und gelehrig, weil er sich über uns freut und ohne uns traurig ist. Auf der anderen Seite aber knurrt er, fletscht die Zähne, weckt das ganze Haus auf mit seinem

Gebell, haart, springt uns mit seinen dreckigen Pfoten an (das kann ihm abgewöhnt werden, aber nicht er ist es, der den Versuch unterläßt!), er gräbt Löcher unter dem Zaun, frißt die Fußmatte an und anderes. Egal welches Tier wir halten, es kann uns auch unschöne Augenblicke bescheren. Wie das Miauen, Markieren, das Wegputzen von Kot oder Erbrochenem, das ewig lange Warten beim Tierarzt, das Stallausmisten, die eine oder andere kleine Verletzung, obwohl wir doch so aufgepaßt haben, das frühe Aufstehen, weil das Tier gefüttert oder ausgeführt werden muß, das Ausreiten bei klirrender Kälte, bei sengender Hitze oder Matschwetter, die zerrissene Kleidung oder kaputten Sachen, Geldprobleme, das Angebundensein (wohin kann ich überhaupt noch gehen, und wann muß ich zurück sein?), Streitigkeiten mit der Familie und den Nachbarn – das alles gehört dazu. Früher oder später werden wir mit all diesen Problemen einmal konfrontiert. Und wir lieben unser Tier erst dann richtig, wenn wir es auch in solchen Momenten nicht verfluchen. (Ein bißchen Knurren und Murren zählt in diesem Fall nicht.)

Ich habe einige Ideen, wie man den wahren Zustand seiner Gefühle prüfen kann:

- Für welche Lösung entscheiden Sie sich, wenn Sie wegen Ihres Hundes, Ihrer Katze oder Ihres Pferdes mit einem Familienmitglied oder den Nachbarn aneinandergeraten?
- Würden Sie sich von dem Tier trennen, wenn Sie Geld brauchen?
- Würden Sie lieber zu spät zur Arbeit kommen, eine Verabredung platzen lassen oder eine wichtige Angelegenheit aufschieben, weil Sie das Tier zum Arzt bringen müssen?
- Würden Sie während des spannendsten Fernsehfilms aufstehen und nach dem rechten sehen, weil hinten im Garten (oder einem weit abgelegenen Raum) Ihr Hund oder Ihre Katze ungewöhnliche oder klagende Laute von sich gibt?
- Würden Sie – schlecht gelaunt und völlig erschöpft von der Arbeit – das Tier, das sie freudig an der Haustür begrüßt, wegstoßen oder eher streicheln und dabei flüstern: »Es ist ganz schön schwer, ein Mensch zu sein.«?

Auch beim Zusammenleben mit dem menschlichen Partner stellt sich erst beim Auftreten von Schwierigkeiten und ihrer Bewältigung heraus, ob man sich wirklich liebt und wie wichtig man einander ist. Genauso ist das bei Tieren. In beiden Fällen lohnt sich der Einsatz, und die gebrachten Opfer zahlen sich doppelt aus. Aber bevor wir unüberlegt handeln, sollten wir für uns klären:

Wenn wir so viele Probleme haben, warum lassen wir uns eigentlich nicht helfen? Weshalb tun wir jemandem Leid an, der nichts dafür kann? Wen kümmert noch ein engstirniger Chef oder eine zänkische Schwiegermutter, wenn sich ein liebes Wesen an einen schmiegt? Andererseits kann auch ein Tier müde sein, nervös oder krank, es kann etwas tun, was uns nicht gefällt. Würden wir dann etwa ein Familienmitglied »hinauswerfen«?

Nicht nur Liebe, sondern auch Geduld ist ein wichtiger Bestandteil bei der Lösung von Problemen. Geduld bedeutet, daß man zu jeder Tätigkeit Zeit braucht, diese Zeit aber ist begrenzt. Je mehr wir jemanden lieben – egal ob Mensch oder Tier –, um so mehr Geduld bringen wir für ihn auf. Je mehr Geduld wir haben, um so mehr geben wir dem Tier Gelegenheit, seine liebenswerten Seiten zu zeigen. Bei der Geduld verhält es sich wie mit der Liebe: Sie geht in das Tier über, mit dem wir kommunizieren, sie wirkt beiderseits. Beim Training, Abrichten und Üben ist Geduld ein wirksamer Faktor. Mit Geduld entschärfen wir die Strenge, die Mühe des Übens, wir zwingen das Tier nicht zu irgendeiner Handlung, die entweder seine Kraft oder sein Wissen überfordern. Wir brauchen Geduld, um zu erkennen: Von heute auf morgen erreicht man ein wichtiges Ziel nicht, denn das Lernen besteht aus drei Phasen:

- Das Tier muß begreifen, was wir von ihm erwarten.
- Es ist in der Lage, die Übungen fehlerfrei auszuführen.
- Wir gewöhnen es an das Gelernte und studieren solange keine schwereren, komplizierten »Kunststücke« ein, bis die jeweilige Übung ganz selbstverständlich zur Gewohnheit geworden ist.

Die dritte Phase dauert viel länger als die vorherigen, weil man ja die Übungen nicht ständig wiederholen kann. Wir müssen Pausen machen, keine Langeweile aufkommen lassen oder Zwischenschritte einbauen, wenn etwas nicht geklappt hat. Haben wir keinen Erfolg, dürfen wir uns nicht aufregen oder unsere Wut etwa am Tier auslassen. Indem wir dem Tier verdeutlichen, welche Übung ansteht, wird es einsehen, daß es etwas falsch gemacht hat. Es wird sich bei jedem weiteren Versuch bemühen, besser zu sein. Dafür ist auch seine Geduld erforderlich, die mit der unsrigen zusammenhängt.

Vor allem, wenn ein älteres Tier zu uns kommt, ist viel Nachsicht geboten, wollen wir dieses Tier an uns gewöhnen. Wir dürfen nicht vergessen, daß das Tier vorher anders behandelt wurde und andere Erwartungen und Umstände herrschten. Der Ortswechsel, die neue Bezugsperson, die andere Gemeinschaft und die neue Umgebung strapazieren es seelisch ebenso wie uns als Mensch eine Scheidung, ein Umzug oder Arbeitsplatzwechsel. Das Tier hat möglicherweise schlechte Erinnerungen oder unangenehme Erfahrungen gemacht. (Das verrät uns der Vorbesitzer oft nicht, besonders wenn es dabei um Schläge oder andere Quälereien geht.) Es kann vorkommen, daß das Tier vor manchen Gegenständen Angst hat oder sich nur ungern an einem bestimmten Ort aufhält. Dann dürfen wir das Tier nicht als dumm oder störrisch abtun, denn wir wissen ja nicht, was ihm früher dort zugestoßen ist. So wie wir Geduld mit ihm aufbringen, wird es bald erkennen, daß es in unserem Beisein nichts und niemanden zu fürchten hat.

Vertrauen

Durch unsere Liebe und Geduld erwachsen auch im Tier diese Qualitäten. Das bringt das gegenseitige Vertrauen mit sich. Vertrauen bedeutet nichts anderes als die Gewißheit, daß man vor seinem Gegenüber keine Angst haben muß, daß dieser nichts gegen einen unternimmt, was auch geschieht. Wie sehr das Tier uns vertraut, hängt einerseits von unserem Verhalten und unserer Einstellung ab, andererseits von dem Wesen des Tieres, von den Eigenheiten seiner Art, seiner Veranlagung und vielen weiteren äußeren Faktoren, auch von guten und schlechten Erlebnissen. Was die Veranlagung betrifft, ist nur der Hund (als ältestes Haustier) in der Lage, dem Menschen blind zu vertrauen. Die Katze und das Pferd trauen lieber ihren Erfahrungen; sie haben Bedenken und können schlechte Erinnerungen schwerer verwinden, und da sie sehr empfindsam sind, überwiegen ihr Instinkt und eine grundlegende Angst. Auf jeden Fall ollten wir ihr Vertrauen stärken, auch wenn die Sache aussichtslos erscheint. Es ist kaum vorstellbar, aber manchmal gelingt uns dies erst nach vielen Jahren.

Meine Katze Miezi war einen Monat alt, als meine Schwester sie mit nach Hause brachte. Sie sah gesund und sauber aus, war gut genährt, und außer daß man sie sehr früh von ihrer Mutter getrennt hatte, schien ihr Leben beständig gewesen zu sein. Doch dieses Ereignis hatte offenbar genügt, einen seelischen Schaden bei ihr anzurichten und sie ängstlich werden zu lassen. Noch zwölf Jahre lang sprang sie in Deckung, wenn es an der Tür klingelte. Erst später wurde sie »zahmer« und verharrte nur in Sprungbereitschaft. Miezi schaute sich den Ankömmling genau an, und erst wenn er ihr vertrauenswürdig erschien, traute sie sich hervor. Mit einigen meiner Gäste freundete sie sich sogar an. Das bedeutete, daß sie nicht vor ihnen flüchtete, sich manchmal sogar streicheln ließ. Mit zehn Jahren begann sie, sich an mich zu schmiegen, sobald sie müde war. Später bemerkte ich, daß sie nicht mehr

Hufpflege – besonders im Freien – ist Vertrauenssache.

Schlechte Erfahrungen wecken Mißtrauen und grundlegende Angst.

über mich drübersprang, sondern mit ihren Pfoten auf mich trat, wenn sie auf meine andere Seite wollte. Während ihrer fünfzehn bis sechzehn Lebensjahre hat sie sogar ein paar Mal für wenige Minuten auf meinem Schoß gesessen.

Es ist natürlich leicht zu erklären, woher das Vertrauen stammt, wenn von unserem eigenen Tier die Rede ist oder wir das Tier schon lange kennen. Das zeigt aber auch, daß die Frage des Vertrauens sehr komplex ist. Von Seiten des Tieres sind nicht immer vorangegangene Erfahrungen nötig.

Warum vertraut uns beispielsweise ein fremdes Tier, selbst eines, das sonst in niemanden Vertrauen hat?

Das folgende Erlebnis ist nicht etwa außergewöhnlich, sondern kommt häufig vor. Viele Menschen, die Tiere gernhaben und sich mit ihnen anfreunden, konnten dies schon erleben: Ein Tier, das allgemein als mißtrauisch und bösartig gilt, also »nur« ein gewöhnliches Tier ist, kann trotzdem zu jemandem eine gute Verbindung haben.

Während meines Urlaubs in Siebenbürgen wanderte ich mit Freunden in den Bergen. Wir gelangten zu einer Wiese, auf der gerade eine Schafherde weidete. Die Herde wurde von einem Hirten und drei Hunden gehütet. Am anderen Wiesenrand, weit weg, stand einer der Hunde und beobachtete mich aufmerksam. Er gefiel mir, und ich begann, ihn zu rufen. Schritt für Schritt näherte er sich, bis er schließlich nach langem Zureden zu mir kam. Er berührte meine Beine, senkte den Kopf und ließ sich streicheln. Auch der Hirte trat zu uns heran und sah allem mit bösen Blicken zu. Ich lobte seinen Hund, da lächelte er endlich und meinte: »Dieser Hund ist sehr falsch. Er geht zu niemandem, und wenn ihm jemand zu nahe kommt, greift er ihn an. Aber Sie mag er anscheinend.«

Wie sehr wir einem Tier vertrauen können, hängt von vielen Faktoren ab und ist auch nicht immer nachvollziehbar. Zuallererst ist die Erziehung zu nennen, dann der Einfluß durch Verwandte und Freunde, frühkindliche und spätere Erfahrungen, das Verhalten von bekannten und fremden Tieren, Bücher und Filme – sie alle haben unser Vertrauen gestärkt oder geschwächt. Vielleicht verhält es sich so, daß auch bei uns Menschen Sympathie oder Antipathie sowie der Instinkt ein spontanes Vertrauen oder Mißtrauen bedingen. Auch wenn wir uns diese intuitive Gefühlshaltung nicht erklären können, sollten wir sie trotzdem achten. Die innere Eingebung ist sicherer als irgendein Einfluß von außen. In einer Fachschrift der British Horse Society heißt es in einem Kapitel über den Pferdekauf, daß vor allem der *allgemeine Eindruck* des Tieres zählt, gefolgt von der Beurteilung des Äußeren und schließlich fachlichen Aspekten. Es wird davon abgeraten, ein Pferd zu kaufen, dessen Blick uns nicht gefällt. Der Gewinn oder Verlust des Vertrauens ist bei uns nicht so eindeutig nachvollziehbar wie bei Tieren. Es gibt Menschen, die nach einem Hundebiß oder Sturz vom Pferd ihr Vertrauen verlieren, bei manchen reicht es schon aus, wenn sie von einem solchen Vorfall nur hören. Andere werden durch schlechte Erfahrungen eher mutiger; sie fürchten sich danach kaum noch vor Tierattacken. Man kann nicht grundlegend davon ausgehen, aber für viele sind tatsächlich Kindheitserinnerungen der Schlüssel.

Es ist richtig, wenn wir einem Tier nicht bedingungslos vertrauen, das (ausgewachsen) gerade erst zu uns gekommen ist. Man muß mit ihm vorsichtiger umgehen, ihm mehr Aufmerksamkeit entgegenbringen als einem Tier, das man eigenhändig aufgezogen hat. Erst wenn wir es besser kennengelernt haben und mit ihm auf einer Wellenlänge sind, können wir unseren Vorbehalt ablegen. Wie viel Zeit man dazu braucht, kann sehr unterschiedlich sein. Bevor das gegenseitige Vertrauen nicht die erhoffte Ebene erreicht hat, *sollten wir keinesfalls anfangen, ernsthaft mit ihm zu arbeiten.*

Konsequenz

Neben Liebe und Geduld kann Konsequenz diesen Vorgang wesentlich beschleunigen. Wenn wir bei unseren Geboten, unserer Weise der Belohnung und Bestrafung sowie der Fütterung und Pflege ganz systematisch vorgehen, wird das Tier nicht verängstigt und mißtrauisch reagieren oder sich so launisch wie das Wetter verhalten. Konsequenz ist auch später beim Abrichten und der Zusammenarbeit mit dem Tier von großer Bedeutung. Von dieser Beharrlichkeit dürfen wir nicht abweichen und uns etwa von einer momentanen Laune leiten lassen. Wir sollten keine übertriebenen Strafen austeilen, wenn wir schlecht gelaunt sind, aber auch nicht über etwas hinwegsehen, nur weil wir gerade gut gelaunt sind. Dagegen ist ein starres Festhalten an der gewählten Methode ebenso hinderlich, sobald einem auffällt, daß sie fehlerhaft ist. Die Methode muß dann sofort – vielleicht sogar öfter – geändert werden, ungeachtet dessen, ob sich das Tier schon daran gewöhnt hat.

Das Festhalten an einer falschen Methode ist keine Konsequenz, sondern nur Sturheit, die unsere Beziehung zum Tier und die bisher erreichten Ergebnisse endgültig zunichtemachen kann. Leider müssen wir uns damit abfinden, daß diese Beharrlichkeit nicht erwidert wird. Während Liebe, Geduld und Vertrauen gegenseitig zwischen Mensch und Tier bestehen, bleibt Konsequenz immer einseitig. Dieser Begriff ist den Tieren unbekannt. Sie werden immer auf den jetzigen Augenblick reagieren, dementsprechend fühlen und ihren inneren Antrieb darauf ausrichten. Es hat sich jedoch erwiesen, daß sie auf die gleichen Signale häufiger dieselbe Reaktion zeigen.

Intellektuelles Umfeld

Es ist fast schon gespenstisch, aber die intelligentesten Tiere sind stets bei hochgebildeten Menschen anzutreffen, die allgemein nachdenklich sind, ihre Entscheidungen genau abwägen und sich gründlich und bewußt mit den Einzelheiten auseinandersetzen. Private Tierhalter, die sich ernsthaft mit ihren Hausgenossen beschäftigen, können mit ihnen auf hohem Niveau kommunizieren. Sie berichten besonders häufig von den herausragenden Fähigkeiten ihrer Vierbeiner.

Ich habe oft darüber nachgegrübelt, was wohl der Grund dafür sein mag. Die Antwort ist vielleicht ganz einfach. Studieren sie vielleicht das Benehmen ihrer Tiere eingehender und gelangen so zu Erkenntnissen, die man bei oberflächlicher Betrachtung nicht feststellt? Oder kann es sein, daß sie sich wissentlich und ganz gezielt eine »Intelligenzbestie« aussuchen?

Ohne Frage spielen auch diese Aspekte eine Rolle, aber mittlerweile weiß ich, daß für die geistige Entwicklung des Tieres ein intelligenter Tierhalter von entscheidender Bedeutung ist. Auch die menschliche Intelligenz ist nicht reine Vererbungssache. Im allgemeinen erweisen sich Kinder, die in gebildeten Familien aufwachsen, als intelligenter im Vergleich zu ihren Altersgenossen, in deren Zuhause Literatur, Bildung, eine breitgefächerte Ausrichtung und tiefsinnige Gespräche keinen Stellenwert haben. Wir sagen von einem berühmten Maler, Schauspieler oder Arzt, das Talent liege bei ihm »in der Familie«. Es ist nicht ganz geklärt, wie wichtig die Informationen bei der Entwicklung ähnlich begabter Kinder sind, die von den eigenen Eltern stammen. Ich neige zu der Annahme, daß wir alle mit einer gleich hohen Intelligenz geboren werden und es von der Umwelt und Lebensweise abhängt, was sich daraus entwickelt. All jene Fähigkeiten und Gehirnfunktionen, die nicht gefördert und geübt werden, werden schwächer und verkümmern, manchmal sogar für immer, weil wir sie nicht gebrauchen oder nicht wissen, wie man sie aktivieren kann. Menschen mit besonderen Fähigkeiten, wie z. B. Rechenkünstler oder Reiki-Heiler, sagen übereinstimmend von sich, daß ihr Wissen kein Geheimnis ist und die Anlagen in jedem von uns vorhanden sind und entwickelt werden können.

Wir kennen so manche Geschichte von Säuglingen, die im Wald unter Tieren aufgewachsen sind und später als Erwachsene keine höhere Gehirntätigkeit aufwiesen als die Tiere selbst. Nicht ganz so drastisch ist folgendes Beispiel: Jugendliche aus Entwicklungsländern, die nach Europa kommen, haben zuweilen Schwierigkeiten, die Anforderungen in Schule und Universität zu bewältigen. Hierbei liegt es jedoch nicht an einer schlechteren Begabung, sondern daran, daß im Kindesalter keine Vorbereitung stattgefunden hat, Grundwissen fehlt sowie im Gehirn nicht genügend kognitive Verknüpfungen ausgeprägt wurden.

Wenn all das auf das menschliche Gehirn zutrifft, sollte dies folglich auch für Tiere gelten, da Aufbau und Funktion ihres Gehirns im Grunde mit dem unsrigen identisch sind. Natürlich will ich nicht vorschlagen, daß man Welpen ebenso erziehen soll wie die eigenen Sprößlinge, daß Tiere ohne weiteres zur Schule gehen und sprechen, lesen und schreiben lernen können. Davon kann nicht die Rede sein. Die geistigen Fähigkeiten der Tiere können sich nur so weit entfalten, wie ihr Erbgut es zuläßt. Wenn wir die körperlichen Gegebenheiten betrachten und uns vorstellen, wie wir sprechen und schreiben wollten, welche Werkzeuge könnten wir wohl mit dem Körper eines Hundes benutzen? Doch da wir selbst nicht wissen, wie weit die Fähigkeiten des menschlichen Gehirns reichen, kennen wir auch die Grenzen des Tieres nicht. Setzen wir uns also das Ziel, ihre Entwicklung nicht zu behindern und ihnen stattdessen alle Möglichkeiten dafür zu schaffen! Kurz gesagt: Betrachten wir die Tiere nicht als minderwertige Wesen, sondern einfach nur als *anders*.

Eine Frage der ewigen Zweifler lautet: »Warum ist ein intellektuelles Umfeld für Tiere wichtig, wo doch ihre Lebensweise in Wald und Flur weit davon entfernt ist?« Auch wir Menschen haben keinen Bedarf an Dingen, von denen wir nichts wissen. Es ist noch nicht allzu lange her, daß die Massenmedien mit ihrer Flut an Informationen den Menschen unbekannt waren. Wenn wir in der Geschichte noch weiter zurückgehen, können wir feststellen, daß es weder Bücher noch Zeitungen, geschweige denn Schulen gab, aber es gab immer Gelehrte. Es ist klar, daß auch sie *anders* waren. Das Tier ist auch *anders*, und wir wissen nicht genau, inwieweit ein wildlebendes Tier seine gesamten Fähigkeiten einsetzt. In der Natur erfordern Nahrungssuche, Überleben, Partnerwahl, Revierverteidigung und Jungenaufzucht ein bestimmtes Maß an Intelligenz und Fertigkeiten zur Problemlösung (vielleicht sogar mehr, als der Mensch zu seinem Daseinserhalt braucht). Ein Haustier, dem all das abgenommen wird, braucht insofern weder körperliche noch geistige Anstrengungen zu

Hinter Gittern

Löwen-Wanderung

unternehmen. Also stehen ihm Zeit und Energie zur Verfügung, die es anderweitig, d. h. zum Erwerb von Kenntnissen, einsetzen kann.

So merkwürdig es uns auch erscheinen mag: Für die Tiere ist es selbstverständlich, und man kann unmöglich übersehen, mit welchem Interesse und Behagen sie unsere Geräte und Tätigkeiten beobachten. Das tun sie, um mehr über uns und unser Leben zu erfahren, und sie eignen sich allein durch das Zusehen viel Wissen an, auch wenn wir sie nicht abrichten. Das beweist, daß ihre Aufnahmefähigkeit weit höher ist als angenommen. Sie achten unser Wissen, und es bereitet ihnen Freude, von uns zu lernen und mit uns zu kommunizieren. (Ob deshalb das wilde *Seidene Roß* aus dem tibetischen Märchen zahm wurde?)

Die Tiere versuchen, uns näherzukommen und uns zu verstehen, auch wenn wir dies nicht tun. Wir sollten wahrnehmen, wie viel intelligenter ein freilebendes Tier ist, das jagen und sich verteidigen muß, verglichen mit dem gefangengehaltenen Zoo- oder Masttier, dem die Impulse von außen fehlen. Beide jedoch werden an Intelligenz von solchen Tieren übertroffen, die als Gefährten des Menschen unablässig lernen, Aufgaben lösen und auf dessen Worte reagieren. Es wurde bereits betont, daß die Natur nicht grundsätzlich die besten Voraussetzungen für das Tier bietet. Fazit: Tiere brauchen in der freien Wildbahn kein intellektuelles Umfeld, aber *in unserer Nähe schon.*

Die Seele der Tiere

Zwei widerstreitende Kräfte kämpften in Lassie. Die eine wollte sie zwingen, den Männern fernzubleiben, die andere, ihr eigenes Heim zu verteidigen. … Dieser Trieb war der ältere – ein Trieb, der bis zu ihren Vorfahren zurückreichte. Ihre Scheu vor den Menschen war neuer, Lassie hatte sie erst in den letzten paar Monaten angenommen. Und plötzlich siegte der ältere Trieb.

Eric Knight: *Lassie kehrt zurück*

Heutzutage ist zum Glück die Frage, ob Tiere eine Seele besitzen, weniger strittig als noch vor ein paar Jahrzehnten. Der Begriff Seele ist schwer zu erklären, da man ihn unterschiedlich auslegen kann. Allerdings bin ich der Meinung, daß – egal was wir darunter verstehen – die meisten Tiere eine Seele haben.

Als hauptsächliches Merkmal gilt wohl, daß diejenigen Lebewesen eine Seele haben, bei denen Umwelteinflüsse und Ereignisse eine seelische Reaktion auslösen, die das Verhalten des Tieres *bewußt oder unbewußt beeinflussen.* Je mehr Einflüsse viele verschiedene und abgestufte Reaktionen auslösen, desto höher entwickelt ist die Seele. Die Art der Reaktionen wird durch den natürlichen Instinkt stark beeinflußt, die Heftigkeit der Reaktionen wiederum bestimmt das Temperament. Wenn wir von diesem Grundsatz ausgehen, ergibt sich folgerichtig, daß man im allgemeinen auf den höheren Stufen der Evolution auch verfeinerte Seelen vorfindet. Diese können sich auf einer gegenwärtigen Entwicklungsstufe je nach Rasse und Einzeltier unterschiedlich darstellen. Beim Tier werden die Unterschiede durch die Lebensweise, Intelligenz, individuellen Fähigkeiten oder durch eine anregende oder reizarme Umgebung bedingt, beim Menschen durch die jeweilige Stufe der Zivilisation und Kultur.

Ich bin der Auffassung, daß sowohl bei Tieren als auch Menschen ein großer Zusammenhang zwischen der Intelligenz, dem Freiheitsbedürfnis und der Verfeinerung der Seele besteht. Unter Hunden, Katzen und Pferden läßt sich beobachten, daß ein sensibles – sogar übersensibles Tier – zügiger lernt, seine Erfahrungen in der Praxis wirkungsvoller umsetzt und zu komplizierteren Gedankengängen fähig ist. So ein Tier verlangt mehr Eigenständigkeit, es erträgt weniger Zwang, Gewalt und Unterdrückung.

Es könnte der Eindruck entstehen, daß unter den drei aufgezählten Tierarten der Hund, der am gehorsamsten ist und den Befehlen des Menschen bedingungslos folgt, dümmer ist als die anderen. Keineswegs! Die für diese Art typische Instinktwelt beeinflußt sehr stark die Verhaltensweise. So ist es für den Hund charakteristisch, daß er den Rudelführer annimmt, auch wenn er einer anderen Art angehört. Dieser Begriff ist bei Katze und Pferd unbekannt. (Es ist wenig hilfreich, bei solchen Eigenschaften die verschiedenen Arten miteinander zu vergleichen. Man kann eben nicht Äpfel mit Birnen vergleichen.) Um bei dem genannten Beispiel zu bleiben, bestehen selbst unter Hunden riesige Unterschiede: Einige Hunde sind viel treuer und ergebener als andere, selbst wenn sie von ihrem Herrn schlecht behandelt werden. Andere hingegen reißen von zu Hause aus oder werden aggressiv und greifen ihren Herrn sogar an.

Viele betrachten diese Erscheinungen als seelische Entartung oder psychische Krankheit. Sicher, auch das ist möglich. Aber meistens ist der Herr einfach ein miserabler »Rudelführer«. In zahlreichen Fällen wurde ein Hund, der freiwillig Entbehrungen und ein Vagabundendasein gewählt hatte, bei einem neuen Herrn zutraulich, ausgeglichen und folgsam. (Im Kapitel »Seelische Probleme bei Tieren« wird beschrieben, woran wir erkennen können, ob eine ungewöhnliche Reaktion auf eine Schädigung oder Verletzung der Seele oder schlichtweg auf Erziehungsfehler zurückzuführen ist.) Tiere mit einem wachen Geist und einer feinen Gefühlswelt ertragen Streß viel weniger und verhalten sich eher abweichend von der Norm. Auf der anderen Seite sind sie schneller fähig, wieder ins Gleichgewicht zu kommen. Einige von ihnen vertrauen ihrem neuen Herrn sofort, wenn er sich ihnen mit Liebe und Verstand nähert. Wir dürfen nie vergessen, daß die Seele – ganz gleich, wie sie beschaffen ist – sehr empfindsam und verletzlich ist. Genauso wie somatische d. h. körperliche Probleme und Krankheiten seelische Störungen und geistige Abweichungen hervorrufen können, können seelische Traumata umgekehrt körperliche Erkrankungen oder eine Verschlechterung des Gesundheitszustands bewirken. Das trifft auf Menschen und Tiere gleichermaßen zu.

Gefühle

Tiere können ein breites Gefühlsspektrum durchleben, dazu gehören einfache, zusammengesetzte und komplexe Gefühle. Die ältesten und niedersten Gefühle sind »gut« und »schlecht«; auf welcher Evolutionsstufe diese Gefühle zuerst auftraten, ist nicht geklärt. Wahrscheinlich spürt eine Raupe, daß es »gut« ist,

Das Mienenspiel der Katze: Aufmerksamkeit

Ängstlichkeit

Wut

Blätter zu kauen, aber sobald sie von einem Vogelschnabel ergriffen wird, ist das »schlecht«. (Ob ein Schwamm oder eine Seegurke ähnliche Gefühle haben?)

Durch die Zergliederung und Verfeinerung der guten und schlechten Gefühle ergeben sich solche einfachen Gefühle wie Freude, Trauer, Wut, Aufregung, Angst, Schmerz und Schreck. Auch diese Gefühle sind in ihrer Ausprägung nicht alle gleich einfach, denn es hängt davon ab, wie sie miteinander kombiniert werden und welchen Einfluß das persönliche Wissen, Erfahrungen und Denken darauf haben. Wesentlich ist oft nur ein einziger Baustein des einfachen Gefühls, ein körperliches Gefühl, das als Merkmal der Einfachheit angesehen werden kann. Wenn sich ein Hund über einen saftigen Knochen freut, spielt dabei sein Hunger eine wesentliche Rolle, insofern ist die Freude des Hundes ein einfaches Gefühl. Wenn sich aber der Hund darüber freut, daß sein Herrchen nach Hause gekommen ist, dann enthält die Freude vom Begrifflichen her kaum einen körperlichen Bestandteil. Es geht hier also um ein zusammengesetztes Gefühl, ein Mischgefühl. Die Freude eines Spürhundes »im Einsatz« ist noch komplizierter, ebenso die Freude des Rennpferdes nach einem gewonnenen Rennen. Die Bewältigung einer solchen Aufgabe hat auch für das Tier eine größere Bedeutung als nur ein gutes Rennen oder das Lob und die Belohnung vom Herrn. Oft ist Unruhe oder Ruhelosigkeit ein einfaches Gefühl, wenn es durch körperliche Beeinträchtigung ausgelöst wird (Lärm, Gedränge usw.).

Die einfachen Gefühle sind instinktiv (auch bei uns Menschen), deshalb zeigen sie sich fast genauso in Mimik und Körperhaltung, in Bewegung und Tonfall und sind leicht zu erkennen.

Als komplexe Mischgefühle gelten Liebe, Haß und Bösartigkeit (die beiden letzteren kommen wahrscheinlich nicht bei freilebenden Tieren vor, sondern nur bei Haustieren oder Wildtieren, die in Gefangenschaft leben. Siehe auch das Kapitel: »Seelische Probleme bei Tieren«); Eifersucht, die sich nicht nur auf die Futterration oder die Pflege von anderen Tieren richtet, sondern auch dann auftritt, wenn der Herr einfach nur zu einem anderen Tier spricht; schlechtes Gewissen (das Tier weiß sehr gut, daß es gegen eine bestimmte Regel verstoßen hat und es daher bestraft werden könnte, auch wenn diese Strafe nur daraus besteht, daß er als »böser Hund« bezeichnet wird); Sympathie, Antipathie, Unsicherheit (»Soll ich hingehen oder nicht?«) und das Gespür für Gefahr. In diesen Gefühlen sind sehr viele bewußte und intuitive Bausteine enthalten, auch bei Neugier bzw. Ungeduld. Diese Gefühle zeigen sich bei den verschiedenen Tierarten auf unterschiedliche Weise (eine verunsicherte Katze hebt abwechselnd die Vorderpfoten, das ungeduldige Pferd scharrt mit den Vorder-

Mit der erhobenen Vorderpfote will die Katze unsere Aufmerksamkeit erregen –
und daß etwas schneller geht.

hufen, was für andere Tierarten untypisch ist), und wir müssen lernen, wie man
sie erkennen kann.

Eine besondere Gruppe bilden die Gefühle, die keine körperlichen Empfindungen oder nur wenige enthalten. Die Entstehung dieser Gefühle setzt gefühlsmäßige Beziehungen bzw. erworbenes Wissen und Erfahrungen in großem
Maße voraus, auch wenn viele Menschen dem Tier derartige Gefühle gänzlich
absprechen.

Trauer

Den Gefährten bzw. Herrn zu verlieren, löst tiefen Schmerz und Trauer aus
und ruft manchmal Schwermut hervor. Teilweise werden Futter, Bewegung
und andere lebensnotwendigen Verrichtungen verweigert, weshalb das Tier
ernsthaft krank werden kann. In der Natur ist Trauer keine Seltenheit, viele
Tierarten wählen in ihrem Leben nur einen einzigen Partner (dazu gehören neben den Säugetieren auch viele Vögel). Wenn es ihn dann verliert, trauert es und
kann sogar vor Gram sterben. Vera Tschaplina, eine Moskauer Tierpflegerin,
berichtet in ihrem Buch *Vierbeinige Freunde* von einer regelrechten Trauer-
zeremonie des Elefantenbullen Saga, der seine Lebenspartnerin verloren hatte:

Der Elefant brachte seine Trauer durch tagelanges Brüllen zum Ausdruck, er verweigerte das Futter und nahm stark ab. Dann schritt er zu seinem Lieblingsplatz, kniete nieder und bohrte seine Stoßzähne tief in die Erde.

Unter den Haustieren trauert ein Hund am heftigsten, doch seine Trauer kann vergehen, wenn er einen neuen Herrn findet, der ihn liebt.

Treue
Treue ist eine starke Bindung und sehr vielschichtig, egal ob unter Tieren oder Menschen. Sie ist ein Gefühl, das von vielen Faktoren bedingt wird, die fast alle unterbewußt sind; deshalb läßt sich auch die Treue beim Menschen so schwer erklären. Natürlich gehört dazu auch die regelmäßige Befriedigung unserer Bedürfnisse, der gewohnte Lebensstil und die Standorttreue. Doch Treue ist viel mehr. Auch wir Menschen neigen manchmal dazu, jemandem die Treue zu halten, obwohl er uns schlecht behandelt, und so verhält es sich auch bei Tieren. Die Treue des Hundes zu seinem Herrn ist besonders, denn er sieht ihn als Rudelführer an. (Ich hatte schon erwähnt, daß nicht jeder Hund seinem Herrn die Treue hält und nicht alle treuen Hunde ausreißen, sobald ihr Herr verreist ist oder ihn weggibt, so wie Lassie. Sie sterben auch nicht über den Verlust ihres Herrn.)

Die Katze hingegen, die oberflächlich betrachtet als »untreu« gilt, kann unter Umständen große Treue an den Tag legen. Das kommt zwar selten vor, beweist aber nicht, daß Treue bei Katzen außergewöhnlich ist. Da Katzen nicht zu den Rudeltieren zählen, hat Treue ihre Wurzeln im Gefühlsaustausch, gegenseitiger Liebe und Anerkennung.

Pferde leben zwar im Herdenverband, doch lassen sie keine andersartigen Tiere hinein (was ein Hund bereitwillig tut); sie stellen deshalb keine so strenge Rangordnung innerhalb ihrer Herde auf wie im Hunderudel. Auch dem Menschen, mit dem sie arbeiten, ordnen sie sich in ihrem persönlichen Kontakt entweder unter oder über.

Also hat auch das Pferd ursprünglich keine starke Bindung zum Menschen. Die Treue der Katzen und Pferde muß sich der Mensch eher »verdienen« als bei Hunden.

Die Treue, eines der komplexen Gefühle, kann man erst spät – durch andere Gefühle oder Handlungen – erkennen. Ein treues Tier ist z. B. bei Abwesenheit seines Herrn unruhig und traurig. Bei seiner Ankunft bricht es in Freude aus, oder es ist »beleidigt«. Bei Katzen und Pferden ist bei kurzer Abwesenheit Freude, bei langer Abwesenheit Groll vorherrschend, bei Hunden zumeist Freude.

Mitgefühl

Das ist ein Gefühl, mit dem wir Anteil nehmen, wenn jemand anderes Unannehmlichkeiten hat. Viele meinen, daß dies ein rein »menschliches« Gefühl sei, da Tiere es nicht kennen. Raubtiere z. B. empfinden für einen erlegten Hasen oder ein gerissenes Reh kein Mitleid. Bei der Partnerwahl oder Verteidigung des eigenen Reviers kommt es oft zu erbitterten Machtkämpfen, bei denen der unterlegene Gegner verwundet wird oder gar den Tod findet. Von Kannibalismus oder Fressen der eigenen Nachkommen will ich lieber gar nicht erst sprechen. Eine nähere Ausführung dieses Themas soll nicht das Anliegen meines Buches sein, doch möchte ich eines dazu bemerken: Tiere tun so etwas instinktiv, aus ganz bestimmten, für sie natürlichem Gründen. Es wäre falsch, sie deshalb als grausam oder gefühllos zu bezeichnen.

Tatsächlich kann man in der Natur und auch bei Haustieren sehr wohl Mitgefühl beobachten. Denken wir z. B. daran, daß ein Tier erkennt, wenn sein Herr verletzt ist oder es ihm schlecht geht – in diesem Fall zeigt es deutlich und zärtlich seine Zuneigung: Es schmiegt sich an ihn, gibt zuweilen Klagelaute von sich, leckt seine Hand und das Gesicht ab. Ein aufgeregtes Herumspringen bleibt aus, ein sonst sehr lebhaftes Tier gebärdet sich sanft und folgsam. Ein bettlägeriger Kranker wird oft von seinem Tier »bewacht«, auch wenn es das normalerweise nicht tut.

Einmal hatte ich Grippe und ging mit Fieber zu meinem Hengst Gorsia. Sein damaliges Lieblingsspiel war »Fangen« (dabei sprang er in seiner Koppel vor mir her, ließ mich kurz an sich herankommen und machte wieder einen Satz davon.) An dem besagten Tag fing er gerade wieder damit an, und ich sagte: »Gorsie, ich kann jetzt nicht mit dir spielen, ich bin krank.« Sicher hat er meine Worte nicht verstanden, doch er erfaßte die Situation sofort. Er kam zu mir und reckte brav seinen Kopf vor, damit ich ihm das Zaumzeug anlegen konnte. (Das tat er sonst immer erst nach dem Spiel.) Der Ritt dauerte nur eine halbe Stunde, und das sonst so lebhafte und verspielte Tier war zahm und folgsam wie noch nie.

Dankbarkeit

Das Gefühl der Dankbarkeit entsteht aus der Erkenntnis heraus, daß uns jemand etwas Gutes getan hat und wir ihm unsere Anerkennung zeigen wollen. Den Tieren wird Dankbarkeit abgesprochen, weil man bezweifelt, daß sie die Gutwilligkeit und Hilfsbereitschaft des Menschen überhaupt ermessen können.

Sie sind allerdings dazu in der Lage, aber sie müssen vorher entsprechende Erfahrungen sammeln – das trifft auf uns ebenso zu. Ein kleines Kind ist für nichts dankbar. Angenommen, wir wollten ein Waldtier aus einer Falle befreien (was hoffentlich niemals nötig sein wird), sollten wir immer damit rechnen, daß es uns angreift, anstatt dankbar zu sein. Es braucht Zeit und bewußte Vorbereitung, damit es versteht: *Ich kann nicht aus eigener Kraft aus der Falle heraus. Ein Mensch hat das erkannt. Er ist deshalb hierhergekommen, um mich zu befreien und gesundzupflegen.* Woher soll das Tier das wissen, wo es ihm noch nie zuvor so ergangen ist und es mit den Menschen bisher eher schlechte Erfahrungen gemacht hat? Können wir das Tier retten, wird es sicher dankbar sein, doch wer weiß, ob es zu dieser Erkenntnis gelangt: *Nur der Mensch konnte mich befreien und hätte er es nicht getan, wäre ich jetzt tot.*

Um das zu begreifen, müßte es wahrscheinlich öfter in eine Falle tappen (was nun wirklich nie passieren sollte). Unser vierbeiniger Gefährte hingegen kennt uns besser und weiß, daß wir ihm bei Bedarf aus einer Notlage heraushelfen. Sie sind uns selbst für »Kleinigkeiten« dankbar: für einen Leckerbissen, einen Napf voll Wasser in der Sommerhitze und wenn wir sie von irgendeiner körperlichen Pein erlösen. Wir dürfen aber nicht erwarten, daß ihre Dankbarkeit ewig währt. Für die sofortige Beseitigung der Beschwerden können sie sich mehrmals am Tag dankbar zeigen, doch das Gefühl ist nicht von Dauer. Wenn ein Tier über längere Zeit unter schlechten Bedingungen leben mußte, versteht es, daß es ihm bei uns nun besser geht. Doch seine Dankbarkeit bezieht sich allein auf die Erleichterung und keineswegs darauf, daß es zu uns gekommen ist.

Es gibt keine besondere Ausdrucksform der Dankbarkeit (aber manchmal erscheint es uns, daß man sie in ihren Augen lesen kann). Das Tier schenkt uns regelmäßig seine Zuneigung, drückt seine Freude aus und zeigt sich zur Zusammenarbeit bereit.

Selbstdisziplin

Selbstdisziplin sollte hier eigentlich nicht aufgeführt werden, weil sie eine seelisch-geistige Fähigkeit ist und an sich kein Gefühl. Es ist unbestritten, daß sie durch Erlernen erworben wird. Aber auch andere komplizierte Gefühle muß man sich auf diese Weise aneignen. Hinzukommt, daß Selbstdisziplin im Gegensatz zu anderen geistigen Fähigkeiten *sichtbar* ist. Besonders Tieren wird diese Qualität am wenigsten zugetraut. (Das verwundert etwas, wenn wir daran denken, daß sich ein hungriges Raubtier auch beherrscht, wenn es seine Beute erspäht hat und den richtigen Moment abpaßt, um sich daraufzustürzen.) Im

Selbstdisziplin: Der Hund wartet auf sein Zeichen.

wesentlichen bedeutet Selbstdisziplin, einen inneren Drang bewußt zurückzu-
halten. Der Körper eines solchen Tieres ist gestrafft, zittert, und sowohl Mimik
als auch Haltung drücken Anspannung aus; es ist zum Sprung bereit, gibt aber
keinen Laut von sich und bewegt sich nicht. Oft können wir dies beim Hund in
folgenden Situationen bemerken: Der Hund würde gern zu einem anderen
Hund hinlaufen, aber wir befehlen ihm zu bleiben. Wir geben ihm eine Aufgabe, und er kann deshalb nicht zu der läufigen Hündin rennen. Wir lassen
einen Fremden zur Tür herein, und er würde diesen am liebsten angreifen, darf
es aber nicht. Er hält still, wenn wir ihm eine Wunde verbinden, obwohl es
schmerzhaft für ihn ist usw.

Groll / Unwille

Das ist ein Seelenzustand, bei dem das Tier sich gekränkt, ungerecht behandelt
oder vernachlässigt fühlt. Diese Empfindung ist weniger vielschichtig als der
Groll beim Menschen, weil das Tier nicht so viele Gründe dafür hat. In der
Fachliteratur läßt sich kein Hinweis darauf finden, ob freilebende Tiere Groll
aufeinander hegen. Haustiere zeigen ihren Unwillen auch nur Menschen
gegenüber und zwar nur denjenigen, die sie mögen. Groll äußert sich bei Katzen, Hunden und Pferden gleich, wenn wir ihnen Veranlassung dazu geben.
Ein unverkennbarer Grund ist beispielsweise Zurückweisung, wenn sich das
Tier uns nähern will, oder wenn wir das Tier längere Zeit einem anderen Men-

schen in Pflege gegeben haben. Das grollende Tier hört absichtlich nicht; es kommt nicht, wenn wir es rufen; es tut so, als würde es uns nicht bemerken; es dreht seinen Kopf weg und entzieht sich unserer Liebkosung.

In der Seele des Tieres sind ausnahmslos alle einfachen Gefühle angelegt, teilweise auch die großen und komplizierten Gefühle, aber dies ist nicht sicher belegt. Fühlt ein Hund, der einen Dieb zur Strecke gebracht hat, Stolz? Oder ist ein Bär stolz auf seine Leistung als Filmdarsteller, ein Pferd auf seinen Sieg beim Rennen? Wir wissen es nicht, obwohl alle Zeichen darauf hindeuten. Zeigt sich Genuß auf dem Gesicht einer Katze beim Musikhören? Diese Gefühlskomplexe sind – so können wir es vielleicht ausdrücken – ein Ergebnis der Zivilisation, des gesellschaftlich entwickelten Individuums. Es ist möglich, daß einem Wildtier Dankbarkeit und Groll unbekannt sind, in der Umgebung des Menschen hat sich die Seele des Tieres aber dermaßen weiterentwickelt, daß solche neuartigen Gefühle durchaus entstehen konnten. Diese Entwicklung hält an, deshalb können wir eine Verfeinerung der tierischen Seele nicht leugnen. Zur Zeit sind aber einige Gefühle, die mit dem Menschen und seinen Lebensumständen verknüpft sind, dem Tier ausgesprochen fremd. Da ist zum Beispiel die Scham. (Ein Tier beurteilt sich niemals selbst, auch sein Handeln und Verhalten empfindet es nie als schlecht oder falsch.) Und dann der Neid. Ein Tier kennt den Begriff des Eigentums nicht; seine Instinkte verbieten ihm nicht, sich etwas zu nehmen oder mit seinem Partner zu teilen, was ihm nicht gehört. Deshalb ist es falsch zu sagen, es sei futterneidisch. Zu diesen Eigenschaften zählen ebenfalls Verantwortung, Urteilungsvermögen oder Gewinnsucht.

Das Begehren als Gefühl zu beschreiben, ist schwierig. Einige dieser Begierden (z. B. das sexuelle Verlangen) gehören zu den niedersten Trieben, und doch weichen sie inhaltlich und in ihrer Komplexität stark voneinander ab. Gehen wir allein vom menschlichen Verlangen aus, so ist dieses kaum sichtbar und viele abstrakte Formen sind möglich, die etwas instinktgesteuert sind, im Unterbewußten liegen und auch von uns selbst nicht genau erklärt werden können. Die Tiere haben wahrscheinlich ebensolche Begierden, doch es ist geradezu aussichtslos, mehr darüber herauszubekommen.

Instinkte
Instinkte sind angeborene bzw. weitergegebene Informationen, die zur Lebens- und Arterhaltung unentbehrlich sind und Verhaltens- und Handlungsweisen umfassen. Es gibt Instinkte, die bei allen Tieren gleich sind. Andere hingegen

treffen nur auf einzelne Tiergruppen (z. B. auf Katzen oder übergeordnet Raubtiere) zu.

In unseren Haustieren sind die natürlichen Instinkte teils schwächer, teils stärker lebendig. Das Ermüden der Instinkte hat folgende Gründe: Zum einen die veränderten Lebensbedingungen, die künstliche Aufzucht, und zum anderen Zuchtfehler, die zu einer genetischen Verkümmerung geführt haben. Dadurch ist das Tier – falls es in der Natur ausgesetzt wurde – unfähig, sich in seinem ursprünglichen Lebensraum zu erhalten. Das bezieht sich vor allem auf die Nahrungsbeschaffung und Kämpfe mit Rivalen oder Feinden. Je länger es her ist, daß eine Tierart gezähmt wurde, desto deutlicher treten diese Schwierigkeiten auf. Ganz oben auf der Liste steht der Hund, der als erstes domestiziert wurde. Er hat deshalb in der Wildnis meistens keine Überlebenschance. Im Pferd sind, verglichen mit anderen Tierarten, die natürlichen Instinkte noch verhältnismäßig gut erhalten geblieben. Am besten sind diese bei der Katze ausgeprägt, deshalb verhalten sie sich in ihrem natürlichen Lebensraum bei weitem nicht so unbeholfen. Die guten Jagdkenntnisse und anderen Fertigkeiten sind auch bei diesen Tieren nicht ererbt, sondern müssen von der Mutter bzw. von der Gemeinschaft erlernt werden. So können Tiere, die zu früh entwöhnt wurden oder auf unnatürliche Weise allein leben, verkümmern. Die Tatsache, daß sie sich an der Seite des Menschen nicht um ihren Lebenserhalt sorgen müssen, kommt besonders bei der Aufzucht der Jungen zum Vorschein: Die Mutter kümmert sich nicht um ihren Wurf, sie weiß nicht, was mit den Nachkommen zu tun ist und gibt auch nicht die lebensnotwendigen Informationen an sie weiter. Diese Nachkommen – sofern sie künstlich aufgezogen wurden – sind beinahe völlig unfähig, ein eigenständiges Leben zu führen. Alle diese Faktoren sollten wir im Auge behalten, wenn wir Entscheidungen bei der Tierhaltung und Tierzüchtung treffen.

Viele Menschen halten Instinkte für niedere, primitive Triebe, was ein schwerwiegender Fehler ist. Ohne eine triebhafte Instinktwelt wäre ein Hund kein Hund und ein Pferd kein Pferd. Ein Fehlen der Instinkte würde eine gewisse Entartung bedeuten, auch wenn sie nicht sichtbar wäre. Abgesehen von den erwähnten psychischen Schäden – die durch eine richtige Haltung und Fachkenntnis vermieden werden können – müssen wir anerkennen, daß gegen die natürlichen Instinkte anzukämpfen über einen bestimmten Grad hinaus nicht möglich und auch nicht in Ordnung ist. Wenn irgendein Instinkt beim Tier sehr stark ausgeprägt ist, ist es zwecklos, diesen mit aller Macht unterdrücken zu wollen. Wir dürfen das auch nicht, denn damit schaden wir dem

Tier, wir entstellen es und machen aus ihm eine hohle Nippesfigur, die uns zwar keinen »Ärger«, aber auch keine Freude mehr bereitet.

Die Katze betrachtet den Vogel im Käfig als Beute, weil sie eben eine Katze ist. Anstatt ihr nachzustellen und sie zu bestrafen, sollten wir den Käfig lieber dorthin stellen, wo die beiden Tiere keinem unnötigen Streß ausgesetzt sind, oder aber wir halten erst gar keine Tierarten, die von Natur aus miteinander verfeindet sind. Wenn wir unseren Hund zur Ordnung und Selbstdisziplin anhalten, können wir diesem Rüden beim Spaziergang eben nicht erlauben, daß er uns ausreißt, um mit einem anderen Hund zu kämpfen oder einer Hundedame nachzulaufen. Wir wollen mit der Erziehung aber trotzdem nicht erreichen, daß der Hund die Gesetze seiner Art vergißt oder ihn die schönste Hundedame der Welt kaltläßt. Nachfolgend erhalten Sie eine Übersicht, die zeigt, welche Instinkte für die Handlungen unserer Tiere maßgeblich sind.

ÜBERLEBENSINSTINKTE

Tiere nehmen unzählige Handlungen vor, um ihr Dasein zu sichern; dementsprechend sind die Instinkte, die diese Abläufe auslösen und regeln, ebenfalls unzählig. Um die Sache einfacher zu gestalten, fassen wir sie in einer Gruppe zusammen mit den (von der Mutter und der Umwelt) erlernten Kenntnissen, die damit verbunden sind. Die Überlebenshandlungen werden, neben den Instinkten und erlernten Verhaltensweisen, auch von den Sinnen und körperlichen Gegebenheiten in perfekter Übereinstimmung unterstützt. Farbwechsel als Tarnung oder ein gesträubtes Fell bei Auseinandersetzungen sind beispielsweise ausgesprochen physiologische Vorgänge.

Nahrungsbeschaffung

Durch die Instinkte wird festgelegt, welche Nahrung ein Tier zu sich nimmt, wann, wo und wie es sich diese beschafft. Diese Instinkte weichen je nach Tierart voneinander ab. Zwischen Pflanzen- und Fleischfressern besteht ein himmelweiter Unterschied. Raubtiere bedienen sich verschiedener Methoden, um ihre Beute zu erlegen: Hunde (Wölfe) pirschen sich an und machen Jagd auf ihre Beute. Kleinere Beutetiere jagen sie allein, größere im Rudel. Im letzteren Fall verfolgen sie ihr Opfer bis zur Erschöpfung und verletzen es mit Bissen an Hals und Hinterteil, wodurch es geschwächt wird, bevor sie es schließlich töten.

Die Katze hingegen lauert geduckt ihrer Beute auf und wartet auf den richtigen Augenblick zum Sprung. Mit ihren Krallen ergreift sie das Beutetier und schlägt ihre Eckzähne mit einer raschen Bewegung in den Hals des Opfers. Bei Kämpfen ist die Methode des Hundes immer gleich, während die Katze offen mit ihren Rivalen kämpft, kratzt und beißt. Ihr Ziel ist es, den Gegner zu vertreiben und nicht zu töten. Die Katze, die ausgezeichnet springen und auf Bäume klettern kann, hat größere Chancen, ihre Beute zu erlegen als ein Hund, der »nur« ein guter Läufer ist. Durch seinen höheren Wuchs und die Möglichkeit, im Rudel zu jagen, kann er allerdings auch größere Beutetiere erlangen. So ist der Instinkt bei ihm entstanden, seine Beute als Vorrat zu vergraben.

Die Katze schafft ihre Beute nur deshalb an einen sicheren Ort, um in Ruhe fressen zu können. Raubtiere jagen am liebsten bei Dämmerung, wenn sich aber auch bei Tage eine Gelegenheit dazu bietet, lassen sie sich den Bissen nicht entgehen. Man kann beobachten, daß Raubtiere am Abend lebhafter und aktiver sind und öfter miteinander kommunizieren. Ihr an die Jagd angepaßter Lebensrhythmus erklärt, daß der Hund nachts unser Haus bewacht und Hund und Katze uns gern bei Tagesanbruch wecken.

Der Jagdinstinkt ist auch »schuld« daran, daß der Hund hinter schnelllaufenden Menschen herjagt, ja, sie manchmal sogar angreift. Natürlich kommt es eher selten vor, daß ein Hund beim Spaziergang im Park jemanden anfällt, der gerade zur Bushaltestelle rennt! Doch wenn wir einen Garten betreten und uns ein wild kläffender Hund entgegenstürzt, ist es besser, stehenzubleiben oder langsam rückwärts zum Ausgang zu gehen (in der Hoffnung daß der Besitzer daheim ist und der Hund uns nicht auffressen will), als panisch die Flucht zu ergreifen, da wir das sonst vielleicht friedfertige Tier mit unserer Hast nur erregen.

Für Fleischfresser ist fast »alles was sich bewegt« Beute. Pflanzenfresser hingegen kommen leichter an ihr Futter heran; aber was leicht erhältlich ist, kann auch schnell wieder weg sein. Gras, Blätter, Wurzeln, Triebe und andere Pflanzenteile stehen in Hülle und Fülle zur Verfügung, sind leicht erreichbar, laufen nicht weg und verstecken sich nicht. Die Tiere müssen jedoch genau wissen, was für sie genießbar ist und was nicht. Und bei Wintereinbruch ist all der Überfluß dahin. Hinzu kommt, daß sie sich vor ihren natürlichen Feinden schützen und ggf. flüchten müssen. Die Raubtiere wissen instinktiv, daß sie auf die Jagd angewiesen sind und welche Tiere etwa in ihr Beuteschema passen. Aber die Methoden für Jagd und Kampf müssen sie erst erlernen. Bei Pflanzenfressern ist die Technik der Nahrungsbeschaffung genetisch angeboren, ob eine Pflanze eßbar ist oder nicht, muß teilweise durch eigene Erfahrung herausgefunden werden. Ein Pferd, das in Gefangenschaft aufgewachsen ist, frißt auf einer Wiese selten giftige Pflanzen – im Gegensatz zum Kalb. Es kann aber vorkommen, daß sich das erwachsene Pferd später weigert, solche Nutzpflanzen anzurühren, die es als Fohlen nicht kennengelernt hat.

Gesundheitspflege

Hierzu werden solche Instinkte gezählt, die dem Tier helfen, sich gesundzuhalten bzw. Verletzungen und Krankheiten zu versorgen und den Heilungsprozeß zu beschleunigen. Am auffälligsten sind jene Instinkte, die die Fellreinigung und Körperpflege betreffen. Das Tier säubert seine Haut und Körperöffnungen durch das Belecken des Fells und befreit es von Schuppen, ausgefallenen Haaren und Ungeziefer, das sich im Fell zu verbergen sucht. Nebenbei entfernt es Zotteln, »kämmt« und ordnet seinen Pelz und erreicht so eine bessere Wärmeisolation. Für Katzen gehört die Krallenpflege zu den arttypischen Instinkten; dabei werden kleine Hornteilchen entfernt und die Kralle wieder richtig freigelegt. Die vorderen Krallen wetzt sich die Katze an Bäumen (oder anderen festen oder weichen Materialien), die hinteren bearbeitet sie mit ihren Zähnen.

Die Krallen des Hundes dienen vorwiegend zum Graben, deshalb brauchen sie auch nicht geschärft werden, und der Hund pflegt sie auch nicht. Wenn die Hunde jedoch zu wenig Bewegung haben, können ihre Krallen sehr lang werden und müssen (vom Menschen) gestutzt werden. Der Hund kann seinen Körper nicht allzusehr krümmen, weshalb er auch nicht in der Lage ist, sein Fell so gründlich zu putzen wie die Katze. Hunde baden aber um so lieber; sie schwimmen gern, anstatt sich zu putzen oder um sich abzukühlen. Eine ähnliche Funktion hat wohl das Wälzen im Schlamm, in Kot oder stinkendem Aas. Ich möchte hierbei anmerken, daß dies eine Eigenart des Hundes ist, die tief in seinen Gefühlen begründet ist. Uns mag sein Verhalten etwas ungewöhnlich erscheinen, für den Hund jedoch ist es weder abstoßend noch ungehörig. Deshalb ist es sinnlos, ihn dafür zu bestrafen; baden wir ihn lieber und vergessen wir die Sache! Aus den oben genannten Gründen wälzt sich jedes Tier, das sich durch das Ablecken seines Fells nicht säubern kann wie z. B. das Pferd. Warum sich ein Pferd gerade wälzt, ist nicht immer ganz eindeutig: Fellreinigung, Abkühlung, Trocknung des nassen Fells, Scheuern von juckender Haut oder einfach nur zum Genuß. Eine Erklärung findet sich vielleicht, wenn wir darauf achten, worin sich das Tier wälzt. Ein Pferd legt sich nicht zufällig in den Sand, in den Schlamm, in eine Pfütze oder ins trockene Gras. Eines ist jedoch gewiß: Das Tier hat Freude an jeder Art von Wälzen. Viele Menschen wissen nicht, daß sowohl Hunde als auch Katzen Holz benagen, um sich die Zähne zu reinigen. Beim Hund müssen wir aufpassen, daß sie für diese notwendige Hygienehandlung keine Gebrauchsgegenstände (aber vor allem keine Steine) benutzen.

Keine »Katzenwäsche«, sondern hingebungsvolle Fellpflege

Hunde wälzen sich gern – auch in Schlamm, Kot·oder Aas.

Wälzt sich ein Pferd, kann das verschiedene Gründe haben.

Da Katzen ein kleineres Maul haben, nehmen sie als »Zahnbürste« kleinere Zweige oder Dornen. Wir sollten darauf achten, daß diese Werkzeuge nicht durch Nähnadeln, Draht oder andere gefährliche Gegenstände aus der Wohnung ersetzt werden. Das Belecken von Wunden, das Entfernen von Dornen und spitzen Kieseln aus der Haut oder der Pfote ist ein Instinkt, der der Gesundheitspflege dient, ebenso wie das Grasfressen bei Raubtieren oder wenn sich ein krankes Tier versteckt. Dieses Verstecken kann auch aus vielen anderen Beweggründen auftreten, daher wird es in dem nun folgenden Absatz gesondert behandelt.

Sich verstecken
Der Instinkt, sich zu verstecken, kann auf verschiedene Dinge abzielen, vorwiegend um sich zum Schlafen zurückzuziehen, wie es allen Tieren eigen ist. Das Versteck kann ein einfacher Busch sein oder – wie fast immer bei größeren Pflanzenfressern – ein Baumloch, eine Mulde unter einer Wurzel, eine Felsspalte oder eine Höhle. Andere Tiere suchen sich ein verlassenes Nest oder graben sich einen Bau. Es kommt oft vor, daß sich Tiere zum Schlafen einfach nur verstecken. Wenn sie aber Junge haben und diese aufziehen wollen, schaffen sie sich einen richtigen Unterschlupf. Der Wolf und das Wildschwein sind bezeichnend dafür, sich sehr sorgfältig und einfallsreich einzurichten.

Weitere Gründe für ein Versteck sind der Schutz vor Witterungseinflüssen, Erleichterung bei der Jagd, sich vor Feinden zu verbergen oder um bei Krankheit oder Verletzung einen Rückzugsort zu haben, an dem es wieder genesen kann. Die Art des Verstecks hängt von der Lebensweise des Tieres, von seiner Kraft und Größe ab.

Auf erschreckende, unbekannte Umwelteinflüsse reagieren besonders Katzen, indem sie sich rasch verstecken, wenn sie den plötzlichen Lärm oder die fremden Laute als Bedrohung empfinden. Für den Hund ist das kein Anlaß, aber wenn er ein schlechtes Gewissen wegen eines zerbissenen Hausschuhs oder ähnlichem hat, versteckt er sich schon einmal vor seinem Herrn.

Flucht
Tiere, die auf weiten, offenen Ebenen beheimatet sind, verstecken sich nicht bei Gefahr, weil es ja keinen Ort gibt, wo der Feind nicht hingelangt. Sie laufen statt dessen weg. Auch Tiere, die sich verstecken könnten, fliehen bei Gefahr vor ihren natürlichen Feinden. Sogar die Raubtiere suchen das Weite bei Naturkatastrophen wie Hochwasser oder Feuer. Jedes Tier flieht, wenn das ihm angsteinflößende Etwas unbekannter Herkunft ist, es gegen diesen Feind nicht

kämpfen kann, sich keine Siegeschancen ausrechnet oder auf diesen Kampf nicht eingehen will.

Rudelinstinkt

Dieser Instinkt äußert sich bei allen Tieren, die in einer Gemeinschaft leben, und dient ihrem Zusammenhalt und Arterhalt. Unter den Raubtieren und auch den Pflanzenfressern gibt es Tierarten, die im Rudel oder auch als Einzelgänger leben. Einzeltiere, die sich einem Rudel anschließen müssen, nehmen die gleichen Regeln an. Die Gesetze des Rudels werden nicht vererbt, sondern alle Jungtiere lernen von der Gemeinschaft. Diesen Vorgang nennt man Sozialisierung.

Innerhalb des Rudels besteht eine Rangordnung. Im allgemeinen hat der Rudelführer die Leitung bei der Beutebeschaffung der Gruppe, überwacht und organisiert die Verteidigung und bestimmt, innerhalb welcher Reviergrenzen sich die Rudelmitglieder aufhalten und wie weit sich fremde Tiere seinem Rudel nähern dürfen. Nach gemeinsamer Jagd darf der Rudelführer als erster von der Beute fressen, auch bei der Paarung hat er Vorrang. Je nach Tierart kann es sich beim Rudelführer um ein weibliches oder männliches Tier, aber auch um ein Paar handeln. Bei Hunden (Wölfen) ist das dominierende Paar

Das wachsame Leittier schützt die Herde vor Gefahr.

der Rudelführer, wobei beide Geschlechter gleichberechtigt sind. In einer Pferdeherde ist neben dem Hengst die dominierende Stute das Leittier.

Nicht die Herde wählt das Leittier, ein dominantes Tier nimmt diesen Platz selbst ein, wenn es den Aufgaben gerecht wird. Sofern ein anderes Tier ihm diesen Rang streitig machen will, wird darüber in einem Machtkampf entschieden.

Man sollte sich aber nicht vorstellen, daß in einem Wolfsrudel fortwährend Zähne gefletscht oder in einer Pferdeherde ständig Huftritte ausgeteilt werden. Nicht jedes Tier will diese Führungsposition für sich beanspruchen. In einer Gruppe, die sich aneinander gewöhnt hat, zweifelt niemand die Fähigkeiten des Rudelführers an. Es kommt erst dann zum Kampf, wenn das Alphatier schon gebrechlich ist und mehrere Nachfolger diese Position anstreben. In der Natur gilt die Regel: »Wer zuletzt kommt, stellt sich hinten an.« Das hat klar zu bedeuten, daß junge Tiere dem älteren Tier den Vorrang geben müssen. So lassen sich Konflikte vermeiden. Nur bei zwei gleichaltrigen Rivalen kann es so lange Reibereien geben, bis beide ihren Rang ausgefochten haben. Diese Rangordnung spielt eher bei Raubtieren und dann während der Jagd eine Rolle. Machtkämpfe bei der Paarung treten vorwiegend bei den Tierarten auf, wo zumindest die Männchen allein leben (z. B. Hirsche und Wildschweine). Dann wird der Kampf um die vorübergehende Vormachtstellung ausgetragen. Wir dürfen aber nicht denken, daß die Tiere gern aufeinander losgehen, oft ist das nur Imponiergehabe. Die männlichen Tiere hinterlassen häufig ihre Duftmarken an Bäumen. Diese geben deutlich darüber Auskunft, wer der stärkere und größere der beiden Ankömmlinge ist. Auch wenn die Rivalen dann aufeinande treffen, können sie gut einschätzen, wer von ihnen lieber das Feld räumen sollte. Zu einem ernsten Machtkampf kommt es erst, wenn beide Partner gleichstark sind und beide den Rang des Leittieres einnehmen wollen.

In einer Herde, die vom Menschen zusammengestellt wurde, ist die Lage etwas komplizierter. Oft ändert sich die Zusammensetzung der Herde, es kommen weitere Tiere hinzu, die altersmäßig schon dominant sind (oder in ihrer alten Herde tatsächlich Anführer waren). Da sie aber »später gekommen sind«, ist ihr Platz am Ende der Rangfolge. Aufgrund der äußerst strengen Rudelgesetze bei Hunden kann das zu ernsthaften Problemen führen. Noch schwerer haben es junge Tiere, die sich ohne Probleme in eine Gruppe einfügen würden, wenn der neue Tierhalter sie nicht bevorzugt behandeln würde, sie zuerst füttert usw. Dieser Hund – falls es sich nicht um ein Junges handelt – *kann* von den anderen Hunden deshalb *totgebissen werden*! Allen Hundebesitzern, die einen kranken oder schwachen Hund aufnehmen, empfehle ich, die anderen

Hunde nicht merken zu lassen, daß dieser Neuankömmling mit besonderer Aufmerksamkeit umhegt wird. Wenn das nicht möglich ist, muß der Hund abgesondert werden, solange diese Pflege nötig ist.

Der Herdeninstinkt ist bei den Pferden weniger ausgeprägt als bei Hunden, deshalb können die unter ihnen herrschenden Hierarchie-Verhältnisse besonders kompliziert sein. Zwei ausgewachsene Hengste haben nie Platz in derselben Herde, mehrere Wallache können jedoch in einer Herde gut miteinander auskommen. Wenn ein Hengst im reifem Alter kastriert wird, beeinflußt das die körperliche Entwicklung nicht, seine Libido bleibt erhalten. Bei einem jungen Wallach fehlen nicht nur die Sexualinstinkte, sondern auch sein Körper zeigt keine geschlechtlichen Merkmale. Daher sind sie für die Rolle des Herdenführers eher ungeeignet und auch nicht bestrebt, diese Rolle zu erkämpfen. Kastrierte Hengste können jede Stufe der Hierarchie vom Herdenführer bis zum Rangniedrigsten einnehmen, sogar unabhängig von ihrem Alter. Unter den Stuten ist die älteste immer die dominanteste. Gleichaltrige Jungtiere bleiben auch im ausgewachsenen Zustand gleichrangig. So tolerant diese Tiere auch untereinander sind, um so unbarmherziger verhalten sie sich gegenüber Neuankömmlingen. Eine neue Stute, die altersmäßig über ihnen stünde, würde nicht in die Herde aufgenommen, sondern vertrieben werden. Solche Pferde leben einsam und ausgeschlossen am Rande der Herde, was ein trauriger Anblick ist. Aber ich habe auch schon ein anderes Beispiel erlebt, das nicht traurig stimmt:

Ein Pferdezüchter kaufte sich eines Tages eine neue Stute und trieb sie mit den anderen Pferden auf die Weide. Sie war eine graue Araberhalbblut-Stute, lebhaft und intelligent, entsprechend dem Charakter ihrer Rasse. Sie eroberte mein Herz im Sturm. Auf Wunsch des Pferdezüchters gab ich ihr den Namen Viola. In der Herde befanden sich noch mehrere gleichaltrige Stuten, unter ihnen die dominante Stute – die lebhaft und intelligent war sowie außerdem noch weit und breit berüchtigt für ihre Streitsucht. Außerdem gab es in der Herde einige ältere Wallache. Ich war besorgt um Viola, daß sie verfolgt und angegriffen oder letztendlich sogar aus der Herde verstoßen würde. Die »Dame« kümmerte sich wenig darum. Ohne zu zögern, suchte sie nacheinander die möglichen Rivalen auf, nahm eine drohende Körperhaltung ein, biß hier, trat dort, inspizierte die ganze Weide, als wenn sie sich allen vorstellen wollte. Interessanterweise geriet sie mit der dominanten Stute nicht in Streit. Sie musterten sich zwar eine Zeitlang, dann gingen sie langsam und friedlich auseinander. Am nächsten Tag wurde es offensichtlich, daß zwischen ihnen ein stilles Abkommen geschlossen worden war. Ihren Rang hatten sie ohne Kampf untereinander aufgeteilt.

Herdentiere brauchen die Gemeinschaft. Wenn unser Hund (oder unser Pferd) unablässig andere Tiere seiner Art kennenlernen will, sollten wir ihm das nicht übelnehmen. Sie sind eben so, solange es sie gibt. Ob wir dem Tier das nähere Kennenlernen erlauben oder nicht, ist eine andere Sache. Oft genügt ihnen ein Beschnuppern, das ihnen genügend Aufschluß gibt, und sie und ihre Seele wieder beruhigt. Man kann häufig in Städten beobachten, wie zwei fest angeleinte Hunde zähnefletschend aneinander vorbeigezerrt werden. Ihre Besitzer am anderen Leinenende sind darauf bedacht, daß sich die Hunde ja nicht zu nahe kommen und miteinander raufen. Das passiert dann oft und immer öfter, wodurch der Hund schlußfolgert, daß alle Hundefreunde (-freundinnen) bissig sind. In Wahrheit knurren sich die Hunde nicht an, weil sie sich feindlich gesonnen sind, sondern weil sie ihrer »Hunde-Etikette« nicht nachkommen dürfen, sich nicht beriechen können!

Ein Rüde rauft sich nie mit einer Hündin, ein erwachsenes Tier greift nie ein Jungtier an. Diese Gefahr besteht nur, wenn die aufeinandertreffenden Tiere gleichaltrig oder gleichgeschlechtlich sind. Ein einzelnes Pferd oder ein Hund, der mit Menschen zusammenlebt, ist schon schwieriger. Ihnen reicht es nicht, fremde Tiere im Vorbeigehen zu beriechen; beim Zusammentreffen mit Tieren ihrer Art brechen sie in freudige Ekstase aus, oder sie gehen zähnefletschend aufeinander los. Es ist wahr, daß Herdentiere unglücklich sind, wenn sie allein leben. Doch nicht genug: Einem Jungtier, das nicht mit seinen Geschwistern aufgewachsen ist, sind die Regeln der Gemeinschaft unbekannt. Deshalb sollten wir versuchen, daß wenigstens zwei Jungtiere zusammenbleiben, oder aber wir geben dem Tier die Möglichkeit, sich öfter mit Angehörigen seiner Art zu treffen. (Das wissen aber alle Hunde- und Pferdebesitzer genau, und ich sollte das hier nicht erwähnen!) Ein großes Problem tritt auf, wenn Jungtiere zu schnell von ihrer Mutter entwöhnt und aus der Gemeinschaft herausgerissen werden, da sie viele lebenswichtige Regeln nicht erlernen können. (Über dieses Thema erfahren Sie mehr in dem Kapitel »Geistige Entwicklung der Jungtiere«.)

Besitznahme von Territorium (Revierkampf)

Unter der Besitznahme von Territorium versteht man die Abgrenzung und den Schutz des eigenen Reviers von Einzel- oder Herdentieren.

Der Lebensraum hängt stark davon ab, welche Gegebenheiten für die Nahrungsbeschaffung bestehen, und bei einer Herde überdies von der Anzahl der Tiere. Wölfe und auch Hunde stecken nach der Partnerwahl auch das Jagdrevier ihrer zukünftigen Familie ab. Innerhalb dieses Gebietes befindet sich irgendwo der Bau, wo die Jungen heranwachsen. Auch sind Plätze vorhanden, die für ein Rendezvous oder einen vorübergehenden Unterschlupf geeignet sind. Einzeltiere überschreiten bei der Partnersuche die Grenzen zu einem anderen Tier und dringen in das Jagdgebiet von Artgenossen ein. Aber markieren können sie dieses Gebiet nicht und auch nur dann »ungestraft« darin jagen, wenn der Revierbesitzer es nicht bemerkt.

Bei Katzen ist diese Situation etwas anders gelagert. Ein Kater markiert ein großes Territorium, in dem mehrere Katzendamen ihr Revier haben. Die Katzen dürfen den Rendezvousplatz aber nur zur Paarung betreten. Wenn doch einmal eine junge Katze sich dorthin verirrt oder einfach nur neugierig ist, wird sie von der dort lebenden Katzenmutter heftig vertrieben. In einer Wohnung ist es vorteilhafter, weibliche Katzen zu halten. Ihr Revier ist kleiner als das eines Katers, und zur Paarungszeit verspürt sie auch nicht den Wunsch, herumzuwandern. Wir müssen ihr aber genügend Auslauf bieten. Wenn das Tier nicht aus der Wohnung gelassen werden kann, sind übertriebene Verbote zu vermeiden! Viele Menschen glauben, daß die Katze sich allein am wohlsten fühlt. Das ist nicht richtig, sie braucht dringend Gesellschaft. Deshalb sollte man ein Paar halten oder zwei Weibchen. Ein Kater ist in einer Wohnung oft unruhig und unglücklich, ausgenommen ein Zuchttier, das regelmäßig zur Begattung herangezogen wird.

Das Jagdrevier von Raubtieren ist im allgemeinen stabil, obwohl es oft verlassen wird und aus vielen Gründen »leer«steht (das Gebiet wird bebaut, der Wald wird gerodet oder Beutetiere sind rar geworden). Ihr auserwähltes Revier markieren sie mit Urin, und sie kontrollieren diese Markierung, notfalls wird sie erneuert. Wenn wir einen Kater oder Rüden mit nach Hause genommen haben, dürfen wir es ihm nicht verübeln, daß er markiert. Das ist weder eine schlechte Gewohnheit noch eine Unart, das Tier markiert schlichtweg sein Territorium. Wenn sein frisch erobertes Territorium nicht gefährdet ist, wird er das Markieren nicht wiederholen. Wenn ein neues Tier zu uns kommt, wird bei Hunden kein Machtkampf um die Neuaufteilung des Reviers stattfinden. Der Hund kommt in ein neues Rudel und ordnet sich automatisch unter. Bei Katzen ist es anders, sie haben jede für sich ihr Territorium. Der Neuankömmling muß sich ein Stück dieses Gebietes erobern. (Die Grenzaufteilung erfolgt nicht sofort, oft gibt es jahrelange Kämpfe, sozusagen »Verhandlungen« um ein Gebiet.) Das alles umfaßt Raufereien und Feindschaften. Bei Katzen beginnt wahrscheinlich so eine Bekanntschaft, bei Hunden ist das untypisch.

Pflanzenfresser ziehen größtenteils wie Nomaden umher, deshalb wird ihr Territorium fast laufend verlagert. Das läßt sich gut nachvollziehen, denn wenn eine Grasfläche kahlgefressen ist, müssen sie zu einer neuen weiterziehen. Es ist auffällig, daß eine Herde Pflanzenfresser während des Weidens mehr oder weniger eng zusammensteht, so bleibt das jeweilige Weidegebiet begrenzt. Auch das Weiterziehen ist nicht mit einer Ausdehnung des Weidegebietes gleichzusetzen. Da sie häufig weiterziehen, markieren sie ihr Territorium auch nicht und verzichten darauf, es zu verteidigen. Ein paar fremde Pferde, die neben einer Herde grasen, bedeutet keine »Konkurrenz«. Sie müssen aber für sich bleiben und werden nicht in die Herde aufgenommen. Selbst zwei größere Tiergruppen würden sich nicht gegenseitig stören. Platz gibt es genug, und abgeweidetes Gras wächst schnell wieder nach, schneller auf jeden Fall, als sich ein durch Katzen verringerter Mäusebestand fortpflanzt.

Unabhängig davon, daß die Markierung des Territoriums entfällt, riechen auch Pferde gern an Kot. Sie können daran ablesen,

- ob ein Pferd oder ein anderes Tier dort gewesen ist
- ob es weiblich oder männlich ist und
- ob es kürzlich oder vor längerer Zeit vorbeigekommen ist.

Da Pferde ihre eigenen Exkremente genauso gründlich untersuchen wie fremde, läßt sich schlußfolgern, daß sie ihren eigenen Kot nicht unterscheiden können. Es ist durchaus möglich, daß das Beschnuppern außer den oben angeführten Punkten noch andere Informationen liefert.

Beim Wechsel der Jahreszeiten (in unseren Breitengraden im Frühjahr und Herbst) legen Pflanzenfresser größere Entfernungen zurück. Sicher ist das der Grund dafür, daß Pferde dann für ein, zwei Wochen lebhafter sind und einen erhöhten Bewegungsdrang haben. (Das ist etwa die Zeit des Haarwechsels.) Während dieser Zeit wiehern die Pferde oft, sie ertragen den Stallaufenthalt schlechter und folgen weniger unseren Anweisungen, weil sie einfach viel zu aufgeregt sind. Sie sind auch ungeduldiger bei der Arbeit, im Gelände gehen sie oft durch, und weil auch ihr Appetit größer ist, kommt es vor, daß sie sich beim Fressen raufen. Pferdehaltern mit wenig Erfahrung empfehle ich, keine Angst zu haben. Ihr Liebling ist nicht verrückt geworden, ihm fehlt nichts. Nur sein Instinkt ist in ihm wach geworden; er muß aufbrechen! Seien Sie geduldig und etwas behutsamer mit ihm, Sie müssen ihm nur mehr Auslauf gewähren. Am besten wäre es, wenn Sie Ihr Pferd frei herumlaufen lassen, man muß keine Angst haben, daß es auf und davon läuft. Es fühlt sich nur in seiner gewohnten Umgebung wohl und sicher, außerdem weiß es genau, wann Fütterungszeit ist, und will sie auf keinen Fall versäumen!

Verteidigung, (Macht-)Kämpfe

Nun sollen diejenigen Instinkte angesprochen werden, die das Tier »zu den Waffen ruft«. Ähnlich wie beim Jagen ist auch beim Kampf zu beobachten, daß Instinkt und Erlerntes vermischt eingesetzt werden. Jedes Tier weiß genau, wozu seine Krallen, Zähne, und andere von der Natur geschenkte Waffen dienen, die Art und Weise zu kämpfen wird hingegen im Jugendalter durch das spielerische Raufen erlernt. Tiere, die ohne Artgenossen aufgewachsen sind, können und wollen nicht kämpfen. Bei Konflikten fliehen oder verstecken sie sich lieber. Sie beißen, kratzen oder treten nur dann, wenn sie keine andere Wahl haben: Der Fluchtweg wurde ihnen abgeschnitten, oder die Jungen müssen verteidigt werden. Dieses Verhalten ist auch bei erfahrenen Kämpfern zu beobachten, wenn der Gegner

- in der Überzahl ist
- größer und stärker ist
- nicht seiner Art angehört, zu einer unbekannten Art gehört oder der Mensch ist.

Ein Kampf kann sich aus folgenden Gründen ergeben: Streit um das Territorium und Futter, Anspruch auf die Führungsrolle im Rudel, Streben nach der Vormacht, Vorrang bei der Partnerwahl, Verteidigung der Jungen oder – jedoch selten – aus persönlicher Abneigung.

Im Kampf unter Artgenossen geht es zumeist nicht um Leben oder Tod, sondern endet mit der Vertreibung des Gegners (des Angreifers oder Rivalen). Sollte dennoch Blut fließen, hat das seine Ursache. An erster Stelle steht hier der Eingriff des Menschen. Aggressive Hunde sind oft nur deshalb aggressiv, weil ihr Herr sie dazu abgerichtet hat oder es vom Hund erwartet wird. Die Kampfeslust wird durch die Zucht noch gesteigert. Auf diesem Gebiet sieht die Lage bei den sogenannten »Kampfhunden« am schlimmsten aus. Darüber werde ich im Kapitel »Aggressivität« ausführlicher sprechen.

Die Veranlagung des Katers, seine Jungen zu töten, ist kein Defekt, aber auch nicht eindeutig ein Zeichen für Dominanzkampf. (Näheres lesen Sie unter dem Abschnitt »Arterhaltungstrieb«). Tiere legen sich im allgemeinen nicht mit Menschen an, (abgesehen von Polizeihunden und Wachhunden, die dazu abgerichtet wurden), teils weil sie die Vorrangstellung des Menschen anerkennen, teils weil sie normalerweise in keine Kampfsituation mit dem Menschen geraten. Bei Hunden kommt es vor, daß sie einen Menschen deshalb angreifen (auch den eigenen Herrn), weil dieser sie als überlegen ansieht. Darüber berichtet dieses Buch im dritten Kapitel. Auch die aus Haß entstandene Aggression wird dort behandelt.

Die Verteidigung läuft anders ab: Auf das grobe oder Angst auslösende Verhalten des Menschen, auf Reizen oder Bedrohen der Jungtiere reagiert der Hund, die Katze oder das Pferd oft mit Verteidigungskämpfen. Diese können vermieden werden, indem der Mensch diese kritischen Situationen gar nicht erst auslöst. Unser eigenes Tier wird uns – sofern es uns voll und ganz vertraut – nie angreifen, auch wenn es um die Sicherheit seiner Jungen geht. Sollte es dennoch passieren, muß sich der Tierhalter – selbstkritisch und gründlich – fragen, was zu diesem Mißtrauen geführt hat. Bei einem Tier, das neu zu uns gekommen ist, kann es mit größter Wahrscheinlichkeit an früheren Erlebnissen liegen. Es ist aber nicht schwer, solche Situationen auszuschließen, wenn wir sensibel und aufmerksam sind und die ersten Anzeichen beobachten. Kratzen, Beißen und Austreten als Verteidigungsmaßnahmen treten niemals unverhofft auf, ihnen geht ein verängstigter Blick oder eine lauernde Haltung voraus, angelegte Ohren, gesträubtes Fell oder nervöse Körperbewegungen. Selbst dann lautet meine Empfehlung: Wollen wir zu unserem Tier einen guten Kontakt aufbauen, hüten wir uns besser davor, ihm gegenüber unsere Stärke zu demonstrieren.

ARTERHALTUNGSTRIEB

Hierzu zählen alle zur Vermehrung der Art dienenden Instinkte. Diese umfassen die Partnerwahl, den sexuellen Akt, Nestbau oder Auswahl eines Ortes für die Geburt der Jungen, Hege und Pflege, Verteidigung und Erziehung der Jungen. Diese Instinkte werden zum Großteil vererbt, nur die Aufzucht der Jungen, aber vor allem die Ausbildung der Jungen erfordert Erfahrung.

Ein ausgeprägter Arterhaltungstrieb beschert uns Menschen die meisten Probleme. Die paarungswilligen Weibchen und/oder Männchen sind nervös, aufgeregt und nach ihrem zurückgezogenen »Nonnen- bzw. Mönchsdasein« können sie tieftraurig oder aggressiv werden. Sofern wir die Paarung zulassen, sind wir mit der Aufzucht der Jungen konfrontiert (besonders wenn niemand anderes sie haben will!). Andererseits könnten wir das Tier mit Hilfe einer Operation unfruchtbar machen, aber dann nehmen wir ihm einen wesentlichen Bestandteil seiner selbst: sein Geschlecht, seine Schönheit, seine Aktivität, sogar durch die Unfähigkeit, Nachkommen zu zeugen auch die Freude an der Aufzucht. Das ist eine heikle Angelegenheit und schwer, den richtigen Rat zu geben. Ich persönlich lehne das Unfruchtbarmachen auf jeden Fall ab, aber ich muß zugeben, daß sie bei freilaufenden Hunden und Katzen immer noch besser ist als eine unkontrollierte Vermehrung, die nur traurige, streunende Tiere ohne glückliche Zukunft mit sich bringt. Als beste Möglichkeit bietet sich die

Antibabypille für Tiere an, die vorübergehend (und nicht endgültig) die Fortpflanzung unterbindet. Mehr als falsch ist es, Pferde zu kastrieren. Meistens steckt eine Angst vorm ungestümen Hengst dahinter oder andere Beweggründe, die noch unannehmbarer sind. Wir dürfen nicht vergessen: Das Tier ist kein Gebrauchsgegenstand, den wir je nach Lust und Laune ummodeln können.

Bevor wir uns eingehender mit dem Thema der Arterhaltung befassen, möchte ich vorausschicken, daß ich ganz offen und ehrlich alles ansprechen werde. Um mit unseren Tieren gut umgehen zu können, müssen wir wissen, wie sie zum anderen Geschlecht stehen, was für *Gefühle* sie bei der Partnerwahl, der Paarung und Aufzucht ihrer Jungen haben oder aber, was sie beim Verlust des Partners oder ihrer Jungen empfinden. Egal, wie aufgeklärt die Welt auch sein mag, abgesehen von Fachleuten ist mir kaum ein Tierhalter begegnet, der nicht verlegen wird, wenn sich zwei Tiere paaren, der nicht darüber lacht oder geschmacklose Bemerkungen darüber macht. Wir dürfen nicht vergessen, daß die Paarung für die Tiere ganz natürlich ist, ebenso wie das Fressen. Auch machen sie keinen Unterschied zwischen einem »schönen« und »häßlichen« Artgenossen. Auch wir sollten das so sehen, denn so ist es richtig.

Suche und Wahl des Partners

Es ist typisch, daß alleinlebende Tiere als erste von ihrem Instinkt geleitet werden, sich einen Partner zu suchen; bei Herdentieren kommt es seltener vor, daß sie sich von der Herde entfernen. (Bei diesen Rudeltieren ist nicht die Partnerwahl am wichtigsten, statt dessen suchen sie nach einer Möglichkeit, eine neue Familie zu gründen, in welcher die Jüngeren sogar Rudelführer werden können.) Bei Hunden und Katzen gehen die Männchen auf Partnersuche, sie werden angelockt von dem Geruch der paarungswilligen Weibchen, ihren Rufen und Urinspuren. Auch ein paarungswilliges Weibchen, das in Gefangenschaft lebt, kann die Initiative ergreifen, wenn seine Rufe nicht erhört werden.

Pferde *laufen* aufgrund der Partnersuche *nicht von ihrem Zuhause weg*, auch wenn sie Gelegenheit dazu hätten. Der Grund dafür ist wahrscheinlich die Tatsache, daß in freier Wildbahn die Herde eng zusammenbleibt. Das Bekunden ihrer Paarungsbereitschaft und die Duftabgabe werden von Tieren, die einige Kilometer entfernt sind, kaum wahrgenommen, zumal Pferde kaum über Rufe die Männchen anlocken. Der Hengst, der zugleich Leittier ist, ruft manchmal mit Wiehern seine (bei Haustieren eher fiktive) Herde zusammen.

Bei anderen Tierarten funktioniert dieser Instinkt der Partnerwahl sehr ähnlich. Unterschiede bestehen nur darin, ob die Tiere den Partner auf Lebenszeit wählen oder nur für eine Saison. Die alleinlebenden Tiere verlassen nach der Paarung ihren Partner, aber es kommt vor, daß immer wieder dasselbe Weibchen aufgesucht wird. Herdentiere bleiben gewöhnlich zusammen, wenn beide Geschlechter vertreten sind. Herden mit nur gleichgeschlechtlichen Tieren lösen sich auf. Bei Pferden und anderen Pflanzenfressern gehören mehrere Weibchen zu einem Männchen. Es gibt promiskuitive Tierarten, wobei männliche wie weibliche Tiere getrennt leben und beide sich mit mehreren andersgeschlechtlichen Tieren paaren. (z. B. Bären). Viele andere Tierarten wählen ihren Partner für ein ganzes Leben. Dazu gehören Hunde bzw. Wölfe, Wale und verschiedene Vogelarten.

Wir irren mit der Annahme, daß die Partnerwahl bei Tieren ein rein mechanischer Akt ist, der nur zum Fortbestand der Art dient. Unter den in einer Gemeinschaft lebenden Tieren besteht eine sehr enge Verbundenheit. Wie schon erwähnt, leiden die Paare seelisch unter einer Trennung von ihrem Partner, sie können sogar daran eingehen. Außerdem erfolgt die Partnerwahl nicht zufällig. Eine großangelegte, ethologische Studie in Amerika ergab, daß junge Wolfspaare z. B. erst eine Weile »miteinander gehen«, sich ein geeignetes Jagdrevier suchen, dort niederlassen und erst dann paaren. Es kommt auch vor, daß sie eine Zeitlang zusammen sind, sich wieder trennen und einen anderen Partner suchen – nach der Paarung und manchmal auch *davor*. Es wurde ein männliches Tier beobachtet, das während des Zeitraums dreimal »Hochzeit hielt«, es gab aber auch ein bestimmtes Weibchen, das nach kurzer Bekanntschaft seinen Partner wegen eines alleingebliebenen Rudelführers verließ und mit diesem eine Familie gründete.

Unsere Haushunde nehmen notgedrungen jede ihnen gebotene Möglichkeit zur Paarung wahr, doch bei ihnen ist das selbstverständlich. Ein Gegenbeispiel: Ich kenne eine Bernhardinerdame namens Mary, die sich weder mit ihrem Partner noch mit einem ausgewählten, preisgekrönten Rüden paaren wollte.

Noch interessanter ist, daß unter solchen Arten, wo die Paare nur zur Fortpflanzung zusammenleben, eine komplizierte Verbundenheit auftritt und oft Gefühle im Spiel sind. Über ein erstaunliches Katzenpaar werde ich im Kapitel »Zwischentierische Beziehungen« ausführlicher berichten.

In einer gemischten Herde, d. h. wo das männliche Tier allein ist und die weiblichen Tiere in einer Herde leben (z. B. Schweine, Rinder), treten natürlich Machtkämpfe bei der Partnerwahl auf, wobei das kräftigste Männchen die erste Paarung für die natürliche Auswahl vornimmt. Die erste Paarung bedeutet nicht, daß nur er der Auserwählte ist, denn wenn jedes Weibchen sich nur mit einem Partner paaren würde, ginge die Population bald bedrohlich zurück. Das besagte männliche Tier gewinnt also nur das Vorrecht, die Weibchen *seiner*

Wahl zuerst zu decken. Die Weibchen können sich danach noch immer einen anderen Partner aussuchen. Wenn ein Weibchen nämlich nicht stillhält oder sich gegen die Begattung wehrt, kann es nicht befruchtet werden.

Weibchen, die nicht läufig sind, egal welcher Art sie angehören, jagen den Verehrer weg. Der letztgenannte ist fast das ganze Jahr über paarungsbereit, besonders während der Paarungszeit. Die weiblichen Tiere sind nur in der Eisprungphase gewillt, sich zu paaren.

Paarung

Der Paarung können verschiedene Zeremonien oder Riten vorausgehen, z. B. Imponierverhalten, Balzgehabe, Locklaute und Paarungsvorspiel. Die Spielarten umfassen ein kokettes Flüchten, leichte Rangeleien, sanftes Beißen und ein Umkreisen und Beriechen. Auf diese Weise soll das Weibchen zur Paarungsbereitschaft angeregt werden. Schließlich springt das Männchen auf den Rücken seiner Partnerin, stützt sich mit den Vorderbeinen ab, während sie die geeignete Stellung einnimmt. Bei der eigentlichen Paarung fällt auf, daß bei den meisten Säugetieren das Männchen das Weibchen mit dem Nackenbiß faßt. Nach Expertenauffassung will das Männchen auf diese Weise seine Kraft demonstrieren. Auch will es verhindern, daß das Weibchen während des Paarungsaktes davonläuft, weil es ihm Schmerzen verursacht. Doch all das ist unzutreffend. Erstens sind beide Geschlechter bei den meisten Arten gleichrangig, weshalb kein Stärkebeweis nötig ist. Und zweitens ist das Glied eines Katers zwar rauh, aber ob die Begattung schmerzhaft ist, kann – mit Verlaub – nicht überprüft werden. Es sieht wohl so aus, daß auch den Herren Biologen entfallen ist, daß *jedes weibliche Säugetier einen Kitzler hat* und es bei der Paarung einen Orgasmus hat, weil weder seelische Probleme noch irgendwelche Scham hemmend sind. Und wenn dem so ist, warum sollte ein Weibchen bei der Paarung also weglaufen? Falls ein Weibchen sich nicht paaren will, läßt es das Männchen eben nicht an sich heran, doch wenn es einwilligt, warum sollte es weglaufen? Und auch noch vor dem Orgasmus? Würde das sanfte Beißen des Männchens das Weibchen wirklich am Weglaufen hindern? Nein, bestimmt nicht. Das Beißen ist ein erotisches Spiel, das allein dem Behagen dient. Wer schon einmal beobachtet hat, wie verträumt sich Hengst und Stute dabei ansehen, wird mir zustimmen.

Über die Befriedigung der Pferde sollte noch gesagt werden, daß es bei jedem Pferdezüchter Sitte ist, nach der Begattung die Scham der Stute mit einem Eimer Wasser zu bespritzen. Ich habe bei verschiedenen Stellen nachgefragt, warum das so ist, und bekam überall die Antwort, daß man es eben so macht,

Auch Zuchttiere mögen eine angenehme, natürliche Atmosphäre bei der Paarung.

weil sonst die Stute den Samen aus sich herauspressen würde. Tja, auch das stimmt nicht. Das rhythmische Zusammenziehen der Scheide kennzeichnet den Orgasmus; es ist keineswegs hinderlich, sondern fördert eher die Befruchtung. Die Tierzüchter fragen nicht nach dem Grund, warum eine Stute eine Woche lang rossig ist, lieber decken sie sie 20 - 30 Mal. Ich würde mir wünschen, daß meine Aufzeichnungen sie erreichen und dieser bisherigen Praxis ein Ende setzt. Sie ist nicht nur gefühllos, sondern aus zuchttechnischen Gründen überaus nachteilig. Wahrscheinlich ist das auch eine Erklärung für eine noch unbekannte Wildheit bei Stuten, ein aggressives und behandlungsresistentes Verhalten, das »Kitzligkeit« genannt wird. Junge Männchen und gleichgeschlechtliche Tiere, die zusammen in einer Gruppe gehalten werden, bespringen sich oft und simulieren dabei die Paarung. Das ist kein Anzeichen von Homosexualität, sondern die Junghengste üben ganz einfach den Deckakt; ältere Männchen versuchen damit, ihre unerfüllte Begierde zu stillen. Natürlich paaren sie sich dabei nicht. Alleinlebende Rüden springen auch manchmal ans Bein ihres Herrn und reiben sich daran, jedoch nicht, um ihre Überlegenheit zu zeigen, sondern aus obengenannten Gründen. Es ist richtig, den Hunden dies abzugewöhnen, aber bitte gehen Sie dabei behutsam vor – der Hund tut nichts »Schlimmes«.

Jungenaufzucht

Die Instinkte, welche die Aufzucht der Jungen betreffen, umfassen Pflege, Fütterung, Verteidigung und Vorbereitung auf ein eigenes Leben. Schon im trächtigen Tier erwachen diese Instinkte, wenn es sich einen geeigneten Ort für die Geburt sucht, der sicher, warm trocken, ruhig und abgedunkelt für die

Kleinen ist. Zu diesem Ort trägt das Muttertier trockenes Laub, kleine Zweige und anderes isolierendes Material heran. Viele Muttertiere rupfen sich etwas Fell aus und polstern damit das Nest. Die Haushündin oder Katze findet manchmal den von uns Menschen bereitgestellten Geburtsbehälter ungeeignet, sie würde den Kleiderschrank bevorzugen. Der Grund dafür ist, daß diese Wurfkisten oder -körbe an einem Platz stehen, der den Tieren nicht genug Schutz bietet. (Leute kommen und gehen, und es herrscht großer Lärm.) Vielleicht ist es auch zu hell, oder das Tier nimmt unbekannte Düfte wahr. Nachdem sie geworfen hat, kommt es vor, daß das Muttertier ihre Jungen an einen anderen Ort trägt, wenn sich zu viele Hände nach ihnen ausstrecken, den Korb öffnen oder die Kleinen anfassen wollen. Eine Hündin mit Jungen *ohne Vorwarnung* zu besuchen, ist nicht empfehlenswert, sie könnte angreifen. Es hängt von ihrem Temperament und Vertrauen zum Menschen ab, wie sie auf unsere Annäherung reagiert: Sie vertreibt alle im Umkreis von ein paar Metern mit gefletschten Zähnen; sie läßt nur enge Familienmitglieder an sich herankommen; man darf sich ihr nähern, aber die Jungen nicht berühren; sobald wir ein Kleines aus dem Nest herausnehmen, wird sie nervös; oder aber sie duldet alles, was wir mit ihr und den Welpen machen.

Um sowohl die Tiere nicht zu beunruhigen als auch aus gesundheitlichen Gründen, gebe ich allen Tierhaltern einen guten Rat. Egal ob das Muttertier es uns erlaubt oder nicht, ihre Kinder zu berühren: Wenn es nicht unbedingt sein muß, tun wir es auch nicht! Die Jungen sollten in den ersten zwei Wochen nicht angefaßt werden. Es kann nämlich passieren, daß das Muttertier das Anfassen zwar duldet, aber nachher ihren eigenen Nachkommen nicht mehr am Geruch erkennt, sie nicht trinken läßt und bei der Pflege zurückweist. Das können sich viele nicht von einem Hund vorstellen, da er ja für die Aufzucht vieler anderer Tierarten ebenfalls geeignet ist. Doch nicht alle Hunde sind gleich.

Die meisten Muttertiere dulden andere Weibchen in der Nähe, aber sie verjagen Jungtiere aus einem anderen Wurf und sogar den Vater der Jungen, wenn sie nicht in einem engen Verhältnis zu ihm stehen. Bei Katzen muß man achtgeben, denn es kommt vor, daß ein Kater die Nachkommen auffrißt. Vor einigen Jahren tauchte die These auf, daß sie es deshalb tun, weil sie einem anderen Kater die Herrschaft über das Revier der Katzenweibchen abgejagt haben. Doch diese Annahme ist falsch.

Warum sollten sie ausgerechnet deshalb ihre *eigenen* Jungen auffressen, wenn dieser Fall sowieso eintreten kann? Meiner Meinung nach liegt es an der übermäßigen Vermehrung, so daß die Beute in diesem Revier nicht mehr für alle Tiere zum Leben reicht – also fressen sie einige der Jungtiere, damit sie die

Aufzucht der anderen (und letztendlich die eigene Versorgung) gewährleisten können. Viele Kater kümmern sich jedoch um ihren Wurf, sie beteiligen sich an der Pflege und Erziehung und sind um den Schutz der Kleinen bemüht. Ich stehe mit meinen Erfahrungen nicht alleine da, wenn ich behaupte, daß ein Kater seine Jungen sogar mit zur Jagd nimmt oder ihnen zeigt, wie man eine Straße überquert. Aber so eine spannende Geschichte, wie ich sie bei einer Katzenfamilie beobachten durfte, steht bisher in keinem Lehrbuch geschrieben (siehe Kapitel »Zwischentierische Beziehungen«).

Große Tiere werfen meist nicht in ihrem Bau, (ausgenommen der Bär), sondern wählen zu diesem Zweck ein Dickicht, eine Wiese, einen windgeschützten, mit Sträuchern umgebenen Ort.

Pferden steht dies im allgemeinen nicht frei, daher bleiben sie in ihrer Box im Stall, wo Ruhe, Schutz vor Zugluft und reichlich Streu sehr wichtig sind. Stören wir die Stute bitte nicht beim Abfohlen (es sei denn, daß das Tier ärztliche Hilfe braucht), auch nicht beim Säugen des Kleinen und bei seiner Pflege. Manche Muttertiere schlagen aus oder beißen!

Nach dem Werfen leckt das Muttertier die Jungen ab, beißt die Nabelschnur durch, und wenn es sich um ein Raubtier handelt, frißt es die Nachgeburt.

Ein verwaistes Fohlen sucht sich eine bereitwillige Ersatzmutter, um nicht schutzlos zu bleiben (auch einen Hengst oder Wallach).

Manchmal werden vom Muttertier noch andere Aufgaben übernommen: Die Hufe des neugeborenen Fohlens sind von einer gallertartigen Masse überzogen, die das Muttertier abbeißt. Danach kommt das erste Säugen. Die Jungen von Pflanzenfressern, die im Stehen gesäugt werden, stehen bereits eine halbe bzw. eine Stunde nach der Geburt das erste Mal auf (z. B. das Fohlen).

Wenn das Muttertier ihre Jungen nicht säugen läßt, kann dies folgende Gründe haben:

- Das Muttertier ist nervös und erschöpft.

Lassen wir das Tier ausruhen, beobachten wir es von weitem und sorgen dafür, daß es ungestört ist.

- Das Muttertier ist krank oder kann keine Milch geben.

Rufen wir sofort den Tierarzt!

- Es sind zu viele Junge, sie haben keinen Platz und drängeln sich beiseite.

Beobachten wir, welches Tier weggedrängt wird, und tauschen wir seinen Platz aus!

- Die Nachkommen sind unterentwickelt, lebensunfähig und haben wahrscheinlich einen Schaden davongetragen.

Wenn dies eindeutig zu erkennen ist, tun wir nichts. Wenn wir uns nicht sicher bei der Beurteilung sind, holen wir den Rat eines Tierarztes ein.

- Das Jungtier ist krank.

In freier Wildbahn kann es vorkommen, daß das Muttertier eines seiner Jungen oder alle – jedoch nicht die Neugeborenen – verläßt, wenn diese von einer Krankheit befallen werden (einer Infektionskrankheit oder Darmparasiten). Es gibt keine andere Möglichkeit, schließlich kann das Muttertier ja nicht zum Tierarzt gehen! Das erkrankte Tier würde während der Pflege seine Geschwister anstecken oder im schlimmsten Fall seine Mutter! Ihre Erkrankung würde den ganzen Wurf gefährden. Bei unseren Haustieren sind Krankheiten vorhersehbar, aber man kann ihnen mit richtiger Fütterung und entsprechender Impfung vorbeugen. Wenn dennoch ein Muttertier krank wird, müssen wir für die Heilung der Nachkommen sorgen. Wahrscheinlich müssen wir sie sogar von Hand aufziehen. Bei Pflanzenfressern geschieht es seltener, daß die Jungtiere verlassen werden, wahrscheinlich deshalb, weil die Infektionsgefahr geringer ist.

- Aus unerfindlichen Gründen sind die Mutterinstinkte beim Tier nicht ausgeprägt.

Wir müssen die Jungtiere künstlich aufziehen, wenn möglich mit Muttermilch.

Wenn ein Pferdefohlen oder ein anderer Pflanzenfresser deshalb nicht saugt, weil es noch nicht aufstehen kann, dürfen wir nicht dabei nachhelfen! Wenn das Jungtier nach weiteren anderthalb bis zwei Stunden immer noch nicht aufgestanden ist, stellen wir es auf die Beine und führen sein Maul zur Zitze des Muttertiers. Wenn es selbst dazu zu schwach ist, versuchen wir es mit einer Nuckelflasche. Für die Pflanzenfresser, die in der Natur leben, sind das Laufen und die Flucht lebensnotwendig. Sie können etwa eine Stunde nach ihrer Geburt bereits gut gehen und auch bald laufen. Wir müssen dem Jungtier unbedingt Auslaufmöglichkeit bieten.

Hunde- und Katzenbabys bewegen sich nach der Geburt nur wenig, sie kriechen höchstens etwas herum. Sie werden schlagartig aktiver, sobald sie ihre Augen geöffnet haben (nach acht bis zehn Tagen).

Mit der Erziehung ihrer Jungen beginnt die Mutter schon nach wenigen Wochen und lehrt sie die Grundregeln fürs Überleben: Was ist als Nahrung geeignet? Wo finde ich sie? Wie läßt sie sich beschaffen? Die Jungtiere unternehmen immer weitere Streiftouren, doch müssen sie noch lange in der Nähe der Mutter bleiben, damit diese ihnen bei Gefahr beisteht. Daher erfolgt die Entwöhnung, das Abnabeln, ganz allmählich über einen längeren Zeitraum hinweg. Sobald die Nachkommen allein lebensfähig sind, gehen sie ihre eigenen Wege. (Die Annahme, daß das Muttertier sie verjagt, ist falsch!) In der Herde bzw. im Rudel können sie lange bleiben, junge Weibchen sogar bis an ihr Lebensende. Es ist typisch für in Gruppen lebende Tiere, daß die Jungtiere auf derselben Rangstufe stehen wie ihre Mutter, jedoch nur so lange, bis sie die Geschlechtsreife erreicht haben. Dann rutschen sie automatisch ans Ende der Rangfolge. Einige Jungtiere geben sich damit zufrieden, andere verlassen die Gemeinschaft, suchen sich einen Partner und gründen eine eigene Familie. Bei Pferden dauert das Heranwachsen verhältnismäßig lange, und während dieser Zeit bilden die Fohlen eine kleine Herde für sich.

Wenn der Mensch die Jungtiere plötzlich und auch noch zu früh von der Mutter trennt, kann das einen negativen Einfluß auf ihre körperliche und seelische Entwicklung haben. Durch die große Anspannung nehmen die Kleinen oft seelischen Schaden, der nicht mehr behoben werden kann. (Mehr als die Hälfte aller schreckhaften Tiere ist davon betroffen.) Überdies wird selten bedacht, daß auch das Muttertier einen bleibenden, seelischen Schaden davonträgt. Unzählige bissige Hundemütter und bösartige Stuten verhalten sich nur deshalb so, weil man ihnen gewaltsam die Jungen entrissen hat.

Temperament

Die Humanpsychologie beruft sich bei der Festlegung des Temperaments auf die klassische Begriffsbestimmung: temperamentvoll (Choleriker), lebhaft (Sanguiniker), ruhig (Phlegmatiker) und schwermütig (Melancholiker). Dieselbe Unterteilung gilt auch bei Tieren. Das Wesentliche dieser Grundtypen ist bekannt, deshalb beleuchte ich lieber Dinge, die weniger geläufig sind.

Warum wir das Temperament unserer Tiere kennen sollten

Und zwar deshalb, um zu wissen, was man von ihnen überhaupt erwarten kann. Ihre Reaktionen lassen sich für gewöhnlich in eines der vier Temperamente einteilen. (Natürlich gibt es viele Abstufungen und die Grenzen zwischen den Typen verwischen. Einige Tiere verhalten sich sogar völlig anders.) Wenn wir die Tiere dressieren, ihnen etwas Bestimmtes beibringen wollen, kann es vorkommen, daß sie entweder zu lebhaft oder zu ruhig sind und sich deshalb nicht für diese Aufgabe eignen. Wenn wir das außer acht lassen, riskieren wir einen Mißerfolg, und die ganze Mühe war umsonst. Und wenn das Tier lustlos mit uns arbeitet, quälen wir es nur. Vielleicht unterschätzen wir auch die Fähigkeiten des Tieres, weil wir sein Temperament nicht kennen und nicht die leiseste Ahnung haben, wie gern es die eine oder andere Aufgabe erfüllen würde!

Katz' und Hund im Clinch

Das eine Tier braucht zum Lernen womöglich etwas mehr Zeit und Geduld, daher würde unser voreiliges Verhalten den Lernerfolg schmälern. Ein anderes Tier hingegen langweilt sich bei den vielen Wiederholungen, und unser Schneckentempo hemmt seinen Lerneifer.

Das lebhafte Tier lernt zwar grundsätzlich schneller, aber trotzdem haben wir es schwer mit ihm, weil eben alles sein Interesse weckt. Oft läßt es sich von anderen Dingen ablenken, zeigt sich lustlos bei Wiederholungen und erträgt Gleichförmigkeit nur schwer. Das temperamentvolle Tier wiederum ist sehr empfindlich. Es reagiert auf alle Einflüsse heftig, lernt schneller, aber *verbittet sich* Ungeduld und Grobheit. Es braucht mehr Freiraum, und wenn wir ihm seinen Kopf lassen, erfüllt es unsere Wünsche gern. Wegen seiner Empfindlichkeit wirken Störfaktoren in seiner Umgebung sehr belastend, so daß es unfähig ist, sich zu konzentrieren. Deshalb müssen wir mehr als sonst dafür sorgen, daß es seine Ruhe hat.

Das melancholische Tier ist *nicht gesund*, deshalb ist es weder zum Lernen noch zur Arbeit geeignet. Erwarten wir gar nichts von ihm, es darf keinesfalls zu etwas gezwungen werden! Eine melancholische Gemütslage kann folgende Ursachen haben:

Temperament auf vier Hufen

- körperliche Erkrankung (Unterernährung oder Verfettung)
- Alter
- fortwährender Streß
- Traurigkeit (Trauer, Einsamkeit, Vernachlässigung).

Finden wir die Ursache für seine Melancholie und versuchen wir, sie entsprechend zu heilen (das Alter ausgenommen). Das Tier wird früher oder später munterer werden.

Es kann sein, daß das ungezügelte und gereizte Benehmen eines Tieres nicht auf seinen Charakter zurückzuführen ist, sondern auf ständiges Schikanieren. Derselbe Psychostreß kann ein lebhaftes Tier aufbrausend werden lassen und ein ruhiges Tier melancholisch. Das treffendste Beispiel sind in Gefangenschaft lebende Hunde (auf kleinstem Raum eingesperrt oder kurz angebunden): Eine Hälfte der Tiere liegt nur zusammengerollt da und zeigt an nichts Interesse, die andere Hälfte springt wild herum, kläfft, fletscht die Zähne – besonders wenn sich jemand nähert. Dabei wollen die Tiere den Menschen meist nicht zerfleischen, sondern erhoffen von ihm Befreiung und Aufmerksamkeit.

Bestimmung des Temperaments

Anstatt die Verhaltensformen und die auftretenden Reaktionen theoretisch zu erklären, habe ich praktische Beispiele gewählt, mit denen sich das jeweilige Temperament bestimmen läßt. Teilweise treten bei den verschiedenen Tierarten völlig unterschiedliche – oder auch gar keine – Reaktionen auf. Hund, Pferd und Katze werden ggf. in einer gesonderten Spalte aufgeführt.

Vorgang / Situation	Verhalten			
	temperamentvoll	lebhaft	ruhig	schwermütig
Fressen	frißt gierig, ist wachsam, jagt Menschen und andere Tiere weg oder sichert sein Futter	frißt heißhungrig, ist wachsam, aber scheut nicht und greift nicht an	frißt ruhig, ist nur bei ausgesprochener Störung wachsam	frißt langsam und wenig, läßt sich von der Umgebung nicht stören

Vorgang / Situation	Verhalten			
	temperamentvoll	lebhaft	ruhig	schwermütig
Schlafen	ändert immer wieder seine Lage, schläft unruhig, gibt Laute von sich, wacht bei jedem Geräusch auf	bewegt sich ab und zu, wacht jedoch nicht bei jedem kleinen Geräusch auf	schläft durch, ist ruhig, wird bei lauten Geräuschen wach, schläft aber wieder ein	schläft ruhig und ausgiebig, legt sich auch tagsüber hin und döst vor sich hin
Sexualverhalten/Geschlechtstrieb	ist erregt, läuft unruhig umher, ruft, zeigt starke sexuelle Reaktion, will sich losreißen, ist schwer zu halten	ist erregt, der Bewegungsdrang ist groß, ruft manchmal, sexuelle Reaktion ist groß, aber springt nicht herum, wird nicht wild. Kann aber auf lange Zeit heftig werden	zeigt sexuelle Reaktion, aber springt nicht herum und gibt auch nicht mehr Laute als sonst von sich	sexuelle Reaktionen sind kaum oder gar nicht zu beobachten, die Paarungsbereitschaft des männlichen Tieres ist gering
Aktivität	bewegt sich viel und sehr schnell, springt auf alles auf, kann nicht auf der Stelle bleiben	bewegt sich gern und viel, ist aber nicht ungeduldig, wenn es stehenbleiben muß	Aktivitäten sind begrenzt, Bewegung ist langsam, von sich aus geht es nur mit bestimmtem Ziel los	bewegt sich selten und langsam, wird schnell müde und liegt viel
Mimik	Augen, Ohren, Gesicht sind ständig in Bewegung, seine Mimik ist sehr vielfältig	unterschiedliche Mimik, sein Blick und Mienenspiel sind begrenzt	sein Gesichtsausdruck ändert sich kaum, bei besonderen Einflüssen spitzt es aber die Ohren	geknickter und starrer Ausdruck sowie sehr wenig Mimik sind typisch
Lautäußerung/ »Gesprächigkeit«	gibt viele verschiedene Laute von sich, manchmal anhaltend und sehr häufig	gibt viele verschiedene Laute von sich, mit nicht so großer Häufigkeit	gibt selten kurze Laute von sich	Lautäußerung ist nicht typisch

Vorgang / Situation	Verhalten			
	temperamentvoll	lebhaft	ruhig	schwermütig
Eingesperrt-sein oder Angebunden-sein	wandert/läuft hin und her, stößt gegen Wand oder Tür, gibt Wutlaute von sich, tobt, ist angriffslustig	läuft nervös umher, gibt wütende und klagende Laute von sich, kann aggressiv werden	paßt in Ruhe auf, bewegt sich wenig, kann auf lange Zeit melancholisch werden	rollt sich zusammen, schläft, ist desinteressiert
Das Tier wird ins Freie (in den Garten) gelassen – der Hund	kläfft glücklich, springt herum, läuft schnell, beruhigt sich später, bleibt aber weiterhin in Bewegung	kläfft ein paar Mal, läuft herum, wenn er ermüdet, geht er umher oder legt sich hin	sieht sich um, läuft langsam los oder geht, schnuppert herum	geht langsam nach draußen, legt sich schnell und oft abseits hin
– die Katze	schnellt hinaus, klettert auf einen Baum, »kontrolliert« alles, beginnt zu jagen oder spielt	springt hinaus, sieht sich genau um, jagt ein wenig oder spielt	geht hinaus, schaut sich um, schnuppert herum	geht langsam hinaus, legt sich hin
– das Pferd	galoppiert hinaus, bleibt stehen, wälzt sich, springt auf, wiehert laut und schnaubt, galoppiert ausgiebig mit aufgerichteten Schweif	ebenso, aber wiehert und schnaubt nicht	sieht sich aufmerksam um, bevor es losgeht, galoppiert ein wenig, wälzt sich manchmal, beginnt zu grasen	geht langsam hinaus, beginnt nach ein paar Schritten zu grasen
Der Tierhalter kommt nach Hause - der Hund	kläfft glücklich, springt hoch, läuft hin und her, wedelt kräftig mit dem Schwanz	bellt ein-, zwei-mal, läuft zum Herrchen, beschnuppert es, reibt sich an ihm, wedelt mit dem Schwanz	erhebt sich, springt zum Herrchen, senkt den Kopf zu seinen Füßen, wedelt leicht mit dem Schwanz	schaut auf, bewegt den Schwanz, geht in der Regel nicht zum Herrchen

Vorgang / Situation	Verhalten			
	temperamentvoll	lebhaft	ruhig	schwermütig
- die Katze	läuft hin, springt auf etwas drauf, umschmeichelt ihn, »erzählt« lebhaft, folgt auf den Fuß	miaut manchmal, geht zum Herrchen, schmeichelt, aber folgt ihm meist nicht	schaut auf, erhebt sich, streckt die Pfoten aus, geht nicht zum Herrchen und begrüßt ihn auch nicht mit Lauten	reagiert nicht
- das Pferd	wiehert laut, tänzelt, drängt sich heran, schnuppert, scharrt mit den Hufen	sieht auf, wiehert leise, tritt höchstens beiseite, um den Tierhalter zu sich zu rufen	schaut auf, gibt aber keinen Laut von sich, bewegt sich auch nicht	reagiert nicht
Ein Fremder kommt - der Hund	bellt wütend, knurrt, fletscht die Zähne, springt, kratzt an Zaun oder Tür	springt auf, bellt, läuft nicht herum und »tobt« nicht	sieht auf, bellt einige Male oder knurrt leise	reagiert nicht
- die Katze	ergreift rasch die Flucht, versteckt sich, nimmt ggf. Angriffhaltung ein, manche von ihnen fangen ein vertrauliches »Gespräch« mit dem Fremden an	wenn sie keine Angst hat, beschnuppert sie den Fremden, bei Angst flieht sie, aber versteckt sich nicht, nähert sich dem Fremden bald neugierig	sieht auf, aber bleibt an Ort und Stelle, zieht sich manchmal an ein ruhiges Plätzchen zurück	reagiert nicht
Spiel mit anderen Tieren	läuft blitzschnell herum, jagt sich, balgt sich, gibt Laute von sich	läuft ruhiger herum, jagt sich und balgt sich, gibt fast nie Laute von sich	läuft wenig herum, läßt seinen Partner stehen, manchmal beriechen und belecken sie sich	verharrt in der Regel an einem Fleck, der Spielgefährte wird nur begrüßt oder abgewehrt

Vorgang / Situation	Verhalten			
	temperamentvoll	lebhaft	ruhig	schwermütig
Arbeit oder Spiel mit dem Menschen	ist sehr aufmerksam, reagiert sehr schnell auf Zeichen, bewegt sich gern, gibt Laute von sich, wird durch Außeneinflüsse abgelenkt	ist konzentriert, bewegt sich gern, handelt nicht übereilt	ist aufmerksam, tut was man von ihm verlangt, ist aber langsam und nicht ausdauernd	nur wenig konzentriert, quält sich, wird schnell müde
Ungewohnte Erscheinungen, Geräusche	ist nervös, zappelt herum, gibt Laute von sich, stürmt manchmal kopflos davon	ist wachsam, unruhig, läuft manchmal davon, traut sich aber zurück	ist wachsam, steht vielleicht auf, stört sich nicht am Geschehen bei scheinbar ungefährlicher Situation	schaut vielleicht für einen Moment auf, reagiert aber nicht weiter
Streßeinwirkung	springt herum, läuft hin und her, zittert, gibt wütende oder ängstliche Laute von sich, versucht panisch, zu entkommen	ist unruhig, gibt manchmal Laute von sich, versucht zu entkommen, kann aufgebracht werden	angespannt, zappelt herum, läuft manchmal herum, kann melancholisch werden	rollt sich zusammen, versteckt sich, blickt starr und mit entsetztem Gesichtsausdruck
Schutz / Verteidigung der Nachkommen - der Hund	bellt wild, knurrt, fletscht die Zähne, greift an	bellt lebhaft, ist bereit zum Angriff, wütet aber nicht	verfolgt gespannt das Geschehen, um notfalls einzugreifen, schlägt ohne Grund keinen Alarm	verteidigt die Nachkommen nicht

Vorgang / Situation	Verhalten			
	temperamentvoll	lebhaft	ruhig	schwermütig
- die Katze	faucht, spuckt, schlägt mit den Krallen, springt den Eindringling bei Gefahr an, trägt die Jungen oft mit sich herum oder bringt sie an einen anderen Ort	knurrt, ist zum Angriff bereit, trägt manchmal die Jungen fort	ist wachsam, aber nicht kampfbereit, wenn es nicht sein muß, »zieht nicht um«	verteidigt die Nachkommen nicht
- das Pferd	tänzelt nervös, legt die Ohren an, schnappt mit dem Maul, schlägt aus oder ist zum Huftritt bereit	legt die Ohren an, ohne Grund nimmt es keine Verteidigungshaltung ein	paßt auf, was mit dem Fohlen geschieht, beruhigt sich schnell	verteidigt die Nachkommen nicht
Eingriff des Menschen (z.B. ärztliche Untersuchung)	kämpft dagegen an, versucht zu flüchten, kann angreifen, wehrt sich manchmal auch mit Lauten	zappelt/tänzelt, ist unruhig, aber greift nicht an, gibt keine Laute von sich	»ergibt sich in sein Schicksal«, bewegt sich nur, wenn etwas sehr unangenehm ist	ist wachsam, reagiert aber nicht

Beim Punkt »Ein Fremder kommt« fehlen zum Pferd nähere Angaben, weil es beim Eintreffen eines Fremden kein verändertes Verhalten zeigt, das für es kennzeichnend wäre.

Unter der Spalte »Schutz/Verteidigung der Nachkommen« wurden die melancholischen Tiere mit »verteidigt die Nachkommen nicht« beschrieben. In Freiheit kommt es jedoch nicht vor, daß ein Muttertier melancholisch ist, nur wenn es in Gefangenschaft gehalten und angebunden wird, kann der andauernde Streß dieses Temperament hervorrufen.

Unterschiede je nach Art, Rasse, Gattung und Einzelwesen

Und wenn der weiße Hund, übermütig wie er war, die Katze aus Spaß knurrend und schwanzschlagend verscheuchte und sie sich in gespielter Angst auf den nächsten Baum rettete, blieb der Labrador abseits – wachsam, nervös und gespannt. Es schien, als könne er keinen Augenblick sein Ziel vergessen: sein Heim, seinen Herrn; dorthin ging er, dorthin gehörte er, alles andere zählte nicht.

Sheila Burnford: *Die unglaubliche Reise*

Alles, was bisher behandelt wurde, und alles, was noch kommt, weist darauf hin, daß Tier nicht gleich Tier ist. Das kann einfach nicht genug betont werden!

Die Tiere unterscheiden sich von ihrem Körperbau, den physischen Fähigkeiten, ihrer Gefühlswelt und Intelligenz. Und all das wird durch ihre Lebensweise, die Lebensumstände und die erworbenen Erfahrungen beeinflußt.

Die Merkmale des Körpers, der Seele und des Verstandes stehen auch in Wechselwirkung miteinander – z. B. springt oder klettert eine Katze mit kräftiger Statur lieber als eine schwächere, sie wird dadurch aktiver, beweglicher und kann mehr Erfahrungen sammeln, was sich wiederum auf ihr Seelenleben auswirkt. Grundsätzlich unterscheiden sich Raubtiere von Pflanzenfressern, aber es gibt auch zahlreiche Unterschiede innerhalb einer Art. Wenn man die Physiologie oder aber auch die Lebensweise betrachtet, unterscheidet sich der Hund erheblich von der Katze oder das Pferd vom Rind. Innerhalb einer Art, nehmen wir einmal den Hund, unterscheiden sich die Rassen und diversen Unterrassen sehr voneinander: der Dackel vom Bernhardiner – oder etwa dem Wolf!

Es gibt unzählige Abweichungen je nach Geschlecht, Lebensalter, ererbten und erworbenen Fähigkeiten, auch innerhalb der Rasse.

Man kann unmöglich alles oder auch nur einen Teil davon schriftlich festhalten. Bei einigen Dingen ist das auch überflüssig, da schließlich jeder weiß, daß es wütende Hunde gibt, freundliche oder ängstliche, genauso wie es feurige Pferde, schwerfällige oder gemütliche gibt.

Auf der anderen Seite ist einiges eindeutig mit dem »Hundedasein«, oder »Katzendasein« verbunden und darf nicht außer acht gelassen werden. Daher werden auch nur diese absolut typischen und sehr bezeichnenden Eigenschaften vorgestellt.

Der Hund

Ursprünglich zählte man ihn zu den Raubtieren der Steppe in der gemäßigten Zone, seine wirkliche Herkunft ist jedoch bis heute umstritten. Für jede Abstammungstheorie gibt es nämlich eine Gegenthese. Zunächst hatte sich der Standpunkt durchgesetzt, daß der Wolf und Schakal seine Urväter wären. Schön und gut, aber wenn sich zwei verschiedene Arten miteinander kreuzen ist nach den Vererbungsgesetzen der Nachkomme, sofern vorhanden, unfruchtbar und somit nicht vermehrungsfähig. Der Hund wird aber seit mindestens zehntausend Jahren fröhlich gezüchtet. Diese These fällt also wie ein Kartenhaus zusammen.

Später kam eine neue Theorie auf: Der Wolf ist der einzige Vorfahr des Hundes. Nun, gegen diese Theorie läßt sich nichts einwenden, schließlich verläuft die Paarung von Hund, Wildhund und Wolf durchaus erfolgreich, einige dieser Nachkommen sehen dem Wolf sogar ausgesprochen ähnlich – und dennoch paßt dieses Bild nicht ganz. Außerdem ist es auch kaum vorstellbar, wie über viele Jahrtausende aus dem Wolf ein Dackel oder ein Bernhardiner entstanden sein soll, obwohl doch allgemein bekannt ist, daß bei der Vermischung verschiedener Rassen und Unterrassen sowie zusammengewürfelten Rudeln nach ein paar Generationen immer und eindeutig mittelgroße, gelbe Tiere hervorgehen, solche wie der Dingo. Die Vermischung der Rassen hebt die künst-liche Selektion der Zucht auf, verbindet oder ergänzt den fehlenden oder veränderten Genbestand. Bei dieser Rückzüchtung sollte eigentlich ein Wolf entstehen, doch das mittelgroße, gelbe Tier, das statt dessen zustande kommt, sieht dem Wolf nicht im geringsten ähnlich.

Was die Herkunft aus der Steppe in der gemäßigten Zone angeht, ist zu beachten, daß Dr. János Szinák Knochenreste des ältesten Hundes in Afrika und Dänemark bestimmt hat.

Nach diesem Exkurs wollen wir die Besonderheiten der Arten näher betrachten. Allein die Zugehörigkeit zu den Raubtieren hat einen entscheidenden Einfluß auf den Körperbau und die seelisch-psychische Wesenszüge – vor allem bei der Nahrungsaufnahme. Alle freilebenden Fleischfresser nehmen jedoch auch Pflanzen zu sich, die verschiedenen Hunde sogar sehr viel. Abgesehen davon brauchen sie selbstverständlich tierische Nahrung. Die angebotene Dosennahrung ist gut geeignet, doch ohne Ergänzung von rohem Fleisch und ähnlichem bleibt der Hund nicht lange gesund. Wohin ich auch schaue, nimmt die Anzahl von kranken Hunden immer mehr zu, und der Grund dafür ist die falsche Ernährung. Fleisch und Knochen werden vom Tierhalter aus Angst vor Bakterien stets gekocht, doch dadurch gehen viele wertvolle Nährstoffe verloren. Speisereste – wie etwa Suppe und Gemüsebrei (besonders aus Kartoffeln) – können vom Tier schlecht verwertet werden. Diese Art Futter erhalten sie oft nur aus »Sparsamkeit« oder einfach Unwissenheit, denn der Hund schlingt das Fressen gierig herunter, zeigt sich satt oder verlangt sogar noch mehr. (Das geschieht nicht etwa, weil ihm das Futter so gut geschmeckt hat, sondern weil sein Körper einen Mangel anzeigt und der Hund ständig Hunger hat.)

Das fehlernährte Tier wird krank – auch wenn es jahrelang gesund aussieht – es wird schwach und die Sinnesorgane geschädigt, das Tier altert schneller. Wenn diese Anzeichen auftreten, ist es beinahe schon zu spät. (Manchmal kann man aber doch noch helfen. Es lohnt sich immer, unseren geschwächten Liebling bei den allerersten Anzeichen auf eine Frischkost-Diät zu setzen, die aus Fleisch, Innereien, Knochen, Milch und Eiern besteht.)

Zum Raubtierdasein gehört natürlich auch das Jagen, eine typische und sich oft äußernde Eigenschaft. Da aber die Jagd an der Seite des Menschen nicht mehr lebensnotwendig ist, kann man dem Hund abgewöhnen, den Hühnern im Hof oder Kleintieren wie Hase und Eichhörnchen in der Natur nachzustellen. Vergessen wir aber nicht, daß er den Jagdinstinkt *im Blut hat*; auch wenn wir ihm dieses Verhalten abgewöhnen, verbirgt es sich doch unter der Oberfläche. Sobald der Hund beispielsweise ausreißt oder zu wenig bzw. nicht die richtige Nahrung erhält, kann dieser Jagdinstinkt wieder hervorbrechen. (Die allgemeine Auffassung, daß man Fleischfressern kein rohes Fleisch geben darf, weil

»Such, such!« – Hunde sind geborene Fährtensucher.

dann der Jagdinstinkt erneut zutagetritt, ist falsch! Genau das Gegenteil ist der Fall: Die Tiere fangen an zu jagen, wenn sie nicht ausreichend versorgt sind.) Auch beim Fährtensuchen macht man sich den Jagdinstinkt zunutze. Niemand braucht es den Hunden beibringen, sie tun es instinktiv und gern. (Anders verhält es sich bei der Ausbildung von Polizeihunden, die lange üben müssen, um einzelne, nur leicht abweichende Gerüche voneinander unterscheiden zu können. Sie müssen lernen, diese Gerüche zu erkennen oder eine alte, schon »verblaßte« Fährte aufzuspüren und ihr zu folgen.) Heutzutage ist es kein Problem mehr, den Hund Gegenstände oder Menschen suchen zu lassen – er muß dabei nicht einmal der Fährte folgen, sondern nur den Namen des Gegenstandes oder Lebewesens lernen.

Einmal ließ ich mein Pferd frei herumlaufen, es verschwand im meterhohen Gestrüpp der hügeligen Weide. Es konnte nicht weit sein, aber ich war mir unschlüssig, in welcher Richtung ich nach ihm suchen sollte. Da kam mir die Idee, einen Hund des Reitvereins zur Hilfe zu nehmen. Ich fragte ihn: »Wo ist Gorsia? Such Gorsia!« Ich hoffte, daß er den Namen meines Pferdes kannte, schließlich hatte ich ihn oft genug gehört. Übrigens war dieser freundliche, schwarze Rüde kein ausgebildeter Spürhund, und sein Besitzer hatte ihm offenbar auch nichts beigebracht, also war er nur auf seine natürliche Intelligenz und seinen Instinkt angewiesen.

Das Tier ging ein paar Schritte weg und begann teilnahmslos herumzuschnüffeln. Ich hatte schon die Hoffnung aufgegeben, da es so aussah, als ob der Hund meine Bitte nicht verstanden hätte oder sich nicht dafür interessierte. Doch dann wurde ich aufmerksam. Er schnupperte genau an der Stelle so gründlich, wo ich mit meinem Pferd immer stehenblieb, wenn es aus dem Stall kam.

Plötzlich fuhr sein Kopf hoch, und er verschwand blitzschnell im Dickicht. Ich folgte ihm durchs hohe Gestrüpp, so gut ich konnte; einmal, zweimal rief ich ihn auch zurück, denn ich hatte ihn nicht mehr im Blickfeld. Auf mein Rufen hin kam er immer zurück, blieb aber nur kurz, um dann wieder zu verschwinden. Schließlich sah ich, daß er wedelnd und japsend neben meinem Pferd hockte!

Daß ein Hund seinen Herrn und dessen Grund und Boden verteidigt, hängt mit dem Rudelinstinkt zusammen und seiner Beziehung zum Rudelführer. Es wird häufig diskutiert, wie sehr Hunde diese Eigenschaft »im Blut haben«. Besitzt ein Tierhalter ein quirliges und zu jedem freundliches Jungtier, steht er meist vor einem Problem: Wird der Hund später ein guter Wachhund sein oder auch mit jedem Einbrecher Bällchen spielen wollen? Ein Hund, der jedem folgt und auf jeden hört, ist für einen Tierhalter genauso nachteilig wie ein aggressives, unberechenbares und schlecht kontrollierbares Tier, das jeden anfällt, sobald man kurz wegschaut.

Im allgemeinen gilt, daß die meisten Hunde in ihre Aufgabe als Wachhund hineinwachsen, doch unsere Erziehung, die Rasse und der Seelenzustand des einzelnen Tieres spielen eine nicht unerhebliche Rolle. Als Wachhund sollten wir Schäferhunde oder Hirtenhunde bevorzugen, egal ob ein männliches oder weibliches Tier. Der Volksmund sagt, daß aus einem Rüden, der zum Leittier geboren ist, ein mutiger und unbestechlicher Wachhund wird. In Wirklichkeit kommen auch dominante Weibchen vor.

Die verschiedenen Hunderassen unterscheiden sich vom Körperbau äußerlich sehr voneinander, und es gibt passende Züchtungen. Doch das bedeutet nicht, daß eine andere Rasse für diese Aufgabe ungeeignet wäre. Jagd, Spurensuche, Wache und andere »Hundeaufgaben« beruhen auf den natürlichen Instinkten und können somit von allen Rassen übernommen werden – vorausgesetzt, daß Körperbau, Kraft oder Geschicklichkeit dem keine Grenzen setzen. Niemand erwartet von einem Dackel, daß er seinen Herrn vor einer Horde Wölfe schützt, ebensowenig wie ein Pinscher Einbrecher vom Haus fernhalten soll.

Achten wir auf eine gute Erziehung! Es ist richtig, wenn wir unseren Hund dazu anhalten, nur uns zu folgen, nur von uns Futter anzunehmen und sich nicht »blind« mit jedem X-Beliebigen anzufreunden. Doch ist es übertrieben, wenn sich niemand dem Hund nähern darf außer dem Herrn selbst. Was dann, wenn diese einzige Bezugsperson krank wird oder einmal verreist? Wir sollten es nicht darauf ankommen lassen, daß unser Hund dann verhungert oder denjenigen angreift, dem wir das Tier anvertrauen.

Obwohl wir den Mut und die Unbestechlichkeit des Hundes als wertvoll ansehen, besteht auch die Gefahr, daß er die Führungsrolle seines Besitzers in Frage stellt. Das darf auf gar keinen Fall geduldet werden, weil es dazu führen kann, daß sich das Tier gegen seinen Herrn wendet. Es gibt zahlreiche Negativbeispiele, die eine mißlungene Erziehung zeigen: Dutzende von wertvollen, wunderschönen Tieren werden fortgejagt oder getötet, bestenfalls landen sie im Tierheim. Wenn wir eine Familie haben, kann ein weibliches Tier besser geeignet sein, weil es unser Kind als »Welpen« ansieht und auch so behandelt. Eine Hündin schnappt nicht gleich zu, wenn ein Kind sie beim Fressen stört oder etwas tut, das aus Hundesicht verboten ist. Sie geht auch viel behutsamer mit einem Kind um, gebärdet sich beim Spielen nicht so wild und springt nicht einfach an ihm hoch. Das kann selbstverständlich auch auf einen Rüden zutreffen, er ist aber weniger duldsam. Egal ob Rüde oder Hündin, wir sollten auch unseren Kindern beibringen, wie man das Tier richtig behandelt. Keinesfalls dürfen wir die Pflege und Spaziergänge mit dem Hund allein dem Kind überlassen, weil das Tier (d. h. jedes Tier) spürt, daß ein Kind ein »Welpe« ist und sich oft von ihm nichts befehlen läßt. Dabei ist es das kleinste Übel, wenn der Hund das Kind beim Spaziergang hinter sich herzieht.

Ein besonders liebenswürdiges Merkmal des Rudelinstinkts beim Hund ist das Begleiten. Unabhängig von Rasse und Geschlecht machen es die Hunde bei einer gewissen Person. Auf einer bestimmten Strecke, die ihr Auserwählter häufig zurücklegt, begleitet der Hund ihn ein Stück des Weges oder bis ans Ziel. Auf dem Lande oder in Außenbezirken größerer Städte, wo es viele freilaufende (keine streunenden!) Hunde gibt, habe ich diese bezaubernde Sitte des Hundes beobachtet. Es kam oft vor, daß mich einer von ihnen auf einem bestimmten Weg begleitet hat, jeden Tag ein anderer, als ob sie sich dabei abgesprochen und diese »Aufgabe« untereinander aufgeteilt hätten. Die meisten meiner Begleiter brachten mich bis zum Bestimmungsort und verschwanden dann wieder. Das beweist eindeutig, daß sie nicht auf Futter aus waren oder für immer bei mir bleiben wollten. Außerdem fiel mir auf, daß diese Hunde keinen engen Kontakt zum Menschen suchten, jedoch erwarteten, daß der Mensch sie bemerkt, manchmal streichelt oder zu ihnen spricht. Ich glaube, ich weiß, was hinter diesem Verhalten steckt: Die Hunde, die sich viel draußen im Hof oder Garten aufhalten, haben nach Auffassung ihrer Besitzer eigentlich genug

Der Spaziergang entspricht der gemeinsamen Jagd mit dem Rudelführer.

Bewegung. Das stimmt schon, aber der Spaziergang mit dem Herrn bedeutet für den Hund mehr, er entspricht dem gemeinsamen Jagen mit dem Rudelführer. Wer das seinem Hund nicht bieten kann, ist ein schlechter Rudelführer. So ein Tier würde irgendwann weglaufen, und Fremde könnten es leicht mitnehmen. Ein Hund, der den Menschen begleitet, gibt uns damit zu verstehen: »Du bist ein guter Rudelführer, ich gehöre gern zu dir.«

Die Katze

Auch die Katze ist ein Raubtier, und alles, was ich über die Ernährung des Hundes geschrieben habe, trifft auch auf sie zu, mit einem einzigen Unterschied: Die Katze, diese entzückende kleine Bestie, frißt in freier Wildbahn nur frisch erlegte Beute, niemals Aas oder einen uralten vergrabenen Knochen, wie es der Hund mit Vorliebe tut. Deshalb braucht die Katze viel Frischfleisch. Abgesehen davon ist ihre Lebensweise jedoch völlig anders. Der natürliche Lebensraum der Katze ist der Wald, und zur Jagd bedient sie sich nicht der Spurensuche. Sie legt sich heimlich auf die Lauer und schlägt im passenden Moment zu. Natürlich verharrt sie nicht tagelang in ihrem Versteck, sondern schnüffelt auch herum. Mit ihrer ausgesprochen feinen Nase nimmt sie Informationen über den augenblicklichen Standort einer Beute auf, verfolgt diese aber nicht, sobald sie auftaucht. Sie widmet der Beute einen kurzen Sprung, wenn sie sie nicht ergreifen kann, läßt sie von ihr ab. Das ist auch nachvollziehbar, denn Haus- und Wühlmäuse benutzen als Fluchtweg ihre unterirdischen Gänge, und Vögel fliegen weg. Es ist sinnlos, sie weiter zu verfolgen. Deshalb kann dem Geruchssinn der Katze keine allzu große Bedeutung beigemessen werden, auch einen langen Spurt sollten wir nicht von ihr erwarten.

Die Katze jagt allein, nicht im Rudel, und so bestehen für sie auch keine Rudelgesetze. Aus diesem Grund begleitet sie uns nicht, treibt keine Herde zusammen und eignet sich nicht zum Wachdienst. Es ist also ganz offensichtlich, daß außer dem Verzehr von Fleisch Hund und Katze nicht viel gemeinsam haben. Nichtsdestotrotz verhalten sich manche Katzen sehr »hundeähnlich«, doch dieses Benehmen hat einen ganz anderen Grund. So manche Katze vertreibt nämlich sehr aggressiv Eindringlinge aus dem Haus. (Das ist nützlich, wenn der Fremde ein Einbrecher ist, jedoch äußerst unangenehm, wenn es sich um einen Besucher handelt.) Dieses Verhalten, das verstärkte Dominanzverhalten, stellt nur die Gewohnheit einer Katze dar, ihr Territorium zu verteidigen. Das kommt oft vor, wenn die Katze allein mit ihrem Tierhalter lebt, selten aus der Wohnung bzw. dem Haus gelassen wird oder kaum Gäste zu Besuch sind.

Die kräftige Katze Binni, die meiner damaligen Freundin Pamela gehörte, führte mir diese ungewöhnliche Katzeneigenschaft vor. An meinem Ankunftstag schenkte sie mir noch keine große Beachtung, ich konnte sie sogar streicheln. Als ich jedoch länger blieb, grub sie das Kriegsbeil aus. Besonders wild wurde sie, als Pamela das Haus verließ und ich allein zurückblieb. Immer, wenn ich ein anderes Zimmer betreten wollte, legte sie sich längs auf die Schwelle und schlug mit ihren mächtigen Krallen fauchend und knurrend nach mir.

Es wurde auch nicht besser, wenn ich sie fütterte. Sie wartete nicht, bis Fressenszeit war, sondern forderte es, indem sie zu mir kam, laut miaute, mich in die Küche begleitete, ja, mir sogar um die Beine strich! Nach dem Fressen kam sie erneut zu mir, blickte mich an und suchte dann ihren Lieblingsplatz auf. Als ich wieder irgendwohin wollte, versuchte sie, mich wütend aufzuhalten, so wie zuvor. Drei Wochen lang behielt sie dieses Verhalten bei, und ich muß zugeben, daß ich ihre Besonderheit trotz zerrissener Strümpfe geachtet habe. Mit ihrem Verhalten hat sie mir eindeutig zu verstehen gegeben, daß sie mich zwar »in Ordnung« fand, weil ich sie fütterte, doch daß mir das noch lange nicht das Recht gab, ihr das Territorium streitig zu machen.

Neben solchen Besonderheiten ist eine typische Eigenschaft der Katzen ihre Unabhängigkeit. Man kann sie weder zu etwas zwingen noch dazu überreden, wenn sie es nicht wollen. Selbst die Sicherung ihrer Lebensgrundlage ist für eine Katze kein Grund, ihren Herrn zu lieben oder ihm die Treue zu halten. Deshalb wird die Katze oft gerade von solchen Menschen verdammt oder mißhandelt, die sie nur oberflächlich kennen. Als niederträchtig oder hinterhältig wird sie ihrem Wesen nach bezeichnet. Ebenso müssen wir anerkennen, daß sie sich nicht dressieren läßt und uns keinen Gehorsam leistet. Wenn die Katze etwas tut, was uns mißfällt, ist jede Bestrafung überflüssig. Wir beeinträchtigen nur das Verhältnis zu ihr, und ihr Benehmen würde sich nicht ändern, geschweige denn bessern. So betrachtet wäre es am besten, zu der Katze eine geistige Verbindung herzustellen. Da mit ihrer Ergebenheit nicht zu rechnen ist – sie wird den Menschen nie als höhergestelltes Wesen anerkennen –, haben wir nur die Chance, sie zu unserem gleichrangigen Partner zu machen und zu lieben. Nur so wird sie auch uns zuliebe handeln, unsere Verbote achten, von uns lernen und, wenn sie Lust dazu hat, das Erlernte vorführen.

Früher vertraten viele Autoren die Auffassung, daß Katzen – weil sie nicht im Rudel leben – kein Hierarchiedenken haben und kleine Raufereien nur aus Antipathie heraus entstehen. Es können allerdings Dominanzbeziehungen zwischen ihnen auftreten, und zwar unter gleichgeschlechtlichen Tieren, die vom Alter abhängen. Besonders unter Katern spielt dies eine Rolle, damit sie ihr Revier abstecken und ihre Vorrangstellung in der Paarungszeit sichern können. Auch die Katzenmutter tritt ihren Jungen gegenüber dominant auf (wie alle Tiermütter), was ebenfalls notwendig ist. Katzen, die in einer Wohnung leben, haben ebensolche Konflikte auszutragen, wenn die später angekommene Katze die ältere ist. Hier läßt sich schwer entscheiden, wer einen höheren Rang hat. Erwachsene Katzen stehen in freier Wildbahn oft in einem gleichrangigen Verhältnis zueinander und helfen sich gegenseitig. Katzen sind keine Einzelgänger, wie man früher angenommen hat, sie jagen nur allein. Sie knüpfen viele Kontakte und suchen ebenso die Gesellschaft anderer wie beispielsweise der Hund.

Es ist allgemein bekannt, daß ein Kater ruhiger ist als eine Kätzin, er ist weniger scheu und findet leichter Kontakt zu den Menschen, und das nach kurzer Zeit ohne großes Zögern. Eine Katze nähert sich seltener einem Unbekannten, läßt sich nicht so gern streicheln – vielleicht deshalb, weil der Kater über einen stärkeren Körperbau verfügt und sich notfalls wehren kann? Ein Kater ist nicht so launisch, und wenn ihm der Kontakt zum Menschen zu viel wird, geht er einfach weg. Weibliche Katzen sind in solchen Fällen oft wütend und fauchen, nicht selten greifen sie an, während sie sich entfernen. Diese Wutausbrüche haben ihre Ursache meist in einem rücksichtslosen und übertriebenen Getätschel, das die Katzen nicht mögen. Es kann aber auch vorkommen, daß Katzen sich deshalb nicht streicheln lassen, weil ihnen ein inneres Organ wehtut. Wir sollten es uns gut überlegen, was der mögliche Grund für das Fauchen und Kratzen sein könnte, bevor wir sie verfluchen. (Nervosität oder ein schlechtes Allgemeinbefinden lassen sich sowieso schon vorher erkennen, nämlich durch Schwanzschlagen, fehlendes Schnurren und Anschmiegen, geweitete Augen und einen starren Ausdruck, oftmals gesträubtes Fell und angelegte Ohren.)

Abgesehen von ihrer Eigenständigkeit, ihrem Einfallsreichtum, ihrer Intelligenz und Wildheit (da sie erst später domestiziert wurden), sind sie erstaunlich anpassungsfähig. Diese Widersprüchlichkeit macht gerade ihre Extravaganz aus. Mit den vielen seltsamen Marotten einer Katze kann wohl kein anderes Tier mithalten. Das fängt schon bei ihren Freßgewohnheiten an: Obwohl sie zu den Raubtieren gehören, mögen nicht alle Katzen gleich gern Fleisch. Außerdem hat so manches Tier einen Lieblingshappen, von dem man meinen könnte, daß so etwas überhaupt nichts für sie sei.

Meine Katze Cinci jedenfalls war verrückt nach sauer Eingelegtem. In ihrem Beisein konnten wir keine sauren Gurken essen, weil sie uns diese buchstäblich aus der Hand riß. Mici haschte begeistert nach Spinnweben unterm Schrank, während Luna alles für Oliven gab. (Ich habe es lieber nicht ausprobiert, wieviel sie höchstens vertrug und ihr nie so lange welche gegeben, bis sie genug davon hatte.) Auch das Spielzeug einer Katze kann vielfältig sein. Manche mögen Bänder, einige spielen gern mit Bällen, oder sie erfinden komplizierte Jagdspiele. Dabei verstecken sie zum Beispiel einen Gegenstand an einem schlecht erreichbaren Ort und versuchen dann, ihn wiederzuerlangen. Einige Tiere klettern begeistert am Bein oder Körper hoch wie auf einen Baum, spazieren auf den Schultern herum oder liegen um den Nacken geschlungen, manchmal auf dem

Katzen überraschen uns oft mit den ungewöhnlichsten »Hobbys« und Spielzeugen.

95

Arm – so wie es auch meine Katze Jaguar bevorzugte. Sie machte die Ruhestellung auf dem Baum nach. Es gibt auch Katzen, die einen geworfenen Stock zurückholen wie ein Hund.

Ich könnte die Reihe dieser Beispiele endlos fortsetzen. Die Katzen überraschen uns oft mit den ungewöhnlichsten »Hobbys« oder tun umgekehrt nichts, was eine Katze sonst täte.

Aber wenn sie auf einem spitzen Gegenstand herumbeißt, hört der Spaß auf. In der Natur putzen sich Katzen und auch Hunde ihre Zähne, indem sie auf einem Stock herumkauen. Haustiere suchen sich ähnliche Gegenstände, sofern sie keinen Stock, Zweig oder Holzspan finden. Es ist wichtig, daß sie weder Nähnadeln noch Gitarrensaiten oder andere gefährliche Gegenstände »in die Krallen« bekommen.

Hinsichtlich Körperbau, Größe und Gewicht gibt es unter den Katzenrassen weniger gravierende Unterschiede als bei Hunden, bei den Wesensmerkmalen jedoch schon. Die Siamkatze ist sehr lebhaft und temperamentvoll, »redselig« und ein geschickter Jäger, die Perserkatze das komplette Gegenteil. Diese Unterschiede haben sich erst durch die Auslese bei der Zucht entwickelt – häufig wird das Aussehen über die körperliche und geistige Gesundheit gestellt.

Die Wasserscheu und Vorliebe für Sonne und Wärme deuten auf den Ursprung der Katzen hin, denn wie wir wissen, stammt unsere Hauskatze von der afrikanischen Wildkatze oder Falbkatze ab und verbreitete sich also von der trockenen, heißen Zone aus. Ein anderer Vorfahr ist natürlich die europäische Wildkatze, die ebenso das Wasser meidet, nicht darin jagt und schwimmt. Um so überraschender, wenn einige Hauskatzen von der Norm abweichen und voller Freude ins Wasser springen, ja, sogar schwimmen.

Von den Haustieren haßt es die Katze am meisten, wenn man sie festhält oder einsperrt, deshalb sollten wir es möglichst unterlassen. Wenn es trotzdem erforderlich ist (wie bei einer tierärztlichen Untersuchung oder Behandlung), überlassen wir das besser einem Fachmann, der sie richtig festhält und behutsam dabei vorgeht (der Tierarzt hilft sicher gern). Man ist gut beraten, sich Handschuhe dabei anzuziehen, denn vor allem junge Katzen wenden ihre ganze Kraft auf, um sich aus dem Griff zu befreien.

Das Pferd

Das Urwildpferd ist in den Grassteppen Eurasiens beheimatet (jüngste Forschungen haben ergeben, daß der Vorfahr des Pferdes, der Eohyppus, auch in Nordamerika vorkam.) Obwohl das Pferd aufgrund seiner Größe keine leichte

Das Pferd ist von Natur aus scheu, unbändig und leicht schreckhaft.

Beute für seine natürlichen Feinde war – im Rudel jagende Wölfe, Bären und einige Großkatzenarten –, ist es scheu, unbändig und leicht schreckhaft. Es ist bezeichnend, daß es vor jedem ungewohnten Laut, jedem Geräusch, jeder Bewegung und jedem fremden Gegenstand zurückschreckt und die Flucht ergreift. Diese Reaktionen sind als normale Eigenschaften des Pferdes bekannt. Daß das Pferd trotzdem nicht bei jeder kleinen Störung das Weite sucht, verdankt es seiner hohen Intelligenz und raschen Auffassungsgabe: Es versteht, daß in der Welt des Menschen viele »sonderbare« Dinge vor sich gehen, die keine Gefahr darstellen. (Vorausgesetzt, daß es Vertrauen zum Menschen hat und eine gute Beziehung, sonst wäre dieses Verständnis nicht möglich.) Was die Unabhängigkeit und die Fähigkeit zur Zusammenarbeit betrifft, läßt sich das Pferd zwischen Hund und Katze ansiedeln. Die Zusammenarbeit ist nicht so bedingungslos wie beim Hund, aber auch nicht so willkürlich wie bei der Katze. Bei Hunden kommt es eher selten vor, daß sie die Zusammenarbeit verweigern, mit Katzen gibt es keine. Bei Pferden jedoch ist die ganze Bandbreite möglich.

Man sagt auch, daß Pferde ein gutes Gedächtnis haben, was uns für die Dressur und die gemeinsame Arbeit von großem Nutzen ist, doch nur, wenn auch wir unseren Teil dazu beitragen. Tiere merken sich schlechte Erfahrungen sehr lange, ja, oft ihr Leben lang. Eine Mißhandlung in jungen Jahren oder ein unsachgemäßes Einreiten hinterlassen ihre Spuren beim Tier und prägen das spätere Verhalten.

Bei Wettrennen macht man sich den Herdentrieb zunutze: Das Pferd darf den Anschluß an die Gruppe nicht verlieren. Tatsächlich galoppieren die Pferde also dem voranlaufenden Pferd hinterher, um es einzuholen und so dicht heranzukommen, wie es nur geht. Die Nähe der anderen spornt auch das Leittier an, schließlich führt es die Gruppe an und muß vorn bleiben. Diese »Pulks« sind zufällig zusammengewürfelte Gruppen, deshalb gibt es auch unter ihnen keinen festen Rang. Ein paar der Pferde würden auch dann versuchen, sich an die Spitze zu setzen, wenn kein Reiter auf ihrem Rücken säße. Einige Pferde – die dominanten – können es nicht ertragen, daß vor ihnen ein anderes Pferd läuft, mit aller Kraft versuchen sie, es zu überholen. So ein Pferd duldet es auch nicht, daß ein anderes Tier ihm zu nahe kommt, dicht hinter ihm läuft oder versucht, an ihm vorbeizuziehen. Dann schlägt es aus. Es ist international gebräuchlich, solchen Pferden ein rotes Band am Schweif zu befestigen, damit die anderen Reiter gewarnt sind. Durch diese kleine Maßnahme können schlimme Unfälle vermieden werden (so ein ausschlagender Huf trifft nämlich meistens das Bein des nachfolgenden Reiters). Leider hat dieses Beispiel noch nicht überall Schule gemacht.

Oft höre ich von Pferdebesitzern: »Im Stall ist mein Pferd lammfromm, aber sobald der Sattel draufliegt, ein Aas.« Oder umgekehrt. Doch dieses Verhalten ist eigentlich nicht normal bei einem Pferd, es entspringt seinen Erfahrungen – entweder die Pflege oder das Reiten verursacht ihm Unbehagen. *Wir machen etwas falsch.* Wenn wir den Fehler nicht selbst aufspüren, müssen wir den Rat eines Experten einholen.

Ich berufe mich nunmehr auf meine junge Reitfreundin Kati, die sich eines Tages an mich wandte. Ihre Stute, die noch sehr wild war, als sie sie damals kaufte, entwickelte sich unter ihren Händen zu einem braven Tier, aber ihr Problem war: »Immer wenn ich sie striegele, zappelt sie hinterhältig mit angelegten Ohren herum, beißt mich plötzlich und versucht auszuschlagen.«

»Das kann nicht angehen«, antwortete ich, »jedes Pferd genießt es doch, wenn es gepflegt wird. Du machst sicher etwas falsch, Kati.«

Wir beschlossen, daß ich sie an diesem Tag striegeln würde. Ich nahm meine Handwerkszeuge und begann. Das Pferd musterte mich zunächst argwöhnisch und zappelte tatsächlich etwas herum. Doch kurz darauf wurde sie ruhiger. Und von Minute zu Minute genoß sie das Striegeln, wie es jedes Pferd tut. Kati fragte mich, was sie denn anders gemacht habe: Die von ihr verwendeten Arbeitsgeräte waren nicht fachgerecht gewesen und hatten die Haut der Stute verletzt. Von nun an folgte sie meinem Beispiel, und es gab keine weiteren »Reibereien« mehr zwischen den beiden.

Bei Pferden, die beim Reiten Schwierigkeiten machen, verhält sich die Sache nicht so einfach. Manchmal kann eine schlechte Technik oder harte Zügelführung die Ursache sein, aber ebenso falsche Reitutensilien, ungeeignetes Zaumzeug, wunde Stellen, Verletzungen oder Schmerzen, falsche Haltung, Müdigkeit oder eine zu strenge Dressur – besonders bei Jungpferden –, mangelnder Auslauf – das Tier steht zu lange im Stall – oder aber Schreckhaftigkeit. Es gibt also viele Formen menschlichen Versagens und ebenso viele Reaktionen des Pferdes darauf. Aber gegen alles hilft nur ein einziges Rezept: Wir müssen herausfinden, was *wir* falsch machen.

Seit Menschengedenken kursiert die Annahme, daß Hengste wild und angriffslustig sind. Das hängt mit ihrem starken Geschlechtstrieb zusammen, ihrer Paarungsbereitschaft, aber auch mit ihrem Führungsstreben. Es kann von Vorteil sein, wenn wir den Hengst abgesondert von anderen Tieren halten, in einer gut verriegelten Box, aus der er weder ausbrechen noch zu anderen Pferden gelangen kann. Beim Reiten treten durch das Zusammentreffen mit anderen Pferden oft Schwierigkeiten auf, was an ihrer gesteigerten Eigenständigkeit liegt, die wiederum von ihrer Führungsrolle bedingt wird. Wenn der Hengst auch noch heißblütig ist oder eine rossige Stute wittert, verschärft sich die Lage noch. Er geht dann sozusagen »mit dem Kopf durch die Wand«. Es ist richtig, daß man Ungehorsam mit Strenge begegnen muß, aber wir sollten bedenken, daß man gegen die Instinkte mit reiner Gewalt nicht viel ausrichten kann. Je erregter ein Tier ist, desto wichtiger ist der intellektuelle Kontakt. Egal wie sehr ein Hengst auch tobt, besteht dennoch kein Grund, sich vor ihm zu fürchten – nur weil er als männliches Tier geboren wurde. Zum Menschen kann so ein Tier auch sehr lieb und folgsam sein, wenn wir etwas dafür tun.

Mit Stuten hat man solche Probleme zwar nicht, dafür aber andere. Während sie rossig oder trächtig sind, können einige von ihnen nämlich sehr unruhig werden – interessanterweise sind die Stuten, die während der Rosse »verrücktspielen«, während ihrer Trächtigkeit zahm und diszipliniert. Und diejenigen, welche während der Tragezeit launenhaft sind, beruhigen sich nach der Geburt ihres Fohlens. Wie dem auch sei, zu dieser Zeit brauchen die Tiere eben mehr Geduld und Aufmerksamkeit, außerdem mehr Bewegung und besonders vielseitige, aber nicht zu anstrengende Aufgaben. Denn sowohl eine zu starke Belastung als auch übertriebene Langeweile können die sowieso schon nervösen Tiere leicht reizen.

Allgemein gesprochen, unterscheiden sich die einzelnen Pferderassen weder von ihrem Verhalten noch ihrem Seelenzustand voneinander. Ihr Temperament wird in Kalt-, Warm- oder Vollblüter eingeteilt. Doch selbst unter Warmblütern gibt es viele ruhige Pferde. Es ist bekannt, daß die Englischen Vollblüter meistens temperamentvoll sind und die Araberpferde allgemein lebhaft, aber bei anderen Warmblutrassen ist das Temperament bei jedem Tier unterschiedlich. Von Pferden wird auch gesagt, daß sie sehr genau wissen, ob ein erfahrener Reiter oder Anfänger auf ihrem Rücken sitzt. Mit dem ungeübten Reiter pflegen sie dann ihr »kleines Spielchen« zu treiben. (Sie brechen aus oder laufen in den Stall zurück usw.) Die Pferde erkennen wohl den Neuling, aber sie verhalten sich nicht deshalb so, weil er keine Reitübung hat. Jeder Kniff, den das Pferd anwendet, hat seinen tieferen Grund: unangenehme Erfahrungen beim Reiten, Langeweile, Müdigkeit oder ganz einfach Unwohlsein. Sie gehen durch, wenn man ihnen zu wenig Bewegungsfreiheit läßt, was bei einem unerfahrenen Reiter durch angestrengtes Zügeln ausgelöst wird.

Es entspricht der Lebensweise der Pferde, daß sie beim Laufen in die Ferne blicken und nicht auf den Weg direkt vor sich achten. Auf einer weiten Grasebene entscheidet es über Leben und Tod, ob sie einen näherkommenden Feind rechtzeitig erspähen, denn »in letzter Minute« ist keine Flucht mehr möglich. In Wald- und Strauchlandschaft oder im Dickicht schrecken die Pferde vor jedem Geräusch zurück, sogar vor einem auffliegenden Vogel. Sie scheuen und nehmen Reißaus, selbst wenn vor ihnen plötzlich ein großer, unbeweglicher Gegenstand auftaucht. Pferde kommen naturgemäß auch auf schwierigem Gelände sehr gut voran, im Moor, auf vereisten Flächen und steilen Hängen. Doch hier sollte der Reiter gut auf den Weg achten, um ein Stolpern oder einen Sturz zu vermeiden. (Ein Pferd mit Reiter muß anders sein Gleichgewicht halten, und wenn es von diesem behindert statt unterstützt wird – durch schlechte Gewichtsverlagerung oder falsche Zügelhaltung –, kann es leicht stolpern.)

Bestandteile der Empfänglichkeit

Rau reagierte auf eine Armbanduhr (einer bestimmten Marke), selbst wenn sie in Seidenpapier eingewickelt war. Nach kurzer Witterungsaufnahme ging er hinaus, roch an allen fünf Uhren und brachte dann die richtige Uhr mit der bestimmten Marke. Das wiederholten wir zehn Mal. Der Hund irrte sich nie. »Doch was ist, wenn er die Uhren an der Art des Tickens, ihrer Frequenz erkennt?« – »Nichts! Es ist eben so. Ehrlich gesagt, habe ich keine Ahnung, wie er es macht.«

Dr. Zsolt Kováts: *Hunde auf der Spur des Verbrechens*

Die mentale Empfänglichkeit bildet die Grundlage für das Denkvermögen, die eine komplizierte, vielschichtige und ganz besondere Fähigkeit darstellt. Wesentlich ist, in welchem Maße und wie schnell die in der Umwelt wahrgenommenen Zeichen in bewußte Informationen umgewandelt werden können. Eine wichtige Rolle spielt dabei die sinnliche Wahrnehmung; wenn wir z. B. etwas nicht sehen, können wir daraus keine Schlußfolgerung ziehen und es auch nicht unseren Erfahrungen zuordnen. Die Wahrnehmung hängt also stark von unseren gegebenen Sinnen ab. Der zweite Bestandteil ist die Beobachtung mit dem Ziel, unser Wissen mit Hilfe der Sinneswahrnehmungen zu erweitern. Das Ergebnis von Wahrnehmung und Beobachtung ist sichtlich gleich. Die Wirksamkeit der Beobachtung wird nicht von den Fähigkeiten der Sinnesorgane bestimmt, sondern vom Denkvorgang, bei dem wir entscheiden, welche Informationen über einen Gegenstand für uns bedeutsam sind. (Wenn wir etwa gebeten werden, eine Person zu beschreiben, kann es sein, daß wir uns an ihre Kleidung erinnern, nicht aber an die Augen- oder Haarfarbe, obwohl wir alles gesehen haben.)

Die Beobachtung läuft absichtlich oder unabsichtlich ab, bewußt oder unbewußt, und doch kann sie nicht in starre Kategorien eingeteilt werden. Wenn wir eine Speise kosten, haben wir eine Geschmacksempfindung, ob wir wollen oder nicht. Die Beobachtungsgabe läßt sich entwickeln, die Sinneswahrnehmungen nicht, sie nehmen mit den Jahren sogar ab. Wenn ein Musiker ein absolutes Gehör hat, ist das nicht damit gleichzusetzen, daß sich seine Ohren im Verlauf seiner Karriere vervollkommnet haben. Statt dessen hat sich die Verarbeitung der Töne durch das Gehirn verbessert, ist auf ein höheres Niveau gelangt; wir können das als »Tonerfassungsfähigkeit« bezeichnen.

Der dritte Bestandteil der Empfänglichkeit ist die Intuition. Hierzu zählen wir alle Fähigkeiten, die die Auffassungsgabe fördern, darüber hinaus aber die stofflichen Grenzen von Wahrnehmung und Beobachtung überschreiten. Oft sprechen wir von einer Ahnung oder Eingebung, und diese Bezeichnung weist auf eine gewisse Spontaneität hin. Doch hinter dieser Spontaneität verbergen sich Wahrnehmung und Beobachtung in einer noch unbekannten Form, in manchen Fällen eingefaßt in eine unbewußte Gedankenform. Wenn wir jemanden das erste Mal sehen und gleich sympathisch finden oder aber als Schuft abstempeln, obwohl sein Äußeres uns das genaue Gegenteil weismachen will, können wir nicht erklären, wie wir zu diesem Urteil gelangt sind – vielleicht stützt es sich auf eine frühere Beobachtung, bei der wir mehrere Charakterzüge im Unterbewußtsein mit bestimmten Menschentypen in Verbindung gebracht haben.

Es gibt unzählige intuitive Eigenschaften und sehr viele Offenbarungen: Tatsächlich wirkt in uns unablässig die Intuition, wenn wir uns z. B. »einfach so« oder »aus dem Bauch heraus« entscheiden. Eine gute Auffassungsgabe setzt immer eine außergewöhnlich hohe Intuition voraus.

Selbst wenn die Intuition auch aus unbewußten Gedanken besteht, geht sie trotzdem nicht einher mit den Denkfähigkeiten. Man kann feststellen, daß manchmal sehr »kluge« Menschen über wenig Intuition verfügen; Tiere hingegen sind sehr intuitiv, unabhängig von ihrem erkennbaren Intellekt. Für diesen Widerspruch kann ich keine genaue Erklärung liefern, aber ich gehe davon aus, daß bewußtes Denken eine erworbene Fähigkeit ist, während die Intuition eine Fähigkeit darstellt, die sich, ähnlich wie die Sinnesempfindungen bei einer reizarmen Umgebung, zurückbilden kann.

Die Empfänglichkeit im besonderen bedeutet, daß wir nicht alle gleich für Eindrücke aufnahmefähig sind. Eine Begründung hierfür finden wir zum einen in unseren ererbten Fähigkeiten (sinnesorganische und intuitive Gegebenheiten), andererseits in unserer Lebensweise und Aktivitäten: Da sich die Beobachtungsgabe entwickeln läßt, ist das so gesehen auch bei der Empfänglichkeit möglich.

Wahrnehmung

Wahrnehmung bezeichnet die Aufnahme von Zeichen in unserer Außenwelt über unsere (körperlichen) Sinne und deren Auswertung im Gehirn. Egal ob wir diese Zeichen bewußt deuten wollen, die Auswertung im Gehirn verschafft sich in erster Linie Informationen für unseren Körper (Organismus): Ist die augenblickliche Wirkung nützlich oder schädlich? Bei unangenehmen Reizen leitet der Organismus eine Abwehrreaktion ein. (Ein zu greller Lichtstrahl bewirkt das Schließen der Augenlider, ein schlechter Geschmack löst Übelkeit aus.) Wir sprechen über unsere fünf Sinne, aber in Wirklichkeit besitzen wir viel mehr. Die eigenständigen Sinnesorgane dienen zum Sehen, Hören, Riechen und Schmecken. Das Tasten bzw. Spüren erfolgt über verschiedene Rezeptoren, über die je nach Hauttyp Hitze, Kälte sowie Druck oder Schmerz ohne Rezeptor über freie Nervenendigungen empfunden werden können. (Die Haut hat dabei noch einige andere Funktionen). Noch nicht ganz erforscht sind der Bewegungssinn (Kinästhesie) und der Magnetsinn. Die hier behandelten Säugetiere verfügen über genau diese Wahrnehmungen und Sinnesorgane, die mit denen des Menschen vergleichbar sind. Noch erwähnt werden soll, daß wir in der Tierwelt auf noch weitere Beispiele stoßen, wie etwa die Seitenlinienorgane bei Fischen, die auf den Staudruck des Wassers reagieren und so über dessen Richtung und Fließgeschwindigkeit Auskunft geben.

In zahlreichen Untersuchungen wurden die verschiedenen Wahrnehmungen bei Tieren erforscht, doch immer noch sind viele weiße Flecken auf der Landkarte. Worauf man sich nach diversen Experimenten immerhin einigen konnte, sind die Grenzwerte des Hörens, der Frequenzbereich der hörbaren Töne:

Hund	20 bis 40.000 Hz
Katze	20 bis 60.000 Hz
Pferd	250 bis 35.000 Hz
Mensch	16 bis 20.000 Hz

Es ist nicht zu übersehen, daß der Hörbereich bei den Tieren wesentlich breiter ist als beim Menschen, jedenfalls was die hohen Frequenzen anbelangt. (Die angegebenen Zahlen sind nur Durchschnittswerte, im Einzelfall können die oberen Werte viel höher liegen.) Wir können uns sicherlich denken, daß alle Tiere überdies solche hohen Töne selbst von sich geben, die unser Gehör nicht mehr wahrnimmt. Die Empfindlichkeit des Gehörs hängt neben dem Frequenzbereich auch von der Hörschwelle ab, d.h. von der minimal wahrnehmbaren Tonintensität. Darüber gibt es wiederum nur Hinweise, daß sie niedriger ist als die des Menschen, Zahlenwerte sind bislang nicht verfügbar.

Das Ohr dient nicht nur als Sinnesorgan für die Schallaufnahme und -weiterleitung, sondern in ihm sitzt auch der Gleichgewichtssinn. In der Fachliteratur wird einstimmig die Katze als »Meister im Gleichgewicht« angesehen. (Die überaus talentierte Springerin und auf Bäume kletternde Katze ist nicht per Zufall aufs Siegertreppchen gelangt.) Man kann jedoch davon ausgehen, daß auch der Gleichgewichtssinn von Hund und Pferd wesentlich ausgeprägter ist als der des Menschen. Daß keinem der Tiere jemals schwindelig wird, wenn es in höchster Höhe oder auf schmalem Steg wandelt, ist eine andere Sache: Auftretende Schwindelgefühle sind oft auf seelische Ursachen zurückzuführen anstatt auf eine Fehlfunktion des Organs.

Über die optische Wahrnehmung liegen keine gesicherten Daten vor, ob die genannten Tiere beim sichtbaren Spektrum in etwa demselben Bereich wie wir Menschen liegen (380 - 700 Nanometer). Wahrscheinlich nicht, denn bei einigen Insekten oder Vogelarten ist genau das Gegenteil bewiesen worden. Selbstverständlich wissen wir, daß die beiden lichtwahrnehmenden Rezeptoren auf der Netzhaut ihrer Augen, Stäbchen und Zapfen, in einem anderen Verhältnis auftreten als beim Menschen. Die Zapfen gewährleisten das Sehen bei Tageslicht und das Farbsehen, ihre Anzahl ist bei Tieren wesentlich geringer. Die Stäbchen sind für das Sehen bei Dämmerung (und in der Nacht) verantwortlich (schwarz/weiß) und kommen beim Tier je nach Körpermaß in größerer Menge vor. Somit ist die Farbwahrnehmung der Tiere vielleicht schwächer – wenn dem so ist, sehen sie die Welt nur in Pastellfarben –, in der Dämmerung können sie jedoch verwischte Töne viel klarer und kontrastreicher sehen. Die Tiere sind natürlich nicht farbenblind, und es gilt auch nicht als bewiesen, daß sie die Farben in schwächeren Tönen sehen als wir. Kurzwellige Lichtstrahlen haben eine stärkere Energie, wenn also herauskäme, daß sie empfindlicher sind für einen Teil ultravioletter Strahlen, könnten sie mit weniger Zapfen strahlende Farben sehen, in unvorstellbaren Nuancen.

Beim Dämmerungssehen kommen den Tieren außer der hohen Anzahl an Stäbchen noch zwei andere Umstände zugute: Erstens besitzen sie hinter der Netzhaut ihres Auges eine reflektierende Schicht (Tapetum lucidum) und zweitens an beiden Gesichtshälften feine Tasthaare (beim Pferd um das Maul und die Nüstern herum, bei den Raubtieren auch über den Augen und an den unteren Vorderläufen), welche Luftbewegungen, Schwingungen, nach neuen Forschungen auch elektromagnetische Schwingungen, erfassen können.

Durch die andersartige Stellung ihrer Augen haben Tiere im Vergleich zum Menschen einen bedeutend erweiterten Sehradius, wobei die Raubtiere von den Pflanzenfressern weit übertroffen werden. Die Fähigkeit, weit entfernte Objekte zu erkennen, ist bei Tieren jedoch wenig entwickelt (bei Pflanzenfressern vielleicht nicht so sehr), jedenfalls nimmt der Hund über eine Entfernung von mehr als 20 Metern nur ein recht schemenhaftes Bild wahr. Eine Quelle besagt, daß er dann nicht einmal seinen Herrn erkennen würde, wenn Laute oder Gerüche ihm nicht dabei helfen würden, doch diese Annahme ist umstritten.

Der Biologe und Wolfsexperte L. David Mech beschreibt, daß Polarwölfe die Jungen einer farblich getarnten Hasenfamilie noch in etwa 500 Meter Entfernung *sehen* können.

Neben dem Hören und Sehen in der Dämmerung ist das Riechen oder Wittern eine weitere Stärke ihrer Sinnesorgane. Einst herrschte die Meinung vor, daß nur der Hund ein besonders gutes Witterungsorgan besitzen würde, heute wissen wir, daß fast alle höher entwickelten Tiere – angefangen bei den Insekten – über einen sehr ausgeprägten Geruchssinn verfügen. Die Empfindlichkeit ihrer Nase übertrifft die des Menschen um das Millionenfache, was im engen Zusammenhang damit steht, daß das Tier seine Informationen vorrangig über das Wittern erlangt. Dabei geht es nicht nur um die Entscheidung, ob eine Nahrung »eßbar« oder »giftig« ist, sondern um viel mehr: Pferd, Katze und Hund nehmen die Witterung von ihrem gerade eintreffenden Herrn auf, um zu ermitteln, wo er war und wem oder was er begegnet ist. Mit Hilfe der Witterung können sie das Alter (von Mensch und Tier), Geschlecht sowie dessen gute oder böse Absichten feststellen. Wenn wir ihnen etwas zeigen, informieren sie sich mit Hilfe des Geruchs über Stoff, Menge und Temperatur des Gegenstandes (auch die Tasthaare dienen der Wahrnehmung).

Eine feine Nase: Pferde wittern auf diese Weise fremdartige Gerüche aus großer Entfernung.

Einige Autoren behaupten, daß nicht jede Tierart alle Geruchsarten mit gleicher Genauigkeit unterscheiden kann. Für die Pferde ist der Duft von Gräsern und Kräutern wichtig, für den Hund weniger – das erscheint logisch, ist aber widersprüchlich, wenn wir die damit verbundenen Erfahrungen betrachten. Rau, der Spürhund aus dem obigen Buchzitat, konnte mit erstaunlicher Treffsicherheit einzelne Metallgegenstände voneinander unterscheiden. Außer der Uhrenmarke verriet ihm seine feine Nase, welcher Schlüssel zu welchem Schloß paßte, ob die Tür verschlossen war oder nicht, ob einmal oder zweimal abgeschlossen war und ob die Tür mit dem Schlüssel oder einem anderen Werkzeug geöffnet worden war usw. Dabei ist kaum vorstellbar, daß für einen Hund Metalle wichtiger als Pflanzen sein sollen! Und was ist mit dem Aufspüren von Rauschgiften durch Schweine? Rauschgifte sind chemisch hergestellte Drogen, deren Geruch einem Schwein in der Natur nicht begegnet (vielleicht bildet Marihuana eine Ausnahme). Eine Erklärung hierfür könnte sein, daß das Tier einem für ihn weniger interessanten Geruch kaum Bedeutung beimißt, andererseits gelangt diese raffinierte Fähigkeit, Gerüche zu erkennen, auf diesem Gebiet auf keine hohe Stufe oder bildet sich wieder zurück.

Durch den Einsatz bei der Spurensuche und Geruchserkennung hat der Mensch die Geruchsempfindlichkeit beim Tier (besonders dem Hund) sehr genau erkundet. Über die Geschmacksempfindlichkeit wissen wir jedoch sehr wenig. Aufgrund der Tatsache, daß unsere Tiere weder gewürzte Speisen mögen noch eine abwechslungsreiche Kost wünschen, sogar jeden Tag gern dasselbe Futter verzehren, meinen einige Leute, daß die Geschmackswahrnehmung bei ihnen nicht sehr entwickelt sei. Forschungen haben zwar noch nicht das Gegenteil bewiesen, aber ich würde trotzdem zu behaupten wagen, daß Tiere den Geschmack wahrscheinlich intensiver wahrnehmen als wir. Tierhalter können ein Lied davon singen, wie »mäkelig« eine Katze oder ein Pferd sein können. Tatsache ist, daß sie erst das Futter beschnuppern, und wenn sie den Geruch nicht mögen, erst gar nicht davon kosten. Es kommt auch häufig vor, daß die Tiere einen wohlriechenden Bissen ins Maul nehmen und dann angeekelt wieder ausspucken. (Ein Pferd kann zwar nicht spucken, aber mit der Zunge nicht ins Maul gehörende Bissen hinausbefördern.) Dieses Verhalten legten meine Katzen oft bei einem bestimmten Dosenfutter an den Tag und mein Pferd bei einigen Obst- und Gemüsesorten. Es läßt sich gut beobachten, wie Tiere bestimmte Gerüche genießen und bei Medikamenten die Nase rümpfen. Diese Erfahrungen deuten auf einen ausgeprägten Geruchsinn hin.

Den Tastsinn der Haut zur Informationsbeschaffung benutzen die Tiere ziemlich wenig. Sie ermitteln, wie hart oder weich, fest oder wackelig der Boden ist, auf den sie treten – dafür eignen sich nicht nur weiche Pfoten, sondern auch aus einer dicken Hornschicht bestehende Hufe. Die feineren Aufgaben (z. B. das Abtasten einer Form oder eines Stoffs) übernehmen die Tasthaare.

Beobachtung

Die Beobachtung besteht beim Menschen hauptsächlich aus der Aufarbeitung visuell gewonnener Informationen. Für Tiere ist das wegen ihrer unterschiedlichen Lebensweise nicht kennzeichnend. Ihre Fähigkeit, visuell Einzelheiten zu erfassen, ist geringer als bei uns, besonders bei den Pflanzenfressern – wie bereits erwähnt –, die eher den Blick in die Ferne schweifen lassen. Daraus dürfen wir aber nicht schlußfolgern, daß sie eine schwache Beobachtungsgabe hätten. Die Tiere sammeln sicher ebenso viele Informationen über einen Gegenstand mit Hilfe ihres Geruchs- und Tastsinns wie wir mit dem Sehen. Diese Informationen sind nur *anders*.

Für viele Beobachtungen ist die Fähigkeit, etwas mit den Augen detailliert zu erfassen, überflüssig, manchmal sogar auch das Sehen an sich. Laute, Gerüche oder andere Wahrnehmungen eignen sich zur Informationsaufnahme. Für unsere Tiere ist das Beobachten von großer Wichtigkeit, da sie sich auf andere Weise sehr wenig lebenswichtiges Wissen aneignen können – abgesehen vom Lernen der Jungen durch ihre Mutter. Sobald die Tiere auf sich selbst gestellt sind, müssen sie alles sehr genau beobachten: die Beschaffenheit ihrer Umwelt, Ereignisse, verschiedene Reaktionen von Lebewesen usw. Nicht anders verhalten sie sich, wenn sie beim Menschen aufwachsen; ihre Beobachtungsgabe ist fest in ihren Ursprüngen verwurzelt.

Es gibt zahlreiche Geschichten über besondere Beobachtungen der Tiere. Es ist geradezu sprichwörtlich geworden, daß *die Kuh ihr Kalb versteckt,* wenn sie zuvor beobachten mußte, daß die Menschen es ihr wegnahmen. Einem solchen Fall begegnen wir in einem der Bücher von James Herriot, dem englischen Tierarzt, auch in einem lateinamerikanischem Volkslied ist davon die Rede (*La vaca Mariposa*). In seinem Buch *Katzenführer* erwähnt János Szinák eine Katze, die beobachtete, wie Spatzen sich um Brotkrumen scharten und daher Brot als Lockmittel stibitzte. R. F. Leslie, der drei Schwarzbärenjunge aufzog, beschrieb, daß er die Bären lehrte, unter verschiedenen Geräuschen das Anpirschen von Raubtieren herauszuhören. Diese Art des Lernens von Dingen, die überlebenswichtig sind, geht zwangsläufig sehr schnell – aber um so erstaunlicher ist es, daß Tiere ebenso schnell Dinge erlernen, die sie keineswegs zu ihrer Erhaltung brauchen.

Meine Katze Cinci kam im Alter von einem Monat zu uns und kannte sich nach nur wenigen Tagen damit aus, wie ich das von ihren Krallen überall verteilte Katzenstreu mit dem Besen aufkehrte, zum Beweis fegte auch sie mit ihren Pfoten das Streu zu einem kleinen Haufen zusammen. Nach ein paar Wochen wußte sie schon, wozu die Türklinke diente, der Lichtschalter und der Wasserhahn. Diese Vorrichtungen benutzte sie auch, sobald sie körperlich dazu in der Lage war. Den Lichtschalter betätigte sie als erstes, vielleicht schon etwas eher als die Türklinke, die Tür konnte sie mit einem halben Jahr durch Heraufspringen öffnen. Seitdem mußten wir die Türen abschließen, damit sie uns nicht über Nacht weglief und sich in Gefahr brachte. Den Wasserhahn öffnete sie mit fünf bis sechs Jahren mit den Zähnen. Zudrehen konnte sie ihn natürlich nicht, deshalb fanden wir oft laufende Wasserhähne vor, wenn wir später nach Hause kamen. Cinci konnte nicht nur Wasserhähne öffnen und daraus trinken, sondern liebte es auch, mit dem Wasserstrahl zu spielen und herumzuspritzen.

Man kann schwer einschätzen, wie genau die Beobachtungen bei Tieren sind. Haufenweise Daten wollen beweisen, daß sich die Tiere niemals irren, wenn es darum geht, den Freund vom Feind zu unterscheiden und Eßbares von Giftigem. Sobald es dem Jungtier in der freien Natur einmal gezeigt wurde, irren sich Tiere bei den unterschiedlichen Gerüchen und Lauten niemals. Wir Menschen hingegen verwechseln schon einmal unseren flüchtigen Bekannten mit jemand anderem, was einem Hund selten passiert. Wenn wir einem Hund nur einmal zuvor begegnet sind (und zwar in seinem Welpenalter), kann es sein, daß er uns später nicht wiedererkennt, uns als Fremden ansieht. Es kommt aber bestimmt nicht vor, daß er *uns mit jemandem verwechselt*. Andererseits gibt es zahlreiche Möglichkeiten, wie wir ihn leicht *zum Narren halten* können. Jäger benutzen seit langem eine besondere Lockpfeife mit hohen Tönen, um das Wild vor die Flinte zu bekommen, und Bullen bespringen auf der Besamungsstation bereitwillig die künstliche »Kuh«. Wahrscheinlich fällt das Tier nicht darauf herein, weil seine Beobachtung schlecht ist. Der Ton oder Geruch lösen wahrscheinlich eine starke, intuitive Reaktion bei ihm aus, der das Tier nachgibt, *obwohl es weiß*, daß es sich um kein echtes Weibchen handelt.

Nach einer Krankheit oder in fortgeschrittenem Alter kann überdies die Wahrnehmungsgabe nachlassen, und das Tier irrt sich bei Dingen, die es sonst über Jahre mit Bestimmtheit wußte. Derartige Folgen können auch durch ein Trauma oder eine Krankheit entstehen, die das Gehirn oder die Psyche in Mitleidenschaft gezogen haben.

Intuition

Das Gebiet der Intuition läßt sich am besten mit dem »wilden, rauhen und dichten Wald« vergleichen, in den wir uns im Verlauf des Buches hineinwagen müssen. Wie Intuition abläuft und woraus sie im einzelnen besteht, ist bei weitem nicht geklärt, deshalb wollen wir ohne groß auszuholen alle Wahrnehmungen und geistigen Fähigkeiten dazuzählen, die nicht durch eine bewußte Sinneswahrnehmung und Beobachtung hervorgerufen werden.

Vertrauen

Unter dem Punkt über die Gefühle der Tiere habe ich bereits erwähnt, daß diese einigen Menschen intuitiv und augenblicklich Sympathie und Vertrauen oder Antipathie und Ablehnung entgegenbringen. Sicherlich trifft es zu, daß Erregung, Emotionen und Nervosität unseren Körpergeruch verändern können, das erklärt jedoch nicht alles. Dann müßten nämlich alle Tiere dasselbe für uns empfinden. Es gibt Menschen – und zu denen darf ich mich wohl zählen –, die den Tieren sympathisch sind, denen sie »fast bei allem« vertrauen. Ich bin aber auch schon an einen Hund geraten, der mich am liebsten und ohne zu zögern zerfetzt hätte. Auch ein Pferd ist mir untergekommen, das mich überhaupt nicht leiden konnte.

Telepathische Fähigkeiten

Oft hört man, daß unsere Haustiere unsere Gedanken lesen können. Am Beispiel meiner Katzen möchte ich verdeutlichen, wie zutreffend das ist. Immer wenn ich in die Küche gehe, um etwas Fleisch aus dem Kühlschrank zu holen, sind sie sofort zur Stelle und warten dort schon auf mich. Dabei geschieht es ganz unregelmäßig, ich gehe x-mal in die Küche, und sie nehmen davon keine Notiz. Jeder Hund und jede Katze weiß schon einige Minuten vorher, daß der Herr oder ein vertrauter Mensch gleich kommen wird – selbst dann, wenn der Zeitpunkt völlig unüblich ist. Wie empfindlich ihre Nasen und Ohren auch sein mögen, in einer von Auspuffgasen verpesteten Stadt kann man wohl kaum die Fährte eines Menschen aufnehmen. Mit einem ähnlichen Phänomen haben wir es zu tun, wenn Tiere spüren, daß wir krank, zerstreut oder nervös wegen eines Problems oder einer Prüfung sind, oder sie unseren Weggang vorausahnen.

Wahrnehmung von Gefahren

Tiere können Erdbeben, Vulkanausbrüche, und andere Naturkatastrophen vorausahnen, das ist allgemein bekannt. Ebenso können sie spüren, wenn daheim etwas nicht stimmt oder der Herr deshalb nicht kommt, weil er einen Unfall hatte. Das kann man wahrscheinlich den telepatischen Fähigkeiten zuschreiben. Das vorzeitige Erkennen von Naturkatastrophen – einen einfachen Sturm mitgerechnet – hat wahrscheinlich andere, noch unerforschte Ursachen (wie z. B. Magnetfelder, elektromagnetische Schwingungen oder Ionisierung der Luft).

Ich werde niemals den Tag vergessen, als ich mit meiner Freundin Ági Bianco ausritt. Es war im Juli, kurz nach Mittag, und die Sonne strahlte von einem blauen Himmel herab. Ich konnte nicht nachvollziehen, warum unsere Pferde Gorsia und Bandita, die sich über jeden Ausritt freuten und sonst ungeduldig darauf warteten, uns diesmal zu verstehen gaben: Gehen wir lieber nicht!

Wir ritten trotzdem los, als nach weniger als zehn Minuten ein Donnern zu hören war. Der eben noch blaue Himmel war plötzlich mit schwarzen Wolken bedeckt, und es begann zu regnen. Wir schenkten der Sache keine große Beachtung: Nur ein kleiner Sommerregen, das geht schon vorüber. Doch darauf konnten wir lange warten, der Regen strömte nur so herab und wollte nicht nachlassen. Schlag auf Schlag zuckten die Blitze, wir ritten regelrecht durch ein Blitzgewitter! Unsere Pferde hatten inzwischen resigniert und folgten geduldig unseren Anweisungen, so als wollten sie uns damit sagen, wie wenig Verstand wir doch hätten. Wir amüsierten uns über ihre Gemütsruhe, doch als der Starkregen über eine Stunde andauerte, machten wir uns doch lieber auf den Heimweg. Zwei Stunden lang waren wir bei diesem Unwetter draußen herumgeritten, einem Unwetter, von dem es am nächsten Tag im Radio hieß, daß es das schwerste seit dem letzten Jahrhundert gewesen war.

Ich möchte noch hinzufügen, daß die Tiere auch bei der längerfristigen Wettervorhersage unschlagbar sind. Der Zeitpunkt des Abhaarens, das Verdichten oder Ausdünnen des Fells, die Farbe und Qualität des neuen Fells – dies alles deutet darauf hin, wann die neue Jahreszeit beginnt, ob es warm oder kalt wird und während der Jahreszeit mit viel oder wenig Niederschlag zu rechnen ist. Das kann auf jeden Fall physikalisch gespürt werden, auch wenn wir das Phänomen nicht kennen.

Zeitempfinden

Die Tiere wissen, »wie spät es ist«, sonst würden sie uns nicht morgens, eine halbe Minute vor Weckerklingeln, wach machen. Sie würden nicht genau zur rechten Zeit am Futternapf erscheinen, sofern regelmäßig gefüttert wird. Für diese »innere Uhr« konnte noch keine genaue Erklärung geliefert werden, aber es finden bereits Forschungen statt, die sich mit den immer wiederkehrenden Lebensrhythmen befassen, die vielversprechend sind. Für diesen Rhythmus werden das Hormon- und Nervensystem sowie äußere Einflüsse wie Tag- und Nachtwechsel verantwortlich gemacht.

Orientierung

Seit Menschengedenken sind die unterschiedlichsten Legenden über die unglaubliche Orientierungsgabe der Tiere entstanden. Hunde, Katzen und Pferde finden gleichermaßen leicht von weit weg nach Hause, und es ist in vielen Fällen erwiesen, daß Länge und Richtung des bis dort zurückgelegten Weges nicht festgehalten werden muß. Sie finden selbst dann zurück, wenn wir sie mit verbundenen Augen oder schlafend irgendwohin transportieren, wo sie vorher noch nie gewesen sind. Das schwächt die These, wonach behauptet wird, das Magnetfeld der Erde bzw. die Stellung von Sonne und Mond seien die Anhaltspunkte zur Orientierung. Diese Möglichkeit besteht zwar, aber sie ist nicht die Hauptursache. Nicht jedes Tier kann sich nämlich so hervorragend orientieren! Von den zahllosen Hunden und Katzen, die in einer Großstadt verschwinden, werden nicht alle gestohlen; viele verlaufen sich einfach und finden den Heimweg nicht mehr. Es ist offensichtlich, daß in Gefangenschaft lebende Tiere, denen man keine Gelegenheit gibt, umherzustreichen, herumzulaufen und weitere Strecken zurückzulegen, sich wesentlich schlechter orientieren können. Daraus läßt sich schlußfolgern, daß diese Fähigkeit neben einem – heute noch unbekanntem – geistigen Hintergrund auch eine gewisse Erfahrung erfordert.

Spiritualität

Neben all diesen Fähigkeiten verfügen Tiere über eine ausgesprochene Feinsinnigkeit, die man als spirituell bezeichnen kann. Nicht umsonst galten die Katzen – eben wegen dieser besonderen Fähigkeiten – im alten Ägypten als heilig, genauso wie der Wolf bei den Indianern Nordamerikas. Esoteriker sehen auch heute noch in der Katze einen spirituellen Helfer, in besonderen Fällen auch

111

den Hund (als Abkömmling des Wolfes), da sie in der Lage sind, gute Energien abzugeben bzw. schlechte Energien zu reinigen oder umzuwandeln. Diese Tiere sind fähig, Kranke zu heilen, und zwar nicht nur deshalb, weil sie mit ihrer Gegenwart den Menschen aufmuntern, wie es oft erklärt wird.

Denkvermögen, bewußtes Handeln

Über den Lenker gebeugt, lehnte sich Henri (der Schimpanse) wunderbar in die Kurve. … Flink ging es die Straße entlang, wir überholten einen Mann mit Handwagen, schwenkten in die Gosse, um einem Hund auszuweichen, der mitten auf der Straße lag, und kamen mit elegantem Schwung wieder in die Gerade. … Monsieur Vallemin hatte zwar Henri so gut trainiert, daß er mit dem mörderischen Marseiller Verkehr mindestens so gut wie jeder menschliche Fahrer fertig wurde, und wahrscheinlich besser als die meisten französischen …

David Taylor: *Ein Herz für wilde Tiere – Erlebnisse eines Zoo-Tierarztes*

Grundlage des Denkens sind viele verschiedene geistige Fähigkeiten: Konzentration, Gedächtnis, Kombinationsgabe (das Erfassen von Zusammenhängen) sowie die Abstraktion (Vereinfachung). Es ist nicht zu übersehen, daß Tiere über all diese Fähigkeiten verfügen, obwohl sie natürlich nicht so ausgeprägt sind wie beim Menschen. Besonders in der Abstraktion und der Gedächtnisleistung stehen die Tiere hinter uns zurück, weil ihnen z. B. die vielen Arten des Erkennens schwerfallen. Es steckt schon ein Körnchen Wahrheit darin, den Verstand des Tieres mit dem eines Kindes zu vergleichen. Tiere sind trotzdem nicht mit ihnen gleichauf, allein wegen der vielen Möglichkeiten der Verständigung. Einem vier- bis fünfjährigen Kind können wir zumindest vereinfacht erklären, was radioaktive Isotope sind – einem Hund jedoch nicht. Wenn wir fähig dazu wären, mit dem Hund ebenso zu kommunizieren wie mit dem Kind, würde uns das vermutlich gelingen.

Viele bezweifeln die intellektuellen Fähigkeiten der Tiere, weil diese sich keine Gedanken machen, ihr Leben nicht durchorganisieren und keine Zukunftspläne schmieden. Zukunftsplanung und auch andere Spielarten geistiger Betätigung sind ein Ergebnis der Zivilisation. Wenn wir es genauer betrachten, hängt unsere Zukunftsplanung vorwiegend mit der Spezialisierung der Lebensweise zusammen, die die Zivilisation hervorgebracht hat, nämlich mit solchen Begriffen wie Schulbildung, Berufswahl, Anhäufung von Besitz und Karriere. Natürlich hat all das im Leben eines Tieres keinen Stellenwert. Wir können aber auch nicht behaupten, daß Tiere überhaupt nicht planen, beispielsweise bereiten sie sich auf den Winter vor – sie suchen oder errichten sich einen Zufluchtsort und Ruheplatz, sammeln Wintervorräte usw. Auch für Familienplanung gibt es viele Beispiele, eine »Geburtenkontrolle« erfolgt hingegen spontan, wenn die geborenen Nachkommen die Populationsdichte zu sehr erhöhen. Bei der Verhaltensforschung an Wölfen haben Wissenschaftler festgestellt, daß die geschlechtsreifen Jungwölfe so lange bei ihren Eltern bleiben (ein bis fünf Jahre lang), wie ihr Territorium die ganze Familie ernähren kann. In dieser Zeit nehmen sie aktiv am Rudelleben teil, helfen bei der Jagd und der Aufzucht der neuen Welpen. Sie suchen sich erst dann einen Partner und ein eigenes Jagdrevier, wenn durch die vorhandenen Jagdmöglichkeiten ihr Nahrungsbedarf nicht mehr gedeckt ist oder sie ihre untergeordnete Rangstellung nicht mehr hinnehmen wollen. Dieses Verhalten kann aber keinesfalls spontan oder instinktiv genannt werden.

Was das Nachdenken betrifft, können wir nicht mit Gewißheit behaupten, daß es den Tieren fremd ist. Sie denken sicher nicht über den Sinn des Lebens nach, die Weltentstehung oder Ursachen des Zweiten Weltkrieges. Dennoch *wissen wir nicht*, was ihnen wirklich im Kopf herumgeht, natürlich im Rahmen ihrer Gedankenwelt.

Der früheren und auch modernen Literatur entnehmen wir, daß die Denkfähigkeit der Tiere nicht aus religiösen oder anderen Gründen abgestritten wurde, sondern ganz einfach deshalb, weil die Beobachter Instinkte und bewußtes Handeln nicht voneinander trennten. Viele Reaktionen der Tiere sind instinktiv, ihre Verhaltensweise können wir ruhig als »vorprogrammiert« betrachten – *doch nicht jedes Verhalten läuft nach einem festem Muster ab!*

Ein Wildtier würde im Wald bereits an einem Tag umkommen, wenn es die sich verändernden Lebensumstände nicht beobachten, durchschauen und abschätzen könnte, um sich dementsprechend zu entscheiden. Das entspricht einem Denkvorgang. Im Umfeld des Menschen beweisen viele Tierarten überraschende geistige Fähigkeiten, von denen wir bisher nichts ahnten und auf die wir auch nicht geachtet haben.

Ein gutes Beispiel hierfür ist die Katze, die lange Zeit als dummes Tier galt, da sie sich stets weigerte, die Befehle des Menschen zu befolgen. Vor einigen Jahrzehnten wurde der Gorilla noch als blutrünstiges Waldungeheuer angesehen, während heute die Wissenschaft weiß, daß sein Gehirn dem des Menschen am nächsten kommt. Für diese Erkenntnis war eine junge, mutige Forscherin nötig, Dian Fossey, die sich jahrelang in die Berge von Ostafrika zurückzog, um Beobachtungen darüber zu sammeln. Um 1970 brachte die Psychologin Dr. Francine Patterson der fünfjährigen Gorilladame Koko die Taubstummensprache bei. Später stellte sie im Labor einen Sprachsynthetisator für das Tier her, der die Handbewegungen in Sprachklänge umwandelte. Koko »sprach« wie berichtet 21 Jahre lang mit den Menschen – dann verstummte sie plötzlich und teilte sich nie wieder mit. (Die Forscher und der Stab um sie herum, der auch später einen Abenteuerfilm über sie drehte, erklärten gegenüber der Öffentlichkeit, daß Koko sich so verhalte, weil sie »Mutter werden wolle«. Meiner Ansicht nach muß bei der Zusammenarbeit eher ein Fehler auf menschlicher Seite aufgetreten sein.)

David Taylor, der »Zoo-Tierarzt« beschreibt, daß ein Schimpanse in Marseille Motorrad fahren konnte, daß er die Maschine sicher lenkte, die Straßenverkehrsordnung beherrschte und daß er schnell und richtig Verkehrssituationen erfaßte. Daher erhielt er von der Polizeibehörde einen amtlichen Führerschein, mit dem er in der großen und verkehrsreichen Hafenstadt Motorrad fahren durfte. Daß er sich auch noch gut auskannte, muß gar nicht erst erwähnt werden. Der Führerschein klingt ein bißchen wie Sensationsgeheische, wirklich glaubhaft erscheint nur der Teil der Geschichte, daß der Schimpanse ein guter Motorradfahrer war.

Nach früheren Berichten brachte eine Psychologin der New Yorker Universität einigen Kapuzineräffchen Krankenpflege bei. Die Tiere versahen ihre Aufgabe jahrelang ohne Probleme. Hinter diesem Verhalten steckt die Tatsache, daß viele Tierarten bereit sind, mit Werkzeugen umzugehen, soweit es ihr Körperbau zuläßt. Die Kapuzineraffen benutzen auch in der Natur zahlreiche Hilfsmittel. Mir scheint es etwas übertrieben, daß diese »Krankenschwestern« Essen zubereiteten, Staub saugten oder den Kranken Medizin gaben, daß sie den Plattenspieler, die Mikrowelle und andere technische Geräte bedient haben sollen. Jedenfalls wurde diese Aussage bis jetzt weder bestätigt noch widerlegt. Nach dem heutigen Wissenstand stehen Wale und Affen – als höhere Säugetiere – auf der höchsten geistigen Stufe in der Tierwelt, daher sind sie zu »Höchstleistungen« fähig. Trotzdem sollte man auch andere Tierarten nicht unterschätzen.

Esel, die irrtümlich als dumm oder störrisch angesehen wurden, werden heutzutage genau wie Pferde bei der Behandlung von körperlich und geistig behinderten Kindern eingesetzt. Vor einigen Jahrzehnten wurden die Mediziner darauf aufmerksam, daß die Tierpflege Kommunikationsprobleme lindert und Reiten in großem Maße die Bewegungskoordination verbessert. Seitdem ist therapeutisches Reiten als Teil des Rehabilitationsprogramms weit verbreitet, und mancherorts hat sich gezeigt, daß ein Esel viel geduldiger und zuvorkommender mit dem kranken Kind umgeht. Wenn ein Kind die vorgeschriebenen

Bewegungen auf dem Rücken des Tieres nicht ausführen kann, verstehen die Tiere das grundsätzlich und helfen bei der Lösung des Problems: Sie nehmen entweder die erforderliche Stellung ein oder nehmen ihnen aufgehängte Gegenstände mit dem Maul ab.

In der heutigen Zeit treten besonders viele Tiere in Spiel- oder Werbefilmen auf. Die Tiertrainer entdecken fortwährend neue »Talente« unter den vierbeinigen Darstellern (vorwiegend Hund, Katze und Pferd), die sich nicht nur durch eine rasche Auffassungsgabe und ein gutes Gedächtnis hervortun, sondern auch bei der Erfüllung von kniffligen Aufgaben eine beachtenswerte Intelligenz erkennen lassen (sofern der Filmemacher alles mit einem guten Blickwinkel und geschicktem Filmschnitt verbindet).

Die Tiere müssen sich auch darin auszeichnen, daß sie Verständnis für die Unannehmlichkeiten eines Drehtages haben und Dinge wie Lärm, Unruhe und Scheinwerferlicht über sich ergehen lassen, was für ein Haustier eine beachtliche seelische Leistung ist. Noch beachtlicher ist es, daß auch einige Wildtiere zu ähnlichen Aufgaben fähig sind. Bart, der wunderschöne und gewaltige Kodiakbär, hat im Verlauf seines Lebens in allein 14 Filmen mitgespielt, und bei den meisten seiner Auftritte mußte er Menschen angreifen. Dabei ist kein einziges Mal ein Unfall passiert, aber die Darbietungen wirkten trotzdem echt. Die englische Dompteurin Ann Head drehte vor Jahren einen kurzen Werbefilm, bei dem sie Ratten abrichtete, die in einem Geschäft »stehlen« sollten. Egal

Gelehrige Ratten als Werbestars beim »Ladendiebstahl«

116

welche Tricks und kunstvolle Schnittfolgen später auch eingesetzt wurden, die Ratten spielten ihre Rolle jedenfalls mit einer solchen Geschicklichkeit, indem sie die kleinen Gegenstände, die eng nebeneinander im Regal standen, hin und her rückten, daß sie den Sinn der Aufgabe verstanden haben mußten. Diese kurze Szene war ein wahrer Genuß.

Bis vor kurzem hatte man keine Vorstellung von den geistigen Fähigkeiten der Schweine, bis man darauf kam, daß sie ähnlich wie Hunde zum Aufspüren von Rauschgift fähig sind. Bei dieser Aufgabe ist nicht nur ein guter Geruchsinn erforderlich! Mittlerweile spricht man davon, daß die Intelligenz der Schweine annähernd so hoch ist wie die der Hunde. Daß diese Erkenntnis so spät kommt, ist schwer nachvollziehbar, denn schließlich lebt das Schwein schon seit mehreren Jahrtausenden in der Nähe des Menschen – so viele Jahre lang waren wir also blind für ihre Fähigkeiten und haben sie nur als »Nahrungsmittel« betrachtet. Und das ist noch gar nicht alles. Über den Wal wissen wir immer noch sehr wenig, aber zumindest, daß er über eine sehr ausgeprägte Kommunikationsgabe und hohe Intelligenz verfügt, die vielleicht die Fähigkeiten der normalen Säugetiere sogar noch überragt. Die Welt der Wale ist für uns noch außergewöhnlicher als die der Landsäugetiere – was mögen diese Meeresbewohner wohl denken, die keine Chance haben, »von den Bäumen herunterzuklettern«?

Worauf man bei der Pflege und Heilung achten muß

Ich sah zu Naumann hinüber, sein Gesicht war nur wenige Zentimeter von den gekrümmten Fangzähnen der Katze entfernt. Ein Schlag mit der linken Vorderpratze, und seine Brust wäre zerfetzt. Mit zusammengebissenen Zähnen bedeutete ich ihm, daß ich jetzt einstechen würde. »Nur los damit«, sagte er wieder. »Er versteht schon, daß wir ihn nicht ärgern wollen.«

David Taylor: *Ein Herz für wilde Tiere*

Bei oberflächlicher Betrachtung könnten wir annehmen, daß das oben genannte Zitat nicht viel mit einer geistigen Verbindung zu den Tieren zu tun hat, schließlich befriedigen wir nur ihre körperlichen Bedürfnisse. Allerdings hängt der Körper eng mit der Seele und immer auch mit dem Geist zusammen: Alles was mit dem Körper geschieht, wirkt sich auch auf Seele und Geist aus, und umgekehrt. Folglich müssen wir unsere Pflege- und Heilarbeit so vornehmen, daß wir zum einen den geistigen Kontakt zum Tier verbessern und zum anderen es ihm körperlich an nichts fehlen lassen, was sonst seinem Geist schaden könnte.

Unter der Verbesserung des geistigen Kontaktes ist zu verstehen, daß wir den zuvor genannten Grundsätzen nicht zuwiderhandeln, sondern die Pflege des Tieres in diesem Sinne ausführen. Wie können wir von einem Pferd erwarten, daß es sich von uns zum Springen dressieren läßt, wenn wir ihm bereits im Stall in die Seite stoßen, damit es Platz macht?

Andererseits ist es für die Dressur nützlich, daß wir im Vorwege – wenn wir mit der Dressur noch gar nicht begonnen haben, sondern das Tier nur versorgen – mit ihm die Grundlagen für einen gedanklichen Kontakt schaffen. Es wird sich nicht fürchten oder vor irgend etwas zurückschrecken. Es wird uns und unsere Worte besser verstehen. Letztlich werden auch wir das Tier besser verstehen, seine Bewegungen, seine Laute und seine persönliche Mitteilungsweise. Meinem Pferd Gorsia konnte ich in wenigen Minuten beibringen, ein paar Schritte rückwärts zu gehen, weil er nämlich das Wort »Zurück« schon viele Male zuvor aus meinem Mund gehört hatte. Während seiner Pflege – wenn er aus dem Stall geführt wurde und ein Tor geöffnet werden mußte – habe ich den Ausdruck oft gebraucht. Zu Anfang habe ich meine Hand auf seine Brust gelegt und das Wort mehrmals wiederholt, und sobald das Tier verstanden hatte, ohne Berührung. Die wenigen Minuten beim Erlernen des Rückwärtsgehens waren nötig, damit das Tier erfassen konnte: Im Sattel bedeutet die Hilfengebung eben das, was mit dem Wort »Zurück« gemeint ist. (In diesem Zusammenhang kann man im Fachblatt der British Horse Society nachlesen, daß es viel leichter ist, das Pferd ans Beiseitegehen zu gewöhnen, wenn wir es schon im Stall andauernd sagen.)

Der Hinweis, daß es dem Tier körperlich an nichts fehlen darf, was seinem Geist schaden könnte, bezieht sich auf alles. Egal welches Problem vorliegt, es wird sein Wohlbefinden und seine Laune beeinträchtigen und auch die Bereitschaft, mit uns zu arbeiten, sowie seine Konzentrationsfähigkeit. Das Lernen ist für das Tier eine *geistige Tätigkeit,* auch dann, wenn es springen lernt. Auch wir Menschen tun uns schwer dabei, geistig zu arbeiten, wenn wir Kopfschmerzen haben, uns etwas juckt oder wir hungrig sind.

Versorgung

Es ist wichtig, daß die Tiere ausreichend gutes Futter erhalten. Wie bereits erwähnt, genügt Hunde- und Katzenfutter aus der Dose nicht, um den für Raubtiere lebensnotwendigen Bedarf an Frischfleisch zu decken. Knochen, Sehnen sowie Innereien kann man übrigens günstig beim Fleischer erstehen, und selbst wenn wir durch die Lagerung etwas mehr Aufwand haben, werden es uns die Tiere mit bester Gesundheit danken. Natürlich muß auch zugefüttert werden (in der Natur besteht die Nahrung auch nicht nur aus Fleisch), aber rohes Fleisch muß eben grundsätzlich auf dem Speiseplan stehen. Die Stimmung unserer so ernährten Tiere ist nicht nur besser, weil sie nun gesünder sind. Ein Brocken Fleisch oder Leber für die Katze, ein saftiger Knochen für den Hund sind mehr als einfach nur Futter; sie sind gleichzeitig eine Art Beute, die man mit sich herumschleifen und zerfetzen kann – und das brauchen die Tiere.

Das Futter für Pflanzenfresser ist grundsätzlich roh, doch sollten wir bemüht sein, es in frischer Form zu geben. Im Winter ist das Weiden natürlich schwierig, doch viele Halter speisen ihre Tiere auch im Herbst und Frühjahr mit trockenem Heu ab, anstatt ihnen grünes Gras zu mähen oder die Tiere auf die Weide zu lassen. Das ist ein Fehler und außerdem kostspielig, denn Gras gibt es überall umsonst am Rand von Wegen und Wiesen. (Wie oft habe ich um Gärten oder Gehöfte herum den Grünstreifen gemäht, und die Besitzer freuten sich, weil sie das lästige »Unkraut« los waren). Der Nährwert von frischem Gras gegenüber Heu ist in demselben Maße größer wie ein Stück rohes Fleisch gegenüber Dosenkost. Es sollte jedoch bedacht werden, daß Frischfutter einen viel höheren Wassergehalt hat und deshalb auch mehr davon benötigt wird. Vielerorts gibt man den Pferden neben Kraftfutter auch noch Heu und läßt sie danach für einige Stunden auf die Weide, was sinnvoll ist. Für die Pflanzenfresser stellt das Weiden (neben der »Beute«) nicht nur Nahrung dar, sondern Auslauf im Freien, was außerdem das seelische Wohlbefinden steigert. Ein zufriedenes, glückliches und ausgeglichenes Tier ist besonders lernbereit und aufnahmefähig.

Ausreichend Futter bedeutet nicht unbedingt, daß wir einem Tier immer die gleiche Ration geben sollen. Die jeweilige Futtermenge bemißt sich am Körpergewicht und Lebensalter, denn ein Jungtier, das im Wachstum begriffen ist, oder ein stillendes Muttertier brauchen mehr als ein Tier, das eben von einer Krankheit genesen ist. Auch ein lebhaftes Tier oder eines, das mehr Leistung oder anspruchsvollere Aufgaben erbringen soll, braucht mehr Energie, die in Form von Nahrung zugeführt werden muß.

Wenn wir mit dem Tier während der Futtergabe geistige Verbindung aufnehmen, werden wir bald seine Zeichen verstehen und erkennen, ob es damit zufrieden ist. Ein Tier, das regelmäßig und ausreichend gefüttert wird, nimmt immer nur so viel Nahrung zu sich, wie es nötig hat, niemals zu viel. Übergewicht entsteht oft durch eine unzureichende und unregelmäßige Ernährung, wodurch der Stoffwechsel aus dem Gleichgewicht gerät und ein ständiges Hungergefühl ausgelöst wird. Übergewicht ist genauso gesundheitsgefährdend wie Untergewicht.

Ich halte es nicht gerade für nachahmenswert, daß einige Tierhalter einmal pro Woche einen »Fastentag« für ihre Tiere einlegen – angeblich deshalb, weil das Raubtier ja in Freiheit auch nicht jeden Tag Beute macht. So betrachtet, ist es sicherlich nicht schädlich, wenn die Tiere an einem Wochentag nichts zu fressen bekommen, trotzdem ist die Schlußfolgerung falsch, daß wir die Lebensweise in der Natur nachahmen müssen. Ein gesundes Raubtier läßt sowieso ab und zu eine Mahlzeit aus – die Wahl des Zeitpunkts können wir also getrost ihm überlassen.

Unumgänglich ist es jedoch, daß die Tiere reichlich Trinkwasser erhalten und möglichst immer freien Zugang dazu haben. In den warmen Sommermonaten trinken die Tiere besonders viel und um so mehr, wenn sie sich viel bewegen. *Ein Tier dursten zu lassen, ist grausam.* Wir dürfen nicht dem Irrglauben erliegen, daß es reicht, wenn wir dem Tier eben später nach unserer Rückkehr Wasser geben und es schon durchhält! Ein Hund kann Durst viel schlechter aushalten als wir. So oft bin ich während eines Ausflugs in ein Café gegangen und habe um etwas Wasser für mein Pferd oder meinen Hund gebeten, und kein einziges Mal erntete ich böse Blicke, sondern immer nur Verständnis. Auf Bergtouren sind mir manchmal Wanderer begegnet, die während des Gehens ihren Rucksack öffneten, einen Wassernapf herausnahmen und ihrem Hund zu trinken anboten. Wenn das nur jeder Tierhalter so machen würde!

Der Wasserbedarf bei Tieren schwankt ebenso wie der Futterbedarf. Wenn wir im Stall die Pferde mit einem Eimer tränken, kann es sein, daß einem Tier ein halber Eimer Wasser genügt, während ein anderes Tier mehr als zwei braucht. Im Sommer ist dreimal Tränken pro Tag einfach zu wenig, den Tieren muß öfter Wasser angeboten werden. Noch einfacher ist folgende Methode: Ich bin schon in vielen Pferdeställen gewesen und konnte feststellen, daß die Tiere schnell begriffen, daß sie sich auf mich verlassen konnten. Die »Extraportion« Wasser habe ich überall nach kurzer Zeit so eingeführt, daß ich mich in die Mitte des Stalles stellte und fragte: »Wer möchte noch Wasser?« Die Pferde, die Durst hatten, blickten mich an und wieherten. Ich mußte keinen einzigen Wassereimer umsonst schleppen, das hat mir die Arbeit bei 30 bis 40 Pferden erheblich erleichtert und beschleunigt, und trotzdem brauchte keines von ihnen dursten. Sicher kommen heutzutage auch schon Selbsttränken in den Ställen zum Einsatz, aber die Annahme, daß wir deshalb den Wasserbedarf der Pferde nicht überwachen müßten, ist falsch. Die Tränke könnte nämlich defekt sein oder aus einem unerfindlichen Grund abgeschaltet werden, und wenn uns das entgeht, würde das schlimme Folgen haben.

Pflege

Die Pflege des Tieres dient dem Erhalt seiner Gesundheit, während mangelnde Pflege oder falsch durchgeführte Pflege sein Wohlbefinden oder bei dauerhafter Schädigung sogar sein Wesen beeinträchtigen können.

Das Fell von Katzen und Hunden muß übrigens nicht ständig gebürstet werden, schließlich lecken sie es sauber. Aber während des Fellwechsels und generell bei langhaarigen Tieren ist unsere Hilfe nötig, vor allem, wenn sie das abgeleckte und geschluckte Fell erbrechen. Es ist auch in unserem Interesse, wenn wir den haarenden Hausgenossen öfter bürsten, damit nicht überall die losen Haare herumliegen. Achten wir bitte darauf, daß die Bürste nicht zu hart ist, da sonst die Haut verletzt werden kann oder es dem Tier lästig wird und es sich in Zukunft gegen das eigentlich angenehme Bürsten sträubt.

Gähnen bedeutet beim Pferd Entspannung und Genuß.

Pferde sollte man einmal, besser noch zweimal täglich striegeln – am besten morgens und abends. Auch das Reinigen der Hufe darf nicht vergessen werden, manchmal müssen sie auch eingefettet werden. Wenn wir das Stroh regelmäßig ausmisten, muß nur noch der Staub von den Hufen abgewischt werden, das sind nur ein paar Handgriffe.

Gewaschen werden darf das Tier nur bei warmem Wetter und dann nur mit hautschonendem Shampoo, auch einfach klares Wasser genügt, lauwarm oder kalt. Hunde und Katzen werden nur dann gebadet, wenn sie aus irgendeinem Grund wirklich schmutzig sind.

Achten wir auch darauf, daß der Raum, in dem sich das Tier aufhält, sauber ist. Einen stinkenden Schlafplatz oder schmutziges Stroh mögen die Tiere ebensowenig wie wir! (Eine andere Sache ist es, daß eine Decke, die nach Hund stinkt, für den Hund angenehm riecht.) Kot oder Mist entfernen wir nicht nur aus ästhetischen Gründen, er birgt eine Infektionsgefahr. In einer verdreckten Einstreu können die Hufe der Pferde faulen, und der im Stall entstehende Ammoniakgestank beeinträchtigt nicht nur ihr Wohlbefinden, sondern belastet auch ihre Atemwege.

Sehr wichtig bei Pferden ist die regelmäßige Pflege und das Ausschneiden der Hufe (etwa alle sechs Wochen). Diese Aufgabe überlassen wir lieber einem Fachmann, denn eine falsche Hufpflege kann nicht nur Laufstörungen und damit Unfallgefahr mit sich bringen, sondern auch über lange Zeit zu Rissen im Huf oder Mißbildungen des Bewegungsapparates führen.

Wenn Hunde sich nicht genügend bewegen, können ihre Krallen ebenfalls zu lang werden und müssen geschnitten werden. Für Katzenkrallen gilt das jedoch nicht! Diese sind nämlich völlig anders aufgebaut, im Inneren der gesamten Kralle befinden sich Nerven und Blutgefäße und die abgestorbene Hornschicht fällt zuweilen von selbst ab. Es stimmt zwar, daß das scharfe Ende der Kralle nicht mehr lebt, daher kann es fachgerecht geklippt werden, ohne daß es dem Tier Schmerzen bereitet. Verstümmeln Sie die Katze jedoch nicht, denn wenn Sie nur ein bißchen Ehrgefühl im Leibe haben, tun Sie nichts, wodurch das Tier später unfähig wird, normal weiterzuleben.

Auch mit dem Fell muß man behutsam umgehen. Das Fell der Tiere ist keine Verzierung, und wenn wir es abschneiden, können wir damit Schaden anrichten. Das Fell von Hund und Katze spielt eine wichtige Rolle beim Wärmehaushalt des Organismus, deshalb erkälten sich geschorene Hunde schnell, man muß ihnen etwas überziehen (was ein schrecklicher Anblick ist, wenn wir ganz ehrlich sind). Mancherorts werden auch die Pferde geschoren, was ebenfalls Probleme mit sich bringt, aber sicher ist, daß die aufwendige Fellpflege entfällt.

Die Mähne und den Schweif des Pferdes auf eine Länge zu bringen, ist kein Fehler, die Haare abzuschneiden hingegen schon. Dem Pferd wird die Möglichkeit genommen, Fliegen, Bremsen und andere Parasiten zu verscheuchen. Blutsauger quälen die Pferde und bereiten ihnen Schmerzen, sie können sogar Krankheiten übertragen. Das Abschneiden der Haare, um der »Schönheit« willen, entspringt nur einer Laune des Menschen und darf nicht über die Gesundheit der Tiere gestellt werden.

Auf keinen Fall dürfen die Tasthaare um Maul und Nüstern des Tieres und an den Beinen gestutzt werden. Diese Tasthaare sind Sinnesorgane, ihr Fehlen kann zu Wahrnehmungs- und Gleichgewichtstörungen führen. Die Annahme ist falsch, daß die Haare an den Fesseln der Pferde zu Mauke führen; Beine und Hufe brauchen einfach nur abgewaschen werden, wenn sie schmutzig sind, und die Haare müssen dort bleiben, wo sie sind.

Heilung

Die Gesundheit unserer Tiere zu erhalten, ist eine Aufgabe, die nicht nur dem Tierarzt anvertraut werden muß, ein erfahrener Tierhalter kann sie ebenso übernehmen. Dazu gehört zum Beispiel Zecken entfernen, Wunden desinfizieren und versorgen, einen Verband anlegen, den Darm entwurmen sowie Durchfall und Verstopfung behandeln. In diesem Zusammenhang sollten wir uns von dem Grundsatz leiten lassen, daß selbst die kleinsten Beschwerden, auch wenn sie unbedeutend erscheinen, sofort behandelt werden müssen. Nur so kann man ernsthaften Problemen vorbeugen. Sollten wir keine Erfahrung bei den oben genannten Fällen haben, bitten wir den Tierarzt um Medikamente – oder ggf. zusätzlich um eine Untersuchung – und befolgen genau seine Anweisungen.

Das Problem besteht gar nicht einmal darin, daß wir die richtige Heilmethode nicht kennen, sondern daß wir nicht wissen, wie wir mit dem erschrockenen und argwöhnischen Tier umgehen sollen, das sich mit Zähnen, Krallen oder Hufen gegen die Behandlung wehrt oder zu fliehen versucht. Also, in diesem Fall ist die hohe Form der Verständigung gefordert, die auf Liebe und Verständnis beruht – die geistige Verbindung. Wenn diese vorhanden ist, haben wir keinerlei Schwierigkeiten, und alles geht sehr leicht. Im Buch von David Taylor, dessen Zitat am Anfang dieses Kapitels steht, berichtet er von einem kranken Tiger, dem seine Verletzung so sehr zu schaffen machte, daß eine Untersuchung im Käfig fast unmöglich schien. Der Dompteur des deutschen Zirkus ging zu seinem Tiger, umfaßte seinen Kopf und *sprach besänftigend auf ihn ein.* Der Tiger duldete dann ohne das leiseste Zucken die Untersuchung und Behandlung mit der Spritze.

Bei einem Ausritt zog sich Gorsia eine Verletzung an der Hinterhand zu. In seiner Fesselbeuge hatte ein scharfer Gegenstand eine tiefe Wunde geschnitten. Das mußte so schmerzhaft sein, daß er ein paar Tage lang den Fuß nicht einmal auf dem Boden absetzen oder ausschlagen konnte. Seine Wunde heilte nur langsam, da sie sich durch die ungünstige Lage am Fuß immer wieder neu entzündete und ständig behandelt werden mußte.

Nach zwei, drei Tagen weigerte sich mein Pferd immer energischer gegen das scharfe Desinfektionsmittel und schlug in alle Himmelsrichtungen wie ein Donnerhagel aus – doch mich trafen seine Hufe nie! Für mich war die Behandlung zwar ungefährlich, aber sehr zeitraubend. An einem Tag passierte dann etwas Seltsames: Die Wunde trat – wie Wunden es so tun – plötzlich in die Phase der Heilung über. Auf einmal ließen die Schmerzen nach – das konnte ich daran erkennen, daß das Pferd bei meinem Erscheinen ruhig blieb. Während der Behandlung begann das übliche Hin und Her. Doch als ich damit fertig war, hob Gorsia in verdrehter Haltung sein Bein bis zu seinem Kopf hoch und beschnupperte es gründlich. Von nun an schlug er nie wieder aus, egal was ich mit ihm anstellte.

Das obengenannte Beispiel zeigt ganz deutlich, was Vertrauen und Verständnis in so einer Situation ausmachen: Dem Tier ist bewußt, daß wir ihm helfen wollen, wenn wir ihm auch ein paar Unannehmlichkeiten nicht ersparen können. Solange wir aber noch keine derartigen Erfahrungen miteinander gemacht haben, wird das Tier zunächst protestieren und zwar nicht nur, wenn wir die schmerzende Stelle berühren, sondern auch wenn wir in Nase, Mund oder After hineinfassen. Solche Aktionen sind für das Tier fremd und unnatürlich. Fiebermessen tut ihm nicht weh, und trotzdem sträubt es sich dagegen, wenn es zum ersten Mal damit belästigt wird. Ich habe oft bei Hunden, Katzen und Pferden Fieber gemessen, denen das Thermometer noch unbekannt war. Auch Pferde zappeln am Anfang unruhig herum und kneifen ihren After zusammen, daß es nicht gerade einfach ist, dieses winzige Thermometer dort einzuführen. Doch wenn wir ausdauernd sind und mit sanften und beruhigenden Worten liebevoll auf das Tier einreden, geht es ganz schnell. Wir dürfen die Geduld nicht verlieren und niemals rabiat werden, aber Aufgeben ist auch keine Lösung oder der Gedanke »Das kann schließlich auch jemand anderes machen.« Wenn es doch um unser eigenes Tier geht, wem sollte es denn am meisten vertrauen, wenn nicht uns?

Bei einem guten Verhältnis zum Tier und vor allem, wenn wir schon früher seine Beschwerden lindern konnten, wird es von sich aus zu uns kommen, uns den schmerzenden Körperteil zeigen und um Hilfe bitten. Es kann auch passieren, daß sich ein Tier hilfesuchend an uns wendet, obwohl es keine Erfahrungen in dieser Hinsicht hat.

Früher kam ich öfter an einem Gebiet am Stadtrand vorbei, wo auf einem verwilderten Grundstück fünf Katzen mit ihren Jungen lebten. Die Katzen waren herrenlos, aber das Gelände bot ihnen genügend Platz zum Leben. Allerdings nutzten sie häufig den Lagerraum in den anliegenden Ställen als Jagdrevier, denn dort gab es Mäuse in Hülle und Fülle. Ihre Jungen nahmen die Katzen nie mit, und deshalb wunderte ich mich sehr, als ich bei meiner Ankunft auf einem leeren Hof einer kleinen Katze begegnete, die wohl nicht älter als sechs Wochen sein mochte. Sie blickte mich an und miaute »fordernd«.

Mir fiel auf, daß sie mich nur aus einem Auge betrachtete, denn das andere war entzündet und mit einem häßlichen eitrigen Ausfluß verklebt. Ich hob das kleine Wesen hoch, und da ich nichts weiter bei mir hatte, wusch ich das vereiterte Auge mit klarem lauwarmen Wasser aus. Das Tierchen wehrte sich mit keiner einzigen Bewegung, und hinterher schnurrte es noch einige Minuten zufrieden in meinem Arm. Dann gab es mir zu verstehen, daß es gehen müsse. Später nahm es noch ein paarmal meine Hilfe in Anspruch und verhielt sich immer gleich.

Am nächsten Tag war das Auge schon wieder offen, und es eiterte nicht mehr so stark. Am dritten Tag wartete das Kätzchen wieder an dem besagten Ort, doch es miaute nicht mehr. Beide Augen waren wieder ganz gesund. Es näherte sich mir und umschmeichelte meine Beine, aber auf den Arm nehmen ließ es sich nicht mehr. Es gehörte wieder der Gruppe der Wilden an, und wenn ich auf »meinem Recht« bestanden hätte, würde es damit sein Ansehen bei ihnen verloren haben.

Um einzelnen Krankheiten vorzubeugen, sollte man auf jede noch so kleine Veränderung achten; dabei dürfen auch Impfungen und die Bekämpfung von Darmparasiten nicht vergessen werden. Unser Verdacht sollte sofort auf eine Krankheit fallen, wenn der Appetit des Tieres nachläßt oder es mehr als sonst frißt, wenn es viel und oft trinkt oder sein Fell stumpf wird, zerzaust aussieht oder stellenweise ausfällt. Bei einem zu festen Stuhl oder Durchfall, der von Schmerzen begleitet wird oder wenn sich das Tier dabei anstrengen muß, steckt wahrscheinlich eine Krankheit dahinter. Ein weiteres Anzeichen ist, daß sie sich nicht so verhalten oder fühlen wie sonst.

Allgemeinbefinden der Tiere, Unwohlsein

Die Nase des Tieres war trocken und heiß. Er atmete schwer und zitterte am ganzen Leib. – »Was hast du, Tauha?« rief ich. Er hob nicht einmal den Kopf. Wohl versuchte er aufzustehen, als ich bei ihm niederkniete und seinen großen Kopf aufrichtete, doch sogleich knickten ihm die Vorderbeine weg. Er fiel wieder zu Boden und winselte hilflos wie ein kleines, hungriges Junges.

Sat-Okh: *Das Land der Salzfelsen*

Das Befinden und die Stimmung der Tiere können sich aus den unterschiedlichsten Gründen und ebenso schnell ändern wie beim Menschen. Eine schlechte Verfassung kann sowohl durch körperliche Beschwerden als auch durch seelische Ursachen bedingt sein – Unzufriedenheit, Langeweile, Angst, Streß oder jeder andere Umstand, der auch auf unsere Stimmung einen Einfluß hat, angefangen beim Wetterwechsel.

Ein Tier, dessen Allgemeinbefinden gut ist, ist entsprechend lebhaft, ausgeglichen, munter, verständigt sich gern, ist aufmerksam für seine Umwelt, und sein Benehmen sowie seine Reaktionen weichen nicht vom üblichen Verhalten ab. Der Appetit und die anderen biologischen Funktionen sind normal.

Das Ausmaß bzw. eine stufenweise oder plötzliche Verschlechterung seines Befindens läßt verschiedene Schlüsse zu.

Überdrehtheit kann auf dasselbe Problem zurückzuführen sein wie Niedergeschlagenheit. Eventuelle Probleme und die Verschlechterung des Allgemeinbefindens äußern sich in der Regel bei allen Tierarten gleich und haben große Ähnlichkeit mit der schlechten Laune beim Menschen.

Eine organische Erkrankung erkennt man zumeist daran, daß das Tier plötzlich keinen Appetit mehr hat und bedrückt wirkt. Es fühlt sich matt, läßt den Kopf hängen, bewegt sich nicht oder nur schwerfällig, sein Blick ist trübe, seine Ohren lassen keine Aufmerksamkeit erkennen, es hat kein Interesse an seiner Umwelt, oft ist es empfindlich gegen Geräusche und Licht, es zieht sich von dem Menschen und anderen Artgenossen zurück (dabei läßt es teilnahmslos geschehen, daß man es anfaßt). Bei Fieber verhält es sich oft so, daß es nichts frißt, aber viel trinkt. Manchmal lehnt es jedoch selbst Wasser ab.

Ob sich ein Tier wohlfühlt oder nicht, läßt sich an seiner Körpersprache
und dem Verhalten ablesen.

Es ist bekannt, daß ein Hund mit erhöhter Temperatur eine trockene und heiße Nase hat, die gesunde Nase hingegen fühlt sich kühl und feucht an. Bei den anderen Haustieren trifft das nur noch auf Rinder zu, bei Pferden, Katzen usw. hingegen nicht. Beim Hund ist dies nicht nur ein Anzeichen für Fieber – er kann auch einfach durstig sein. Auf jeden Fall sollten wir bei Niedergeschlagenheit und Appetitlosigkeit Fieber messen. Die Normaltemperatur ist übrigens bei jeder Tierart verschieden: zwischen 38 und 38,5 °C bei Hund und Katze und zwischen 37,5 und 38 °C beim Pferd. Wenn das Tier kein Fieber hat, sollten wir die Verdauung als Ursache in Betracht ziehen, z. B. Verstopfung.

Appetitlosigkeit allein deutet nicht unbedingt auf eine Krankheit hin. Raubtiere sind manchmal ohne »besonderen« Grund nicht hungrig (bei großer Sommerhitze oder in der Paarungszeit; in letzterem Fall ist Appetitlosigkeit nicht mit Niedergeschlagenheit verbunden, sondern mit ungewöhnlicher Lebhaftigkeit und Unruhe). Außerdem ist zu bedenken, daß ein durstiges Tier keinen Bissen frißt, bevor es kein Wasser bekommen hat.

Ich möchte nicht versäumen, etwas über Schmerzen zu sagen, da selbst heute noch viele Menschen glauben, daß Tiere keine Schmerzen empfinden. Das ist ein großer Irrtum! Sie haben nicht nur Schmerzen, sie leiden sogar enorm, wenn ihr Tierhalter nicht erkennt, daß mit ihrer Gesundheit etwas nicht stimmt. Der anhaltende, ziehende Schmerz verursacht Mattigkeit, schlechte Laune, Zurückhaltung bis hin zur selbst gewählten Absonderung. Diese Zeichen sind für uns nicht immer klar ersichtlich, doch wenn wir das Tier gut kennen, erfassen wir die Situation sofort. An ihrem Gesichtsausdruck und der verkrampften Körperhaltung läßt sich schwer übersehen, wie sehr sie sich quälen. Ein gesträubtes Fell beim Pferd hängt meistens mit Schwitzen zusammen.

Auf Krämpfe, stechende oder ziehende Schmerzen reagieren die Tiere oft auch mit einem extremen Verhalten: Sie werfen sich zu Boden, zittern, zucken, schnappen mit dem Maul nach dem schmerzenden Körperteil und wiehern klagend auf. Man muß wissen, daß ein Tier niemals einfach nur »herumjammert«, es beherrscht sich bis an die Grenze des Erträglichen. In Wald und Flur gibt es nämlich keinen Tierarzt, der kranke Körper muß selbst gesunden, doch dazu sind Ruhe und Geborgenheit nötig. Der Instinkt sagt dem Tier, daß es sich an einen ruhigen Ort zurückziehen muß, wo es keinen Laut von sich gibt. Wenn also ein Tier aufschreit, kann man sichergehen, daß es entsetzliche Qualen leidet. Und es kann noch schlimmer kommen: Der Schmerz kann so unerträglich werden, daß das Tier rasend wird oder einen Tobsuchtsanfall erleidet – tollwütige Tiere gebärden sich nur deshalb wie wahnsinnig, weil sie die Schmerzen nicht mehr aushalten. Das aber ist nicht das einzige Anzeichen für das Ausmaß der Schmerzen: Reißende oder ziehende Schmerzen verursachen zwar nicht solche extremen Reaktionen, doch sind sie nicht weniger gefährlich und *das Tier kann ebenso daran sterben.*

Aufgedrehtheit, die mit einer Verschlechterung des Allgemeinbefindens einhergeht, kann man nicht nur bei bestimmten Krankheiten beobachten, sondern auch bei (unerfüllter) Paarungswilligkeit sowie bei einzelnen Situationen, die Streß oder Angst auslösen (Eingesperrtsein, fehlender Auslauf, Enge, Belästigung, Trennung von Artgenossen, Wegnahme der Jungen). Diese übertriebene Lebhaftigkeit äußert sich z. B. in einem nervösen Hin- und Herlaufen, Sprüngen, gestrafften oder zuckenden Muskeln, Unruhe, Gereiztheit, leichtem Scheuen und einem angespannten Beobachten der Umgebung. Das Tier ist nicht bereit, Kontakt zum Menschen oder zu anderen Tieren aufzunehmen; verzweifelte Wutausbrüche und eventuell auch Angriffslust zeigen sich.

Wie an früherer Stelle erwähnt, kann bei gleichen Streßsituationen ein eher lebhaftes Tier ungestüm reagieren und ein ruhigeres Tier mit Unmut oder Melancholie.

Wenn sich das Allgemeinbefinden langsam und stufenweise verschlechtert und zu Niedergeschlagenheit führt, läßt sich dies mit bestimmten körperlichen Beschwerden erklären (wie z. B. Mangelerkrankungen, Fettsucht, altersbedingten Gebrechen) oder aber mit streßbedingten Umständen. Die häufigsten davon sind: Festgebundensein und in Gefangenschaft leben, eintönige Lebensweise und Einsamkeit.

Ein Wetterumschwung oder Jahreszeitenwechsel kann, zumindest vorüber-gehend, Mattigkeit hervorrufen, ohne jedoch auf die Stimmung zu schlagen. Wenn ein Unwetter, Sturm oder Gewitter naht, kann dies kurzzeitig Unruhe, Wildheit und Reizbarkeit hervorrufen, aber niemals Angriffslust.

Auch eine ungewöhnliche, anormale Körperhaltung ist möglich, außerdem, häufiges und heftiges Kratzen und Scheuern, Kopfschütteln, Lecken und Reiben der Ausscheidungsorgane sowie Beißen von Artgenossen. Diese Verhaltens-weisen – sofern sie ständig auftreten – sind typische Anzeichen für eine bestimmte Krankheit.

Oft steckt hinter einem anderen Verhalten gar kein gestörtes Allgemein-befinden: So hat die Katze manchmal abends ihre »verrückten fünf Minuten«, in der Sommerhitze ist sie ermattet, oder sie verhält sich eigenartig während der Paarungszeit. Man muß sein Tier schon sehr gut kennen, was Rasse, Ge-schlecht, Alter und Temperament betrifft, um richtig einschätzen zu können, was ggf. normal ist und was nicht.

Was Tiere (nicht) an uns mögen

Mimi nahm die Schärfe ihrer Stimme gar nicht wahr. Aber die Ohren der Hündin vernahmen sie sehr wohl. Sie war traurig, weil sie merkte, daß man sie nicht liebte. Die Freundlichkeit der Hausmeisterin war nur gestellt, auch der Mann mochte sie nicht, und die Zuneigung der Frau [Mimi] war ebenfalls geheuchelt. Nur Verhätschelung und Getue ohne Herz, rührselig und übersteigert.

Sándor Illés: *Morzsi*

Es läßt sich schwer in Worte fassen, was Tiere an uns schätzen, wenn es überhaupt möglich ist. Dazu müßte man erst einmal wissen, wie Tiere uns wahrnehmen. Sehen sie uns überhaupt als Menschen? Keines der Tiere hat dies je ausgesprochen, trotzdem ist es unverkennbar – besonders wenn wir Vorurteile und Fehlannahmen abbauen.

Es ist allgemein bekannt, daß der Mensch in den Augen des Tieres immer einen besonderen Stellenwert hat, unabhängig vom Rang des jeweiligen Tieres. Für den Hund sind wir der Rudelführer – doch nur, wenn wir diese Vorrangstellung auch würdig vertreten. Katzen sind wie gesagt keine Rudeltiere, weshalb der sie versorgende Mensch einer Katzenmutter gleichkommt. Die schnurrende, sich streckende Katze verhält sich genauso wie das Katzenbaby, wenn es sich an seine Mutter schmiegt, um zu trinken. Bei Pferden ist es ähnlich: Es entsteht ein Dominanzverhältnis, und wenn das Tier – egal ob Hengst oder Stute – die Führung übernehmen will und wir nicht gegensteuern, kann es vorkommen, daß uns das Pferd »an die Wand spielt« wie der Hund. Pferde, die in einer Herde die Rolle des Leittiers innehätten, ordnen sich auch dann keinem Menschen unter, selbst wenn er seine Überlegenheit demonstriert hat. Das macht folgende Situation deutlich: Pferde erkennen die Führungsrolle des Menschen zwar an und sind auch zu gewissen Aufgaben bereit, doch wenn man sie ruft, reagieren sie nicht, halten nicht an, um auf uns zu warten, sondern laufen weiter. Erscheint hingegen ein bekannter oder fremder Artgenosse, zeigen sie plötzlich lebhaftes Interesse und viel Eifer.

Das Wildtier weiß, daß der Mensch ein Lebewesen ist, doch unseren Geruch mit all seinen künstlichen Düften empfinden sie als fremd und unheimlich. Deshalb machen selbst große Raubtiere einen Bogen um den Menschen und nähern sich ihm ungern. Überdies haben sie wenig Erfahrungen mit uns gesammelt und somit kein Vertrauen aufgebaut. Tiere, die in Gesellschaft des Menschen leben, wissen schon mehr von den »Zweibeinern«, und je enger der Kontakt ist, desto besser kennen sie sich aus. Sie wissen Bescheid über Geschlecht und Alter des Menschen (nicht das genaue Alter, aber sie können zwischen Kind, Jugendlichem, Erwachsenem, älterem Menschen und Greis unterscheiden). Sie sind vertraut mit unserem Körperbau (daß wir aufrecht gehen, kein Fell haben, aber Haare auf dem Kopf und daß wir mit den Händen etwas greifen und tragen können). Oft spüren die Tiere, wie wir gelaunt sind, in welchem Seelenzustand wir uns befinden und auch welche Absichten wir haben. Die Tiere gehen nicht nach dem Äußeren, um uns sympathisch oder unsympathisch zu finden, sondern nach den inneren Werten.

Gerüche

Geschlecht und Alter, die sie am Geruch erkennen, sind bei ihnen weniger ausschlaggebend für Sympathie oder Antipathie. Die meisten Tiere, besonders Weibchen, sind im Umgang mit Kindern viel nachsichtiger und geduldiger, sofern sie keine schlechten Erfahrungen mit ihnen gemacht haben. Andererseits kann es auch sein, daß es bei Erwachsenen zutraulicher ist oder sich ein weniger scheues Tier bei Kindern zurückhaltender gibt – sofern es nicht bösartig ist. Verhalten sich Herrchen und Frauchen im wesentlichen gleich, spielt der Geschlechtsunterschied keine Rolle bei der Punktewertung. Oft ist es aber die Frau, die behutsamer mit dem Tier umgeht, mehr Zeit mit ihm verbringt und größeres Verständnis hat – das fällt eben ins Gewicht. (Allerdings muß es nicht immer so sein. Ich habe schon Familien erlebt, wo es genau umgekehrt war.)

Eine schlechte Erfahrung (und die daraus entstandene Angst und Ablehnung) wird ein Leben lang mit dem jeweiligen Geschlecht und der Altersgruppe verknüpft, von der diese Erfahrung herrührt. Wenn damals, sagen wir, ein 40-jähriger Mann dem Tier etwas zuleide getan hat, wird es einen genauso alten Mann immer mit Mißtrauen beäugen. Männer, die jünger oder älter sind, sowie Frauen erwecken bei ihm viel schneller und leichter Vertrauen. Besondere Gerüche verbinden sie nämlich mit »vertrauenswürdig« oder »zu vermeiden«. Wenn ihr Besitzer viel trinkt, meiden die Tiere alle Personen, die nach Alkohol riechen, da sie es als abschreckend registriert haben. Dieses Verhalten ist typisch. Viele Menschen sind der Meinung, daß Tiere allgemein etwas gegen Alkoholgeruch haben, aber das stimmt nicht. Wenn das Betrinken nicht mit Schlägen, Grobheit oder wirrem Verhalten einherginge, hätten sie keinen

Abscheu dagegen. Es ist auch bekannt, daß Duftwasser Tiere nicht gleichgültig läßt. Einige Tierarten geraten durch Parfüm, Körperlotion und andere Duftmittel regelrecht in Verzückung – besonders Katzen drängen sich an uns heran, um uns zu beschnuppern und den Duft von uns abzulecken. (Besser, wir verbieten es ihnen, denn diese Stoffe sind nicht zum Verzehr bestimmt.)

Verhalten gegenüber dem Tier

Die Tiere lieben und schätzen es, wenn wir sie mit sanfter und zartfühlender Hand streicheln, belohnen, pflegen und heilen. Sie lieben unsere Stimme, die sie aufmuntert und beruhigt. Kurz gesagt, lieben sie das Verhalten an uns, das ihnen unsere guten Absichten offenbart. Sie mögen es nicht, wenn wir schreien, wild gestikulieren, hektisch hin und her laufen, Lärm machen, Menschenansammlungen überhaupt oder wenn wir die Tiere andauernd anfassen bzw. grob anpacken, hochheben und mit uns »herumschleppen«. Gerade bei Fremden wirkt dieses Verhalten regelrecht abschreckend auf sie, löst Mißtrauen, Unwillen sowie Angst aus und kann Abwehrreaktionen hervorrufen. Dem eigenen Herrchen verzeiht das Tier schon eher so ein Verhalten, wenn es nur gelegentlich vorkommt. Über längere Zeit kann jedoch das gute Verhältnis zu ihm getrübt werden. Oft sind es Kinder, die keine Ahnung haben, wie unerträglich ihr Geschrei für die empfindlichen Ohren des Tieres ist, daß es Ohrenschmerzen verursacht und das Tier nur deshalb gereizt ist. Überdies ist es nicht ungefährlich, Tiere beim Fressen zu stören. Ein Pferd darf grundsätzlich nicht am Kopf und eine Katze nicht am Bauch angefaßt werden, solange man die Tiere nicht wirklich gut kennt. Kleine Kinder sollte man im Interesse aller nie unbeaufsichtigt in die Nähe von Tieren lassen und größere Kinder nur dann, wenn sie mit Tieren richtig umgehen können.

Innere Einstellung zum Tier

Die Meinung, die wir von unseren Tieren haben, beruht auf Gegenseitigkeit; es entsteht eine Art Wechselwirkung. Wenn wir die Tiere als »völlig schlecht« ansehen, müssen wir uns nicht wundern, daß sie uns nach einer gewissen Zeit auch als schlecht empfinden. Sorgen wir uns um ihr Wohlergehen, sind auch sie für uns da. Sind wir grob zu ihnen, gehen sie genauso mit uns so um. Behandeln wir sie zuvorkommend, sind sie es ebenfalls. Unser eigener Seelenzustand spiegelt sich in dem Tier wider. Das läßt sich leicht beweisen. Wenn wir die Personen näher betrachten, die unser Haustier mag, werden wir feststellen, daß diese gütig, hilfsbereit und fürsorglich sind. Lernen wir jemanden kennen, den das Tier ablehnt, meidet oder sogar haßt, stellen wir fest, daß dieser Mensch nachlässig und sich ihm gegenüber rücksichtslos verhält, wenn nicht sogar schlimmer.

Natürlich ergibt dies kein vollständiges Bild vom Charakter einer Person, nur weil die Tiere uns nach diesen Kriterien beurteilen. Es gibt Leute, die ihr Tier sehr gut behandeln, aber eine Zumutung für ihre Mitmenschen sind. Es kann auch sein, daß jemand sein Tier zwar sorgsam füttert, pflegt, streichelt und mit ihm schmust, jedoch blind für seine Signale und Kontaktversuche ist und überhaupt keine Anstalten macht, es zu verstehen. In so einem Fall ist es bezeichnend, daß das Tier zwar »brav« bei seinem Herrchen ist, sich anschmiegt, herumschwänzelt und auf den Schoß kommt, aber eben nicht gehorcht bzw. schlecht hört, wenn er es ruft. Andererseits ist es keine Seltenheit, daß ein liebevoller Umgang und eine gedankliche Verbindung zum Tier sonstige Fehler im Verhalten (z. B. mangelhafte Betreuung oder lautstarkes Benehmen) wieder wettmachen.

Seelenzustand

Tiere handeln sehr intuitiv, man kann sogar sagen, daß sie telepathische Fähigkeiten haben und nicht nur unseren augenblicklichen Gemütszustand erkennen, sondern auch bestimmte Wesenszüge an uns, die wichtig für das Entstehen einer tieferen Bindung zu ihnen sind. Böswilligkeit, schlechte Absichten, Abneigung oder Mißfallen ihnen gegenüber spüren die Tiere auch dann, wenn jemand diese Gefühle in den hintersten Winkel seiner Seele verdrängt und vor seiner Familie und den Freunden so tut, als ob er es dem Tier recht machen wolle. Jeder Hund weiß genau, welches Familienmitglied ihn nicht mag, und grundsätzlich ist die Anwesenheit dieses Menschen dem Hund genauso zuwider wie umgekehrt. *Das Tier, dem wir keine Liebe entgegenbringen, wird auch uns nicht mögen.* So ein »kalter Krieg« kann übrigens schlimm ausarten und zur offenen Fehde werden.

Die Güte eines Menschen wirkt hingegen besonders anziehend auf das Tier und bahnt selbst zu der meistgefürchteten Bestie einen Weg. Unsere Freundlichkeit und Liebe zum Tier sowie unser Verständnis sind der Schlüssel zu seinem Vertrauen. Ein ausgeglichener und geduldiger Mensch wird von ihm eher bevorzugt als ein launischer. Unberechenbare Personen, die sich leicht aufregen, versteht das Tier nicht, und es weiß nicht, was von ihm zu erwarten ist. Das erzeugt nur Unsicherheit und Angst. Zu einem ähnlichen oder noch schlechteren Ergebnis führen häufige Prügel, Bestrafung, Beschimpfung oder Unterdrückung. Unmenschen, die ihre Macht demonstrieren, das Tier beherrschen wollen und es tyrannisieren, sind ihm ganz und gar zuwider.

Die Annahme ist falsch, daß »das Pferd nur dann pariert, wenn der Mensch ihm zeigt, wer der der Herr ist«. Einerseits haben wir vergeblich die Peitsche in der Hand, denn das Pferd weiß sehr gut, daß wir Menschen verglichen mit seinem fünf bis zehn Zentner schweren und kräftigen Körper geradezu lächerlich sind. Andererseits, und das wurde schon mehrfach erwähnt, können wir mit Einschüchterung und Gewalt kaum Gehorsam erzwingen, während Liebe und geistige Annäherung Wunder bewirken.

Was die Tiere
von der Welt des Menschen verstehen

Doch keine Hindernisse oder Verbote konnten Lustica dazu bringen, ihre Absicht aufzugeben, in das Haus zu kommen. Wiederholt versuchte sie es an allen Türen. Eine Klinke herunterzudrücken erwies sich als sehr leicht. Selbst mit Drehknöpfen wurde sie fertig. Erst als wir überall Riegel anbrachten, war sie geschlagen, und selbst dann erwischte ich sie einmal dabei, wie sie versuchte, den Riegel mit ihren Zähnen aufzuziehen.

Joy Adamson: *Frei geboren – Eine Löwin in zwei Welten*

Die Welt des Menschen ist zumindest für die Tiere, die in unserer Umgebung leben, verständlich – Wildtiere erhalten eigentlich nur dann Informationen über uns, wenn sie in eine unserer Fallen geraten oder angeschossen werden (was traurig genug und kaum hinzunehmen ist).

Je enger unsere Haustiere mit uns zusammenleben, desto besser machen sie sich mit unserer Lebensweise und unseren Geräten vertraut. Am meisten können Hund und Katze lernen, wenn sie in der Wohnung gehalten werden, doch manches bleibt auch für sie ein Rätsel. Ob der Zweck einer Tätigkeit oder eines Gegenstandes erfaßt wird oder nicht, hängt davon ab, wie sie geartet sind: Einige Dinge werden durchschaut, andere jedoch nicht und wieder andere immerhin teilweise.

Am leichtesten verstehen sie noch die einfachen, für ihre Versorgung notwendigen Verrichtungen wie etwa die Fütterung. Die Tiere wissen genau, wo wir ihr Futter aufbewahren, wie wir es zubereiten, wozu der Topf dient oder der Teller. Auch wissen sie, daß wir andere Nahrung zu uns nehmen und besondere Tischsitten haben. Hunde und Katzen sind oft bemüht, unsere alltäglichen Gewohnheiten nachzuahmen und sie zu übernehmen. Sie setzen sich zu uns an den Tisch und betteln um einen Bissen von unserem Teller. Außerdem tun sie so, als ob sie Eßbesteck benutzen würden; sie langen mit der Pfote in die Suppe und lecken diese dann ab, als wäre sie ein Löffel. Sie kennen die Schränke in der Küche und jede kleine Ecke im Kühlschrank; sie wissen, wo es etwas zu holen gibt. (In meinem Kühlschrank steht z. B. das Katzenfutter auf der untersten Ablage rechts. Wenn sich die Tiere gerade in der Küche aufhalten und ich den Schrank öffne, stecken sie ihre Nase genau dorthin.)

Tiere wissen, wozu ein Bett dient, daß wir uns hineinlegen, auf Stühlen sitzen und daß das Regal zur Aufbewahrung von verschiedenen Dingen dient. Unsere Tiere lassen sich mit Vorliebe auf unserem Bett nieder oder nehmen auf einem unserer Stühle Platz. Man kann feststellen, daß sie das Bett oder den Stuhl ihres Herrchens oder eines geliebten Familienmitglieds bevorzugen. Der Lieblingsplatz zum Schlafen ist natürlich der Kleiderschrank, aber selbst eingefleischte Tierliebhaber erlauben dies nur selten.

Unsere Tiere sind sich auch über unseren Tagesablauf im klaren: Sie wissen, wann wir aufstehen, welche Tätigkeit nach der anderen kommt und wann wir aus dem Haus gehen. Ihnen ist bewußt, daß der Wecker ans Aufstehen erinnert; Katzen oder Hunde machen uns wach (sie berühren unser Gesicht mit den Pfoten, andere setzen auch drastischere Mittel ein). Oft wird der Besitzer selbst dann von seinem Haustier aus dem Schlaf geholt, wenn der Wecker nicht läutet – diese Aufmerksamkeit wissen wir nicht immer zu schätzen, wenn wir z. B. Urlaub haben oder aus irgendeinem anderem Grund im Bett bleiben wollen! Die Tiere verstehen auch, was wir im Bad oder WC machen. Ich hatte eine solch einfallsreiche Katze (Cinci), die mich immer ins Bad begleitete; dann setzte sie sich an den Rand der Badewanne, hielt ihre Pfote unter den Wasserstrahl und wusch sich mit der nassen Pfote ihr Gesicht. So leistete sie mir bei meinem Morgenritual Gesellschaft.

Das Ankleiden empfinden sie dagegen als völlig überflüssig, da sie selten in Kleidungsstücke hineinschlüpfen. Eine Ausnahme bildet die Katze, die schon einmal einen herumliegenden Pullover als gemütlichen Schlafplatz ansehen kann. Sie legen sich auch gern auf alte kuschelige Sachen, die nach Herrchen oder Frauchen riechen, belecken sie und kauen an ihnen herum.

Tiere kennen die Werkzeuge und Gegenstände, die mit ihnen zu tun haben (wie Halsband, Leine, Sattel, Zaumzeug usw.), ebenso die Bürsten, Schwämme oder den Hufkratzer; diese Dinge mögen sie auch, wenn ein angenehmes Erlebnis mit ihnen verbunden wird. Am allerwenigsten können sie den Staubsauger leiden, denn er macht viel Lärm und saugt. Pferde können sich allmählich daran gewöhnen, denn sie kommen mit der Zeit darauf, daß ein Staubsauger für sie ungefährlich ist. Dies gilt übrigens auch für andere Geräte: Am Anfang macht ihnen der Lärm Angst, doch wenn ihnen das Geräusch schließlich vertraut ist und sie auch verstehen, wozu das Gerät benutzt wird, laufen sie nicht mehr Hals über Kopf davon – es sei denn, der Lärm ist unerträglich für sie (dazu gehören leider Handbohrmaschinen, Elektrosägen und ähnliche Maschinen). Wozu Wärmequellen da sind, wie zum Beispiel Öfen und Feuerstellen, begreifen die Tiere in der Regel schnell und können damit umgehen, auch wenn es zuweilen vorkommt, daß sie sich aus Versehen daran verbrennen. Sie verstehen, daß es besser ist, nicht zu dicht an diese Wärmequellen heranzugehen; aber sich in die Nähe davon zu legen und sich wärmen zu lassen, gefällt ihnen gut. (Katzenhalter, die eine Ofenheizung haben, sollten auf keinen Fall die Ofentür vor dem Anzünden offenlassen. Es kann nämlich passieren, daß die Katze, die nur weiß, wie schön warm der Ofen ist, ohne unser Wissen hineinklettert!)

Fahrzeuge stellen für unerfahrene Tiere furchtbare Ungetüme dar, da sie groß sind, sich schnell fortbewegen, Lärm machen und auch noch Rauch ausstoßen. Pferde scheuen oft sogar vor geparkten Fahrzeugen; sie trauen sich zwar heran, doch wenn sie auf gleicher Höhe sind, beginnen sie schon, ihren Schritt zu beschleunigen. Sie verhalten sich so, als ob die Fahrzeuge »Ungeheuer« wären, die reglos auf sie lauern, um dann zuzuschnappen.

Hunde bellen Fahrzeuge häufig wild an und laufen hinter Motorrädern und Autos her. Haben sich die Tiere erst an den Stadtverkehr gewöhnt, verhalten sie sich außerordentlich umsichtig. Sie haben keine Angst, sind aber auf der Hut, warten eine grüne Ampel ab und überqueren sicher die Straße. Ein Hund, der regelmäßig mit seinem Herrchen den Bus oder die Straßenbahn benutzt, ist dazu imstande, auch allein damit zu fahren – er steigt selbständig ein und an der richtigen Haltestelle wieder aus. An kleinere Verkehrsmittel gewöhnen sich die Tiere ziemlich schnell, besonders dann, wenn ihr Herrchen ebenfalls ein Auto oder Motorrad besitzt. In diesem Fall flitzen sie im Spiel um die Fahrzeuge herum. Man kann sogar Pferde und Fohlen beobachten, die Autos und Motorrädern nachjagen und mit ihnen »um die Wette« rennen.

Busfahren ohne Herrchen? Für kluge Hunde kein Problem

*Nicht jedes Tier posiert gern vor der Kamera –
vielen Katzen ist der »schwarze Kasten« unheimlich.*

Aber Geräte, die auf den ersten Blick nichts bewirken, sind ihnen unverständlich. Dazu gehört z. B. der Fotoapparat. Zu Anfang haben die Tiere grundsätzlich Angst vor der Kamera – sie führen sich so auf, als würde sie der »schwarze Kasten« fangen wollen – später legt sich diese Angst, doch der Vorgang an sich bleibt für sie unverständlich, weil sie das spätere Foto nicht als Ergebnis erkennen.

Aus ähnlichem Grund ist auch das Fernsehen für sie geheimnisvoll. Unsere Hausgenossen kennen unsere Gewohnheit, oft stundenlang vor der »Flimmerkiste« zu sitzen und einer gut vernehmbaren Stimme zu lauschen. Oft leisten sie uns Gesellschaft, doch die langsamen Bildabfolgen enthalten aus der Sicht der Tiere keine Informationen. (In einigen Ländern werden inzwischen extra Filme für Katzen und Hunde gedreht.) Die Bedeutung des Telefons ist ihnen auch nur teilweise klar. Sie wissen zwar, daß, wenn es klingelt, man den Hörer abnehmen muß und danach mit »jemandem« gesprochen wird, »der nicht da ist«. Wer am anderen Ende ist, können die Tiere nicht zuordnen (auch uns fällt das manchmal schwer!), weshalb sie diese Art der Kommunikation nicht ganz erfassen.

Tiere mögen im allgemeinen Musik. Natürlich zerbrechen sie sich nicht den Kopf darüber, wie die Töne hervorgebracht werden, ob auf der Gitarre oder dem Klavier. Handgemachte Musik auf einem Instrument ist für sie schon eher verständlich als solche, die aus dem Radio oder Kassettenrecorder tönt. Auf jeden Fall genießen sie Wohlklänge, auch Gesang. Von zahlreichen Wildtieren

Haustiere wollen – auf ihre Art – an unserer Tätigkeit teilhaben.

(z. B. dem Waschbär) weiß man, wie musikalisch sie sind. Da Tiere vor allem hohe Töne mögen, lauschen sie besonders gern Geigenspiel und Soprangesang.

Mit Schreiben, Lesen und dem Aufenthalt am Computer können sie nichts anfangen, also jeglicher geistigen Tätigkeit. Katzen haben die Angewohnheit, sich auf geschriebene Briefe oder gelesene Zeitungen und Bücher zu legen. Das erklären viele damit, daß sie unsere Aufmerksamkeit erwecken wollen und nicht einsehen, warum wir die ganze Zeit »auf das Stück Papier starren«. Das scheint jedoch nicht zu stimmen, denn sie legen sich auch dann auf das Papier, wenn wir schon längst nicht mehr schreiben oder lesen. Meiner Meinung nach wissen die Katzen, daß dies eine rein menschliche Tätigkeit ist und sie wollen – ähnlich wie beim Eßtisch – an unserer Tätigkeit teilhaben; und wenn das die einzige Möglichkeit ist, dann eben so.

Einige Bereiche unseres Lebens können gar nicht mit dem natürlichen Fluß des Lebens in Verbindung gebracht werden; sie werden dem Tier also ewig fremd bleiben. Dazu gehören die Arbeit und der Begriff des Geldes (nicht das Bezahlen mit Geld an sich, denn wir gehen ja mit dem Hund regelmäßig einkaufen.

Er begreift sehr rasch, daß wir Lebensmittel und andere Waren für eigenartige Metallstücke und Papierscheine bekommen.) Auch Begriffe wie der gesellschaftliche und persönliche Status des Menschen, seine rechtlichen und moralischen Belange (Gesetze, Religion, Bildungsstand und Klassen, Armut und Reichtum, Arbeitslosigkeit, Ehe und Scheidung usw.) sind hier zuzurechnen. Daher sind wir nicht imstande, dem Tier alle unserer Handlungen zu erklären; zuallererst den Umstand, daß wir nicht ständig bei ihm sein können. Junge oder neuangeschaffte (Haus-)Tiere läßt dies oft verzweifeln, auch der einzelgängerischen Katze ergeht es nicht anders. Wenn die Alleingelassenen daran gewöhnt sind, daß wir uns nur für begrenzte Zeit entfernen, werden sie nicht mehr unruhig – vorausgesetzt wir bleiben nicht länger weg als sonst. Die lange Abwesenheit des Herrchens oder eines geliebten Familienmitgliedes löst Unruhe und Verärgerung aus, auch dann, wenn sich das Tier sicher ist, daß dieser irgendwann nach Hause kommen wird. Aber wehe, wenn es sich dessen nicht bewußt ist! Solche Tiere sind beim Ausbleiben des Herrchens nämlich überaus empfindlich, vor allem, wenn sie schon von ihrem früheren Besitzer vernachlässigt, verkauft oder ausgesetzt wurden.

Mein Hengst Gorsia, der, bevor er zu mir kam, mehrere rücksichtslose Besitzer gehabt hatte, reagierte den ersten Sommer besonders heftig auf mein einwöchiges Ausbleiben. Meine Schwester, die das Pferd solange in Pflege hatte, beklagte sich später darüber, daß das sonst so zahme und folgsame Tier mit jedem Tag gereizter und unzugänglicher wurde. Nach meiner Heimkehr führte mich mein erster Weg zu Gorsia, um ihm zu beweisen, daß ich nicht für immer und ewig verschwunden war und ihn auch nicht vergessen hatte.

Das Pferd stand stocksteif im Stall und sah mich nicht an. Es nahm mich wahr, aber es grollte mir. Ich sprach es an: »Ach, Gorsia, sprichst du denn gar nicht mehr mit mir?« In diesem Augenblick wandte er den Kopf zu mir und überschüttete mich mit einem »Wortschwall«, wie ich es in dieser Form noch nie bei einem Pferd erlebt hatte. Nach einem zweiminütigen Wiehern in den unterschiedlichsten Tonlagen war ich davon überzeugt, daß er mir soeben etliche Vorwürfe gemacht hatte. Da umarmte ich das Pferd und erzählte ihm, wie sehr es mir gefehlt hatte. Und der Frieden zwischen uns war wieder hergestellt.

Von all unseren gesellschaftlichen Verpflichtungen haben wahrscheinlich nur wenige Berufe für die Tiere konkret eine Bedeutung. Dabei handelt es sich natürlich um solche Tätigkeiten, die von ihnen durchschaut werden. Nachdem sie mehrmals dem Postboten begegnet sind und beobachtet haben, daß er etwas

Erfreuliches bringt, ist das so. Das Tier erkennt auch den Arzt oder Tierarzt und verbindet ihn mit Krankheit. Es weiß, ob wir uns gut oder schlecht fühlen und erkennt leicht den Zusammenhang: Der Mensch mit den »besonderen Gerüchen« bringt Hilfe. Personen, die viele unbekannte Gerüche an sich haben, sind nicht sonderlich beliebt, rufen Unsicherheit und Angst hervor, doch erfahrene Tiere mögen den Arzt.

Das gängige Vorurteil, daß alle Hunde Postboten hassen und aggressiv auf sie reagieren, steht im Widerspruch dazu, daß er etwas bringt, was dem Hausherrn Freude macht. Viele glauben, daß die Uniform für ihre Abneigung verantwortlich ist. Der wahre Grund könnte jedoch sein, daß der Postbote mit vielen Menschen in Berührung kommt und ihm somit viele verschiedene Gerüche anhaften; außerdem will er sich auch noch *überall* Zugang verschaffen.

Unsere Hunde kennen fast alle Einzelhändler, da wir sie häufig mit in die Stadt zum Einkaufen nehmen. Sie wissen, daß in diesem oder jenem Laden jemand ist, bei dem man Lebensmittel, Zeitungen, Zigaretten oder andere Sachen bekommt. Wenn man öfter dort ein und aus geht, begreifen die Hunde auch, daß man für die Ware etwas bezahlen muß. Es gibt Hunde, die ganz allein einkaufen gehen; die besonders klugen von ihnen haben sich sogar gemerkt, welches Geldstück und welcher Schein dafür erwartet werden.

Natürlich können sich auch andere Tiere so ein Wissen aneignen, wenn man ihnen die Gelegenheit dazu gibt.

Die Stute Carmen von meiner Freundin Ági z. B. kannte die Konditorei aus dem Ort sehr gut, weil sie vor dem Geschäft oft haltmachten, um Eis zu essen. Da das Pferd auch auf den Geschmack gekommen war, brachte die Inhaberin immer zwei Portionen heraus. Eines Tages kamen sie wieder an der Konditorei vorbei, aber das Eisessen fiel aus. Ági stieg etwas weiter vom Pferd ab, um einen Freund zu besuchen; das Tier, das sonst immer brav auf seine Herrin wartete, trabte stattdessen wie selbstverständlich zur Konditorei zurück!

Alle Berufe, die unter Verwendung eines Hilfsmittels zu keinem offensichtlichen Ergebnis führen, können von den Tieren in keinen Zusammenhang gebracht werden. Aus ihrer Sicht besucht uns der Lehrer oder Rechtsanwalt ohne irgendeinen Zweck, denn sie erkennen nur, daß viel gesprochen wird – und finden den Besucher sympathisch oder unsympathisch.

Was man von Tieren
nicht erwarten kann

Der wilde Hund kroch in die Höhle und legte seinen Kopf der Frau in den Schoß und sagte: »O Freundin und Frau meines Freundes, am Tag will ich deinem Mann jagen helfen und nachts will ich deine Höhle bewachen.«

»Aha«, sagte die Katze in ihrem Versteck, »das ist ein blöder Hund.« Und sie wandelte zurück durch die nassen wilden Wälder, schwenkte ihren Schwanz und ging ihre eigenen wilden Wege.

Rudyard Kipling: *Die Katze geht ihre eigenen Wege*

Unsere Tiere sind aufgeschlossene, intelligente Wesen, die in unglaublichem Maße dazu fähig sind, sich an uns und unsere Lebensweise anzupassen. Sie sind gelehrig, und wenn wir sie so behandeln wie zuvor beschrieben, sind beim Lernen nach oben keine Grenzen gesetzt. Es ist jedoch nicht egal, wie wir das Unmögliche möglich machen wollen! Es gibt Wege, die sich einfach nicht beschreiten lassen, obwohl ein intellektueller Kontakt besteht. Diese Sackgassen und unüberwindbaren Mauern zeigen uns, daß wir manche Dinge vom Tier weder erwarten noch erzwingen dürfen.

Wir können daher nicht erwarten, daß es sich wider seine Natur verhält – d. h. entgegen seiner Art, dem Geschlecht, persönlichen Eigenheiten und Temperament. Wenn wir den Hund ermahnen, weil er versucht, Futter zu stibitzen, handeln wir richtig. Auch der Hund wird es einsehen: Er hat gegen das Rudelgesetz verstoßen. Über die Nahrung bestimmt der Rudelführer, und die anderen Tiere dürfen erst dann ans Futter heran, wenn sie dazu die Erlaubnis bekommen haben. Die Katze hingegen, die keinen Rudelführer anerkennt, wird sich aus Angst vor Strafe bemühen, daß ihre Tat unbemerkt bleibt bzw. sie mit ihrer Beute rechtzeitig entkommt. Eine Katze, die ruhig neben einem duftenden Stück Fleisch auf dem Tisch sitzen bleibt und keinerlei Anstalten macht, es zu stehlen, ist entweder satt oder hat einen schwach ausgeprägten Jagdtrieb.

Das Temperament unseres Vierbeiners hat ebenfalls einen Einfluß auf das von uns erwartete Verhalten. Ein ruhiges oder melancholisches Tier bewegt sich nicht so schnell, hat kaum Ausdauer und eine langsamere Auffassungsgabe. Im Gegensatz dazu ist ein lebhaftes und temperamentvolles Tier besonders empfindlich, leicht reizbar, erschrickt schneller, erträgt keine Strenge oder Langeweile und will seinen Kopf durchsetzen. Auf der anderen Seite lernt es besser und geht bei der Lösung von Aufgaben und Problemen äußerst versiert vor.

Ein Tier ist jedoch nur solchen Anforderungen gewachsen, die seinem Körperbau und seiner Lebensweise entsprechen. Nicht jedes Pferd ist zum Sieger eines Derby- oder Springturniers geboren – besonders dann nicht, wenn es sich um einen Kaltblüter handelt. Unser Zwergpinscher wird kaum unser Hab und Gut verteidigen, und die Polizei setzt keine einzige Katze zur Spurensuche ein.

Dies sind natürlich sehr abwegige Vorstellungen, aber auch bei vielen weniger eindeutigen Beispielen können wir falsch liegen, wenn wir etwas vom Tier verlangen, wozu es nicht fähig ist. Im Mittelalter zogen die schwer gepanzerten Ritter hoch zu Roß in die Schlacht. Die Streitrösser mußten damals nicht nur eine enorme Last tragen, sondern waren auch schrecklichem Lärm, dem Kampfgetümmel und Gemetzel ausgesetzt, was kein freudiges Erlebnis war und große Anspannung bedeutete. Heute kann ein 60 kg schwerer Reiter ein Vollblutpferd mit zierlichem Körperbau lahm werden lassen – und es kann auch passieren, daß das unruhige Tier bei Dreharbeiten zu toben beginnt.

Jagdhunde sind gute und ausdauernde Läufer; sie haben einen hohen Bewegungsdrang und ertragen deshalb auch das Eingesperrtsein, die Gefangenschaft, schwerer. Ein Pudel hingegen ist auf einem längeren Ausflug oft schneller erschöpft als wir. (Natürlich ermüdet jeder Hund rasch, der sonst nur wenig Bewegung hat; kleine Hunde sind auch deshalb leichter ermattet, weil sie kürzere Beine haben und entweder viel mehr Schritte machen oder zügiger laufen müssen, um mit uns Schritt halten zu können. Die Größe ist also nicht ausschlaggebend – sie bewegen sich jedenfalls mehr!)

Man kann nicht darauf bestehen, daß sich Tiere den Verhaltensregeln in der vom Menschen geprägten Welt unterwerfen. Ein Tier macht nichts »Schlimmes«, wenn es etwas umwirft oder zerbricht, Pflanzen im Garten ausgräbt oder anfrißt, den Küken des Nachbarn nachstellt, sich mit einem Artgenossen rauft, dessen Futter wegfrißt oder sich mit ihm paaren will. Wir sind es, die dazu aufgefordert sind, ein Umfeld zu schaffen, damit solche Dinge eben nicht vorfallen können.

Für den Hund ist ein »Aus!« das Machtwort des Rudelführers, das er befolgt. Doch er tut es nicht deshalb, weil er einsieht, daß seine Tat »schlecht« war. Mit Pferd und Katze kann man sich normalerweise einig werden, was wir »weniger gern mögen«, doch wenn dies nicht gelingt, sollten wir nicht dem Tier die Schuld zuweisen. Das gilt besonders, falls sie noch jung und unerfahren sind. Wir dürfen keine böse Absicht darin sehen, wenn uns der junge Hund in seinem Spieleifer etwas zu fest mit den Zähnen gepackt hält, die kleine Katze an unserer Gardine hochklettert oder ein Fohlen manchmal bockt. Auch dürfen wir von ihnen kein moralisches Verhalten erwarten, das Emotionen und Gefühlsregungen voraussetzt, die ihre Grundlage in den komplizierten zwischenmenschlichen Beziehungen haben: daß die Tiere großzügig, feinfühlig und gerecht sind (dieser Begriff ist selbst für den Menschen nicht ganz eindeutig), daß sie Verantwortungsgefühl haben, Rührung empfinden, sich um schwächere Artgenossen kümmern usw.

In der Seele unserer Tiere laufen natürlich auch verschiedene Vorgänge ab, sie haben eine reiche Gefühlswelt, und doch sind ihnen die oben genannten Qualitäten fremd. Sie sind weder »geizig«, wenn sie ihr Futter verteidigen, noch »verantwortungslos«, wenn sie ihre Jungen vernachlässigen, geschweige denn »schamlos« oder »unanständig«, wenn sie den Paarungsakt nachahmen.

Abschließend sei gesagt: Wir können nicht erwarten, daß Tiere solche Dinge verstehen, die selbst unsere Vorstellungskraft übersteigen. Lehren können wir sie nur Schritt für Schritt, durch beständige und ausdauernde Kleinarbeit. Druck oder widersprüchliche Befehle und Verbote schaffen nur Verwirrung in dem reinen und aufnahmefähigen Geist des Tieres.

Was wir von Tieren lernen können

Sie hatte schon oft festgestellt, daß Frauen mit der Zeit anfingen, ihren Reitpferden zu gleichen, und daß Leute, die Vögel, Bullterrier oder Spitze züchteten, eine gewisse Ähnlichkeit mit den Tieren ihrer Wahl hatten.

Roald Dahl: »Gelee Royale« aus *Küßchen, Küßchen*

Manchmal hört man jemanden sagen: »Ich liebe Tiere deshalb, weil sie besser sind als Menschen« oder »Mit Menschen verstehe ich mich nicht so gut, aber mit Tieren.« Leute, die das von sich geben, meinen eigentlich, daß ein Tier sie nicht beschwindelt, betrügt, beraubt, schlecht über sie redet, ihre Gutgläubigkeit ausnutzt und sich an ihren Ehepartner heranmacht.

Nun, das stimmt sicher. Ich erinnere mich jedoch an einen eisigen Wintertag, an dem ich mich mit hohem Fieber bei einem Schneesturm in den Pferdestall am Stadtrand schleppte, wo ich abgesehen von den Pferden mutterseelenallein war (warum sollte sich auch sonst jemand bei diesem Wetter dort herumtreiben?!).

Unter den Pferden befand sich auch mein Gorsia. Ich mußte mit ihm ausreiten und begann, ihn zu satteln. Die Kälte und das Fieber hatten mich aber so sehr geschwächt, daß ich nicht imstande war, das Halfter anzulegen. Eine halbe Stunde mühte ich mich vergeblich damit ab; und als es mir endlich gelang, weinte ich bereits vor Verzweiflung. Wäre nur ein einziger Mensch dort gewesen, hätte er sich bestimmt um mich gekümmert. Jeder hätte mir geholfen, vielleicht sogar ein Verbrecher. Wer ist also besser?

Niemand. Der Gedanke, das Pferd zu beschuldigen, weil es uns in solchen Fällen hängen läßt – es ist eben rein körperlich nicht dazu in der Lage – ist genauso absurd wie zu behaupten, daß der Mensch besser sei als das Tier, weil er uns geholfen hat. Weder der Mensch noch das Tier ist besser, sie sind einfach nur anders. Es gibt Wesenszüge, die im Menschen ausgebildet sind und dem Tier fehlen. Über andere Eigenschaften verfügt wiederum das Tier und wir oft nicht (mehr).

Nur Menschen, die im Einklang mit der Natur leben, konnten sich einen Teil dieser letztgenannten Fähigkeiten bewahren, während die fortschrittshörigen Gesellschaften in den Städten sie verloren haben – doch nicht endgültig.

Sämtliche angenehmen Wesenszüge, die unsere Tiere besitzen, können wir durch sie und mit ihrer Hilfe zurückgewinnen. Ihre Anwesenheit, die mit ihnen verbrachten Stunden und gemeinsamen Verrichtungen führen ganz von selbst zu diesem Ergebnis, auch wenn wir uns nicht ausdrücklich darum bemühen. Eigentlich haben wir schon dann etwas von unseren Hausgenossen »gelernt«, wenn wir feststellen: »Seit ich einen Hund habe, bin ich viel ausgeglichener«, »… bin ich nicht mehr so leicht erschöpft«, »… wird in der Familie weniger gestritten«, »… kümmern wir uns mehr um einander« usw.

Während des Ausritts oder Spaziergangs mit dem Hund – besonders in der Natur – sollten wir versuchen, die Umgebung mit den Sinnen der Tiere wahrzunehmen. Wir bemerken plötzlich Dinge, über die wir uns schon lange nicht mehr bewußt waren. Besonders Abendspaziergänge sind für diese Übung geeignet. Anfangs werden wir in der Dunkelheit kaum etwas erkennen und uns schlecht zurechtfinden; wir müssen uns auf das Tier verlassen. Nach einigen Wochen stellen wir fest, daß wir im Dunkeln schon ganz gut sehen und viele

Verfeinerte Wahrnehmung: Wirklich nur ein umgestürzter Baum – oder mehr?

Bäume am Geruch unterscheiden sowie kleine, feine Geräusche und einzelne Stimmen zuordnen können. Das alles nützt nicht nur unseren Sinnen – diese Spaziergänge werden für uns zu einem viel aufregenderen Erlebnis; wir werden aufnahmefähiger. Und unbewußt breitet sich durch dieses Vorgehen ein innerer Frieden in uns aus.

Wir lernen, uns über Dinge zu freuen, die uns früher unberührt ließen. Wir bemühen uns dann, in allem nur das Schöne zu sehen: Der oft gescholtene Regen erhält einen eigenen Zauber, der Wind, der Nebel, die vertrockneten Grasbüschel, die Erdschollen (was für ein Duft doch ein frisch gepflügter Boden verströmt!), wir werden den Frosch schön finden, der in einer Wasserlache herumhüpft, oder das Moos an Baumstämmen, jede winzige Blume, sogar ein gewöhnliches Insekt werden wir bewundern, wie es mit seinen regenbogenfarbenen Flügeln elegant durch die Luft schwebt. Wir kommen der Natur näher und somit *uns selbst*. Das steigert in hohem Maße unser Verständnis, unsere Geduld und unsere Anpassungsfähigkeit.

Die »Kettenreaktion« setzt sich fort, wodurch auch unsere Gefühle und unser Denken zentrierter werden. Nicht nur unsere Tiere freuen sich nun jeden Tag mit uns, sondern auch wir freuen uns über sie und über jeden, der zu uns gehört. Die Liebe in uns vertieft sich, wir spüren erneut die Zärtlichkeit unserer Mutter, die Hilfsbereitschaft unserer Kollegen und die Hingabe unseres liebenden Ehegatten oder Geliebten. Zur selben Zeit nehmen auch negative Gefühle eine andere und verträglichere Gestalt an: Feindschaft und boshafter Neid lassen ebenso nach wie schwelender Haß hinter einem gekünstelten Lächeln.

Unsere Tiere sind aufrichtig und verbergen weder Zuneigung noch Mißfallen. Wenn ihnen jemand zuwider ist, zetteln sie keine Intrige an, sondern meiden denjenigen oder kämpfen offen mit ihm. Auch wir werden in ihrem Beisein offener – wir lernen zu zeigen und zu sagen, was wir uns früher nicht getraut hätten, und befreien uns so von allerhand unnötigem Druck, aufgestauter Wut, Nervosität und Streßreaktionen, die unsere Seele und Gesundheit angreifen.

Unsere gefestigte Seele bedingt die Entwicklung unseres Durchhaltevermögens und Verantwortungsbewußtseins – ausgesprochen menschliche Wesensmerkmale. Und doch können gerade die Tiere uns dabei helfen, teils aus oben angeführten Gründen, teils deshalb, weil sie mit ihren verfeinerten Instinkten und der ausgeprägten Intuition genau wissen, was für Bedürfnisse sie haben (von dieser Warte aus betrachtet, steht ihre Spiritualität auf einer höheren Stufe als die unsrige). Wir Menschen hingegen wissen nicht immer genau, was wir brauchen, da unsere Entscheidungsfindung durch viele äußeren Bedingungen erschwert wird. Im Zusammenleben mit unseren Tieren werden auch wir intuitiver, kommen uns selbst näher und können so bessere Entscheidungen für unser eigenes Schicksal treffen.

Diese wunderbaren Eigenschaften unterstützen uns beim Abwägen solch wichtiger Fragen wie: Wer soll mein Lebensgefährte sein? Was soll ich studieren? Welche Arbeit erfüllt mich? Wo will ich wohnen und arbeiten und wo *nicht*? Bei welchem Geschäft kann ich einen Vertrag eingehen und von welchem sollte ich besser die Finger lassen? Je besser entwickelt unsere Intuition ist, desto mehr hilft sie uns, zuverlässige Entscheidungen zu treffen. Mit anderen Worten: In Zukunft werden wir uns nicht mehr zu etwas verleiten lassen – und das ist wahre Selbstverwirklichung.

TEIL II

KONTAKTGESTALTUNG

In den vorherigen Kapiteln haben wir erfahren, nach welchen Gesichtspunkten ein intellektueller Kontakt zu den Tieren aufgebaut werden kann. Unser Ziel ist es, auf ihren Verstand d.h. ihre geistigen Fähigkeiten einzuwirken, ohne ihnen jedoch unseren Willen aufzuzwingen. Besonders Grobheit wollen wir nicht einsetzen, um sie zu bewegen, unserem Wunsch oder Befehl nachzukommen. Der nun folgende Teil des Buches beschäftigt sich mit der praktischen Seite dieser Beziehung, mit dem für uns wichtigen, greifbaren Wissen, anhand dessen wir mit dem Tier zusammenwirken können.

Um dorthin zu gelangen, müssen wir unsere Kommunikation mit dem Tier wirksam und inhaltsreich gestalten; davon hängt alles ab. Als erstes sollten wir uns über unsere eigenen Möglichkeiten der Verständigung klarwerden; wir müssen lernen, unsere Kommandos in einer für das Tier verständlichen Form zu geben, so daß wir das erwünschte Verhalten auf unsere Handzeichen und Lautsignale bewirken.

Außerdem werden wir ausführlich darauf eingehen, weshalb ein Tier unseren Befehlen nicht folgt und was dann von uns zu tun ist. Wir haben die Ausbildung im allgemeinen behandelt sowie den richtigen Einsatz der positiven oder negativen Bestätigung (Belohnung und Strafe), die damit verbunden ist. Weiterhin haben wir erfahren, wie wir den Kontakt zu Tieren je nach Alter und Intelligenz aufnehmen.

Hierbei wäre es leider aussichtslos, Vollkommenheit anzustreben. Was die unterschiedlich komplexen Kommunikationsformen unserer Tiere anbelangt, gibt es noch viele unerforschte Gebiete, da die Tiersprache in ihrer Ausprägung von der unsrigen sehr stark abweicht; wir können eben nicht alle Lautsignale und Bewegungen »übersetzen«. Im Augenblick ist es sogar fraglich, ob wir überhaupt jemals auf diese Stufe gelangen (aber wir sollten nichts unversucht lassen!). Trösten wir uns mit der Tatsache, daß wir gar nicht sämtliche Signale brauchen. In der Regel kommen sich Mensch und Tier auf halber Strecke entgegen: Die Tiere müssen unsere Signale genauso lernen wie wir die ihrigen; beide Seiten nähern sich also einander an und tragen zur Entwicklung des gegenseitigen Verstehens bei.

Ich möchte noch einmal betonen, wie wichtig es ist, daß wir darauf reagieren, wenn unsere Tiere versuchen, mit uns Kontakt aufzunehmen. Sie können sich sonst leicht wieder vor uns verschließen. Sicher haben wir nicht immer genug Muße, uns mit der Katze, die unsere Beine umstreicht, oder dem Hund, unserem treuen Schatten, zu beschäftigen. Doch es kostet uns kaum Mühe und Zeit, ihnen kurz zuzurufen: »Ist ja gut, mein Hund!«, »Mein liebes Kätzchen!« (oder was uns gerade einfällt). Wenn wir nichts sagen, sondern uns statt dessen zu ihnen herunterbeugen und sie streicheln, werden sie es auch verstehen. Hauptsache, wir haben auf sie reagiert und sie wahrgenommen.

Wenn wir sie übergehen, können wir demnächst lange warten, bis sie wieder einmal auf unser Rufen hören. (Der Hund wird es vielleicht tun, aber die Katze und das Pferd bestimmt nicht.) Ein noch schlimmerer Fehler ist es, wenn wir wütend oder verärgert sind und ein Tier, das sich uns nähert, schroff zurückweisen. Bei einem guten Verhältnis zum Tier können wir ihm nett und freundlich klarmachen, daß wir im Moment keine Zeit haben; sind wir grob zu ihm, wendet es sich bald von uns ab.

Signale und
Kommunikationsabsichten der Tiere

Die Signale und Zeichen drücken unsere Tiere über ihre Mimik, Körperhaltung und Bewegungen aus (allgemein Gebärden- oder Körpersprache genannt) sowie über Laute. Mit den Signalen geben sie überwiegend ihre Stimmung wieder sowie ihre Gefühle und Handlungsabsichten, selten steckt mehr dahinter – aber auch das kommt zuweilen vor! Ihre Bereitschaft, mit uns zu kommunizieren, zeigen sie über mehrere der vier obigen Signalarten, die nacheinander an uns abgegeben oder miteinander kombiniert werden.

Unter den Signalen sind all jene angeboren, die einfache Gefühle ausdrükken (siehe Abschnitt »Die Seele der Tiere«), doch diese können nicht als Anzeichen dafür gewertet werden, daß sie sich mit uns verständigen wollen. Beispielsweise kann über die Mimik nämlich auch Freude oder Schreck ausgedrückt werden und über eine Gebärde Aufregung, was auch dann auftritt, wenn das Tier allein ist. Zeichen, die hingegen eine Absicht, Bitte oder Information weitergeben, sind auf jeden Fall erlernte Ausdrucksformen. Allerdings ist das Lernen des Zeichenrepertoires nicht fürs ganze Leben festgelegt (wie etwa die Unterscheidung zwischen »eßbar« und »ungenießbar«). Wenn das so wäre, müßten wir es als »vorprogrammiert« ansehen und zu den lebensnotwendigen Instinkten zählen; es könnte fast unendlich variiert und ergänzt werden.

Das liegt daran, daß sich die Kommunikationsfähigkeit der Tiere laufend verbessert, verfeinert und wächst, sobald die Tiere in Gesellschaft des Menschen leben. Unsere vierbeinigen Freunde, die ein ungetrübtes Verhältnis zu uns haben, kommen ganz von selbst darauf, daß wir andere Verständigungsformen haben als sie und wir sie oft deshalb nicht verstehen. Sie helfen uns manchmal, indem sie versuchen, uns nachzumachen oder einfach andere Signale zu benutzen. (Das hat manchmal unglaubliche Ergebnisse zur Folge, wir stehen fassungslos vor unserem Hausgenossen und fragen uns: »Was ist bloß mit dem Tier los, ist es vielleicht verrückt geworden?«)

Die Mimik – das Mienenspiel – drückt einfache Stimmungen und Launen aus (Freude, Aufregung, Wut, Langeweile, Aufmerksamkeit, Schreck usw.), welche innerhalb der Tierwelt fast immer gleich erscheinen. In vielen Büchern lassen sich Bilderfolgen finden, welche die typische Mimik und Gesichtsausdrücke einer Tierart zeigen; diese sind unverkennbar, denn auch unsere einfachen Gefühle spiegeln sich in unserem Gesicht ähnlich wider.

Was die Gebärdensprache betrifft, sind die Signale bei den verschiedenen Tierarten fast gleich oder ähnlich, manchmal erinnern sie auch an die Körpersprache des Menschen und stimmen mit ihr überein. Einige Fachleute sind jedoch der Ansicht, daß bei gleicher Körpersprache noch lange nicht die Beweggründe gleich sein müssen, das »interpretieren wir nur hinein«.

Dies kategorisch zu behaupten, würde bedeuten, den eigenen Instinkt zu verleugnen. Denken wir nur an einen Tiger, der im Käfig nervös hin und her läuft. Warum tut er das? Er weiß, daß er nicht hinaus kann, doch trotzdem *kann er dem Drang nicht widerstehen, er will hinaus.* »*Ich will hinaus*«*(hin),* »*Ich kann nicht hinaus*«*(her),* »*Ich will hinaus*« *(hin) usw.* Jetzt stellen wir uns einen Behandlungsraum beim Arzt vor, einen Gerichtssaal oder das Büro des Chefs – und den davor auf und ab gehenden Menschen. Warum tut er das? Weil er hinein will, aber warten muß, oder weil er weiß, daß er später dortbleiben muß. Ist es ihm unangenehm, hat er schlechte Erfahrungen gemacht, fürchtet er sich und möchte am liebsten verschwinden? Das ist haargenau derselbe Konflikt wie im Raubtierkäfig!

Eingesperrtsein beim Tiger:
»Ich will hinaus« (hin), »Ich kann nicht hinaus« (her), …

In dem französischen Film *Der Bär* ist der pelzige Hauptdarsteller Bart in einer Szene zu sehen, wie er einem Weibchen den Hof macht und dabei kleine Bäume ausreißt. Ist diese Kraftdemonstration nicht vergleichbar mit einem jungen Mann, der vor einer hübschen Frau mit einem gewagten Kopfsprung in den See angibt oder eine halsbrecherische Darbietung auf seinem Motorrad liefert? Hier könnte man noch unendlich viele Beispiele nennen!

Von einem Hineininterpretieren kann nur dann die Rede sein, wenn wir eine Reaktion des Tieres, die eine bekannte Ursache hat, als Ausdruck eines Gefühls oder einer Denkweise betrachten wollen, die für das Tier untypisch (oder anscheinend untypisch) ist.

Allerdings gibt es nur wenige Körpersignale, die bei allen Tieren ein und dasselbe bedeuten. Eine Körperhaltung oder Bewegung, durch die ein bestimmtes Zeichen gegeben wird, hängen von der Gestalt und Lebensweise der jeweiligen Tierart ab. Deshalb wird dieselbe Absicht oder dasselbe Gefühl oft auf völlig unterschiedliche Weise ausgedrückt, und eine ähnliche Bewegung kann bei einer anderen Tierart wiederum etwas anderes bedeuten. Das Klopfen mit dem Vorderhuf, von einem kurzen, scharfen Wimmern begleitet, kann mit dem Verhalten eines Kindes verglichen werden, das seinen Willen nicht bekommt. Eine Pfote bringt dieses Klopfgeräusch nicht zustande, daher äußert sich eine solche Laune bei der Katze durch eine fegende Bewegung, indem sie die Vorderpfote anhebt und hin und her schwenkt.

Die Ohrenstellung als Stimmungspegel:
Aufgestellte (gespitzte) Ohren: Aufmerksamkeit

Flach angelegte Ohren: Angst (Angriffs- und Abwehrbereitschaft)

Schlaffe, herabhängende Ohren:
Niedergeschlagenheit und Unwohlsein, aber auch Entspannung.

Die wichtigsten und bekanntesten Körpersignale lassen sich an Ohren, Beinen und Schwanz der Tiere ablesen. Flach angelegte Ohren stehen bei allen Tieren für Angst (genauer gesagt: Angriffs- und Abwehrbereitschaft). Aufgestellte (gespitzte) Ohren bedeuten Aufmerksamkeit und Wachsamkeit, Ohren, die hin und her zucken, drücken Unruhe oder Nervosität aus. Schlaffe, herabhängende Ohren sind ein Zeichen für Niedergeschlagenheit und Unwohlsein, aber auch Entspannung (ausgenommen sind natürlich Hunde mit Hängeohren). Auch bei der Schwanzhaltung lassen sich Gemeinsamkeiten beobachten, aber hier sind schon deutlich mehr Unterschiede anzutreffen. Bei den Raubtieren ist der eingeklemmte Schwanz ein Zeichen der Unterwerfung sowie Demut und geht mit geduckter Körperhaltung und gesenktem Kopf einher.

Das Tier zeigt deutlich, daß es nicht kämpfen will und eingesteht, daß ihm sein Gegner überlegen ist. In dieser Situation zieht auch ein Pferd seinen Schweif ein, aber er wird nicht eingeklemmt, weil er dafür zu kurz ist (die Schweifrübe des Pferdes ist nur etwa 30 cm lang). Doch das Schwanzeinziehen hat nicht nur als Signal eine Funktion, sondern schützt zuweilen empfindliche Organe – wie die Hoden –, die sich bei Raubtieren oder etwa beim Schwein an dieser Stelle befinden. Es ist bezeichnend, daß die um die Vormachtstellung ringenden Männchen (selbst Pferde!) während des Kämpfens die Hoden des Gegners als Angriffspunkt benutzen. Auch ein aufgebauschter Schwanz zeigt bei Raubtieren größtenteils Erregung und Kampfbereitschaft an – das geht oft mit aufgestellten Nackenhaaren einher.

Dies zeigt eine andere Motivation als bei angelegten Ohren: Im letzteren Fall rechnet das Tier schon damit, daß es kämpfen muß, während es sich vorher durch das Aufbauschen noch größer und stärker zeigt, um einen Kampf zu ver-

Gesträubte Nackenhaare und ein aufgebauschter Schwanz
stehen bei der Katze für Angriff.

meiden. Deshalb ergreift es nach diesem Verhalten auch regelmäßig die Flucht anstatt zu kämpfen. Ein hoch aufgerichteter Schwanz bedeutet gute Laune oder Freude, diese Ausdrucksweise ist bei der Katze am meisten ausgeprägt. Sie kann aus ihrem Schwanz nicht nur eine »Fahne« bilden, sondern ihn schlängeln, damit zittern oder ihn zum Fragezeichen formen.

Das Schwanzwedeln ist noch vielschichtiger; es geht üblicherweise einher mit Unsicherheit, Unentschlossenheit und einem damit verbundenen Zustand der Erregung: »Soll ich springen oder nicht?« (die Katze auf Beutefang); »Wenn er hereinkommt, greife ich ihn an!« (der bellende Hund hinterm Zaun); »Gehen wir nun endlich los, oder was kramst du noch herum?« (das Pferd während des Sattelns). Nach dem Verhaltensforscher Desmond Morris ist selbst ein Hund, der seinen Herrn mit glücklichem Schwanzwedeln begrüßt, unsicher. Ehrlich gesagt, kann ich mich mit dieser Auslegung nicht anfreunden. Daß der Hund in dieser Situation aufgeregt ist, steht jedoch außer Zweifel. Aber das Pferd wedelt naturgemäß auch dann mit dem Schweif, wenn es Fliegen verscheucht. Zu oben genannter Schlußfolgerung würde man nur dann gelangen, wenn kein Insekt in der Nähe ist.

Bei Fußbewegungen sind folgende typisch: Bei Hund und Katze soll eine vorgesetzte Vorderpfote, beim Pferd das Klopfen mit dem Huf Aufmerksamkeit erwecken, es ist ein Weg zur Kontaktaufnahme. Sie wollen, daß etwas schneller geht und uns verständlich machen: »Gib mir (endlich) mein Fressen!«; »Komm (endlich) her!«; »Spiel (endlich) mit mir!«. Das Klopfen und das bereits erwähnte Anheben der Pfote kann auch heißen: »Das ist nicht gut!« oder »Das will ich nicht!« Bei Hunden und Katzen ist auch dieser Bewegungsablauf wohlbekannt, wobei das Tier die Vorderläufe ausstreckt, das Gewicht nach vorn verlagert und schließlich den Körper zunächst nach hinten und dann wieder nach vorn streckt. Diese Pose bedeutet: »Ich bin soweit!« (zur Jagd, zum Hinausgehen, zum Spiel usw.).

Die Katze ergänzt diese Sitte noch durch ein zeremonielles Krallenwetzen. Interessant ist, daß auch Pferde sich strecken, doch bei ihnen ist es kein Zeichen zur Kommunikation. Einmal erfreute mich ein Pferd mit diesem bei Reittieren eher unüblichem Strecken in Form einer Vorwärts- und Rückwärtsbewegung. Mit diesem »Ich bin bereit!« wollte es ausdrücken, daß ich es reiten und mich mit ihm beschäftigen sollte.

Neben der Körperhaltung, die größtenteils schon für sich spricht, verraten uns auch die Bewegungsweise der Tiere und ihr Gang sehr viel. Ein Tier läuft und bewegt sich anders, wenn es flieht, nach Beute jagt, spielt, sich austobt oder einfach nur woanders hingeht.

Bewegungsweise und Gang des Tieres verraten dem
aufmerksamen Betrachter sehr viel.

Laute werden in der Regel aus zwei Gründen geäußert: um sich über eine größere Entfernung bemerkbar zu machen und untereinander Signale auszutauschen oder wenn optische Zeichen nicht möglich sind. Außerdem greifen Tiere auf Laute zurück, sofern sie über Mimik und Körpersprache nicht ausdrücken können, was sie wollen. Wenn man diese zwei Beweggründe kennt, fällt einem auf, wie unterschiedlich ihre einzelnen Laute sind. Jede Tierart hat ein breit gefächertes Lautrepertoire. Die verschiedenen Lautarten können wir oft nicht einmal benennen. Der Hund zum Beispiel bellt, heult, knurrt, jault, winselt, kläfft, schlägt an, was jedoch nur allgemeine Oberbegriffe sind. Mit einer dieser Lautarten kann ein Hund, abhängig von seiner Rasse, sehr verschiedene Laute erzeugen; je nachdem, ob der Hund eine volltönende oder dünne Stimme hat, sind wir in der Lage, von dieser Tonhöhe auf seine Körpergröße zu schließen. Oder nehmen wir die Siamkatze: Ihr typisches »Rau« oder »Rao« unterscheidet sich deutlich von den uns vertrauten Lauten anderer Katzen. Bei ihr kann man sogar Laute in unterschiedlicher Tonlage vernehmen.

Die meisten Autoren warnen davor, die Lautäußerung der Tiere als eigene Sprache anzusehen. In gewisser Hinsicht haben sie recht, denn die Äußerungen werden bei ihnen (wahrscheinlich) nicht in Sätze und Worte aufgeteilt, es gibt keine Grammatikregeln und wenig Betonung. Doch es steckt mehr dahinter als nur die schlichte Bekundung von Gefühlen. Die Tiere tauschen auch untereinander Informationen aus, und wir können nur raten, auf welchem Niveau dies stattfindet und wie komplex diese Informationen sind. Der kanadische Schriftsteller Farley Mowat etwa beschreibt in seinem Buch *Ein Sommer mit Wölfen*, wie seine Eskimofreunde aufmerksam die gejaulten Signale von einem Wolfs-rüden an seine Familie verfolgten und daraus verstanden, daß der Rüde später zu ihnen stoßen würde, weil seine Jagd nicht erfolgreich war und bei den Men-schen Gäste angekommen seien – und diese Mitteilungen trafen allesamt zu. Obwohl das genannte Buch keineswegs als wissenschaftlich angesehen werden kann, sind diese Beobachtungen nicht völlig abwegig.

Jedenfalls können wir erleben, daß unsere Tiere mit Hilfe ihrer Mimik und Körpersprache Äußerungen machen, deren Inhalt komplizierter ist, als wir angenommen haben. In diesem Zusammenhang möchte ich zwei eigene Erleb-nisse schildern:

Zu meinen Tierfreunden gehörte auch die eineinhalb Jahre alte Schäferhündin Sheena, die in einem Einfamilienhaus am Stadtrand zu Hause war. Regelmäßig, ja, fast täglich kam ich dort vorbei. Sheenas Herrchen, ein sympathischer junger Mann, ging oft mit ihr spazieren oder ließ sie frei herumlaufen. Wenn er nicht zu Hause war, war Sheena im Garten eingesperrt und bewachte »ihr Reich«.

Die Hündin hatte nicht viel zu tun, denn außer den Nachbarn kam niemand dem Haus zu nahe. Immer wenn jemand am Garten vorbeiging, hob Sheena nur leicht den Kopf und lag dann wieder unbeweglich neben der etwa zehn Meter ent-fernten Haustür. Zu mir kam sie aber jedes Mal heran, und wie »unterhielten« uns einige Minuten über den Gartenzaun hinweg.

Eines Tages passierte dann etwas, was mich völlig bezauberte: Sie sprang zum Zaun, bellte mich fröhlich an, machte aber sofort wieder kehrt und lief zur Haus-tür zurück. Sie setzte sich davor, schaute auf die Tür, dann auf mich und schließ-lich wieder auf die Tür; danach vernahm ich ihr leises Winseln, sie stand auf und legte sich einen Schritt weiter erneut hin. Mit ihrem »Schauspiel« gab sie mir ganz eindeutig zu verstehen: Ich würde ja so gerne zu dir hinauskommen, doch leider ist »er« (mein Herr) nicht daheim, und deshalb geht es nicht.

Die Hauptperson in meinem zweiten Beispiel ist natürlich mein heißgeliebtes Vollblutpferd Gorsia. Ein intelligenteres und liebenswürdigeres Tier habe ich in meinem ganzen Leben nicht getroffen, und wahrscheinlich werde ich das auch nicht mehr. Doch manchmal hält das Leben ja doch noch einige Überraschun-gen für einen bereit.

Einmal ritt ich mit ihm gemächlich über ein recht unebenes und unübersichtliches Stück Wiese, als wir plötzlich an einen Graben gelangten. Er war künstlich und zu tief und gleichzeitig nicht breit genug, um hindurchzuwaten. Hinüberspringen wäre auch keine Alternative gewesen, weil das Gelände, wie gesagt, zu uneben war. Ich entschied mich für einen Umweg und wollte mein Pferd wenden. Doch Gorsia befolgte meine Anweisung nicht, was eigentlich nicht typisch für ihn war. Er spannte seine Vorderbeine an und streckte den Kopf vor. Ich verstand nicht, was er wollte, und wiederholte meine Hilfe etwas entschiedener. Da machte sich Gorsia noch steifer – auch er tat dies entschiedener – er beugte sich nun ganz vor, und um seine Absicht zu unterstreichen, klopfte er mit dem Huf. Endlich verstand ich, daß er unser Problem selbst lösen wollte. Ich war gespannt auf seine Idee, ließ die Zügel locker und gab ihm sacht eine kleine Hilfe, sich in Bewegung zu setzen.

Er schaute einen Augenblick in den Graben hinunter und stieg dann mitten hinein, um auf der anderen Seite geschickt wieder hinauszusteigen. Ich lobte ihn sehr, worauf er voller Stolz herumtänzelte; dann drehte er sich um und durchquerte auf die gleiche Weise noch einmal den Graben. Er blieb erneut stehen und blickte sich zu mir um, der Stolz in seinen Augen war nicht zu übersehen – der Stolz über seinen Erfolg.

Mit den ersten Signalen vorm Graben hatte er mir zu verstehen gegeben: »Kehren wir nicht um, ich schaffe das!« Doch es war nicht das Durchqueren des Grabens, das mich so sehr überwältigte, sondern die Tatsache, daß er erkannte, warum ich ihn vor dem Graben zügelte, und daß er mir verdeutlichte, die Schwierigkeit allein meistern zu können.

Unsere Signale

An diesen Beispielen können wir erkennen, daß die Signale der Tiere viel einfacher geartet sind als die der Menschen. Aber ihre Kommunikation entwickelt sich rasant weiter; wenn wir uns intensiver mit ihnen befassen, können wir ebensolche Ergebnisse wie oben erwähnt erzielen, was als Verständigung auf hoher Stufe bezeichnet werden kann. Wir müssen die vom Tier verwendeten Zeichen und Signale genau kennenlernen und ihnen dabei die unsrigen vermitteln, d.h. den vereinfachten »Code«, den wir für sie aufgestellt haben.

In unserer Kommunikation mit ihnen spielen Bewegungen, Laute und Worte eine Rolle.

Unsere Bewegungen und Laute sind sinngemäß mechanischer Art, Worte hingegen sind intellektuelle Zeichen. Das bedeutet noch lange nicht, daß das eine höher als das andere gewertet werden muß. In bestimmten Situationen ist es besser, ein mechanisches Signal zu geben, in einer anderen sollten besser Worte eingesetzt werden; das hängt zum einen von den Umständen ab und zum anderen von der Information, die man übermitteln will.

In unserem Kommunikationsrepertoire sollten Bewegungen, Laute und Wörter enthalten sein, die eine folgerichtige Einheit bilden und deren Bestandteile gegeneinander austauschbar sind (z. B. kann ein Wort oder Laut eine Bewegung ersetzen oder umgekehrt).

Bei der Ausbildung von Gebrauchshunden sind Gebärden entscheidend.

161

Bei der Ausbildung von Gebrauchshunden sind Bewegungen entscheidend, da auch später während ihres Einsatzes Anordnungen nicht über Lautsignale gegeben werden. Andererseits kann der Hund in eine Lage geraten, wo er außerhalb der Sichtweite seines Herrn ist und mit Lauten oder Worten zurechtkommen muß. Beim Einstudieren von Aufgaben geht sowieso kein Weg daran vorbei, die gesamten Kommunikationsformen anzuwenden.

Nonverbale Hilfen sind beim Reiten von großer Bedeutung, ohne sie wäre die Arbeit mit dem Pferd unmöglich. Stellen wir uns nur vor, man müßte einem Pferd auf dem Springparcours andauernd ins Ohr sagen: »Jetzt rechts herum! Du mußt anders springen! Mach kleinere Schritte!« Wir hätten überhaupt keine Gelegenheit dazu! Aber wenn wir das Galopprennen betrachten, bleibt keine Zeit für nonverbale Hilfen, so daß wir das Pferd mit Worten anfeuern müssen. Bei der Dressur sind (genau wie beim Hund) alle drei Signalarten und wie sie miteinander zusammenhängen wichtig.

Allerdings müssen wir selbst entscheiden, wann es sich anbietet, zuerst ein Wortkommando zu lehren und erst dann das entsprechende Bewegungssignal oder umgekehrt. Dafür gibt es kein Patentrezept, weil jedes Tier anders ist. Glücklicherweise können wir – besonders bei der Ausbildung von Gebrauchshunden und Reitpferden – auf ein umfassendes und altbewährtes System von Bewegungszeichen zurückgreifen. Dieses System ist logisch aufgebaut, sehr wirksam und nahezu überall gleich (abgesehen vom unterschiedlichen Stil). Daher empfiehlt es sich, diese »Bewegungscodes« beizubehalten, zu erlernen

Wie viele Wörter sich das Tier merkt, hängt von zwei Dingen ab:
seiner Intelligenz und unserer Lehrmethode.

und keine eigenen zu erfinden. Laute und Wörter hingegen können beliebig gewählt werden, aber ein gutes Ergebnis läßt sich nur dann erzielen, wenn sie systematisch und immer gleichbleibend eingesetzt werden.

Uns sind althergebrachte Ruf-, Aufmunterungs- und Verbotslaute geläufig, die nah und fern übereinstimmend benutzt werden, obwohl die Entstehung diese Laute eher sprachgeschichtliche als zweckgerichtete Gründe hat. Bestes Beispiel hierfür ist der Zischlaut, mit dem man eine Katze ruft. In vielen Gegenden wird auf die gleiche Weise gerufen, weshalb viele denken, daß eine Katze am besten auf so einen Laut reagiert. Tatsächlich sind diese Laute aber nur eine Abwandlung des Wortes »Katze« bzw. dessen Verniedlichung »Kätzchen«. Der englische Ruflaut für Katze ist »puss-puss-puss«, was eben Kätzchen bedeutet. Auf Ungarisch heißt »cicc-cicc« ebenfalls Kätzchen, von dem Wort »cica«. Hunde werden vielerorts durch Pfeifen gerufen, Pferde bringt man bei uns meist mit einem »Csitt!« (Ruhe) oder »Ho!« (auf Englisch »Whoa!«) zum Stehen, in vielen Ländern heißt es »Prrr« oder »Brrr«.

Ruflaute können also beliebig ausfallen, doch es wäre praktischer, sich auf festgelegte Zeichen zu einigen, damit auch fremde Tiere uns verstehen.

Ein größeres Problem stellen die Wortkommandos beim Kommunizieren mit den Tieren dar. Viele sprechen den Tieren generell ab, sich einzelne Wörter merken und verstehen zu können. Wieder andere meinen, daß die Anzahl der verstandenen Wörter nur äußerst gering und die dadurch ausgelöste Reaktion nur ein bedingter Reflex sei. Suchen wir also nach der Wahrheit! Tiere sind wirklich in der Lage, sich viele Wörter zu merken und logisch zu deuten, doch dazu gehören immer zwei. Zum einen ist das Tier gefordert (seine Intelligenz) und natürlich wir (unsere Lehrmethode).

Ann Head schreibt in ihrem Buch *Good Dog! – Educating the Family Pet*: »Gott schütze die liebe alte Dame, die von sich sagt, daß ihr Hund jedes ihrer Worte verstünde.« Nun bin ich nicht so sehr von mir eingenommen, aber kann trotzdem behaupten, daß alle meine Tiere stets meine Worte verstanden haben. Und zwar deshalb, weil ich nur einen sehr begrenzten Wortschatz benutzte – angefangen bei zwei, drei Worten – und diesen ständig erweiterte. Mit dieser Methode kann man ein sehr hohes Niveau erreichen, aber sie erfordert viel mehr Zeit als ein paar Tage und Wochen.

Ich möchte auch noch eine andere These aufstellen: Wenn ein Tier in einer bestimmten Situation nicht auf ein wiederholt gesprochenes Wort reagiert, bedeutet das noch lange nicht, daß es dieses Wort nicht verstanden hat. Bei genauer Beobachtung seines Verhaltens während der Arbeit, können wir sehr deutlich den Unterschied sehen, ob das Tier deshalb nicht reagiert, weil es das

Wort nicht versteht oder weil es das Wort nicht verstehen will. Möglicherweise erscheint ihm unsere Bitte widersprüchlich; dann ist es hilfreich, »mit dem Kopf des Tieres zu denken« (siehe Abschnitt »Erziehung und Dressur«).

Das erste Wort, das man ihm beibringen sollte, ist sein Rufname. Wir können dem Tier irgendeinen Namen geben, denn es wird sich gewiß jeden Namen merken, auch wenn dieser keine bestimmten Laute enthält. Es ist für uns aber bequemer, wenn der Name kurz und leicht auszusprechen ist. Achten wir aber darauf, daß wir nicht mehreren Tieren denselben oder sehr ähnlich klingende Namen geben.

Das Tier weiß nicht, was ein *Name* ist. In der Natur benutzt jedes Tier eigene Ruflaute, um sich zu verständigen oder Kontakt aufzunehmen. Diese Laute variieren von Tier zu Tier. Im Gegensatz zu uns macht sich das Tier also mit seinen Ruflauten bekannt, *stellt sich vor*, nicht jemand anderen. Das läßt sich sehr gut an einem Beispiel verdeutlichen: Nehmen wir einmal an, daß die Mutter Susanna ihre Kinder zum Essen ruft, die gerade im Hof spielen. Sie stellt sich in die Tür und ruft: »Kirsten, Andreas, kommt nach Hause!« Wenn die Dame nun ein Vierbeiner wäre, würde sie rufen: »Ich bin Mutter Susanna, kommt nach Hause!« Ein Tier ruft keine bestimmten Personen, sondern jeden, der zu seiner Familie gehört oder mit dem es in Kontakt treten will.

Und trotzdem können sich Tiere ihren Namen zweifellos leicht merken. Für sie ist es nur unbegreiflich, daß wir *jedem* immer neue Rufnamen geben.

Tiere rufen anders als Menschen: niemand Bestimmtes,
sondern alle, die zu ihrer Familie gehören.

Katzen, die verglichen mit anderen Haustieren viel gesprächiger sind, reagieren nicht so leicht auf ihren eigenen Namen. Viele unter ihnen versuchen aber, über ihren eigenen Rufnamen Kontakt mit uns aufzunehmen. Dafür braucht die Katze viele Jahre, es hängt auch sehr von dem Namen ab, ob unsere Katze ihn auszusprechen versteht. Von meinen Katzen lernten es Berry und Jaguar am schnellsten, Mitzi mit ihrem allgemeinen Katzennamen konnte ihren Namen nur nach sehr langer Zeit in Form von »Nyi-ki« sagen. Bei vielen anderen von meinen Katzen war diese Gabe jedoch nicht festzustellen – Cinci zum Beispiel, die sehr intelligent war, hätte wegen der für Katzen sehr schwer zu artikulierenden Laute ihren Namen niemals aussprechen können. Ich möchte hier bemerken, daß die redselige Siamkatze dafür bekannt ist, daß sie Wörter erlernt: Der Siamkater einer Bekannten sagte zum Beispiel sehr deutlich »Mama« zu ihr; meine Katze Jaguar beglückte mich lange mit dem Liebesschwur »Szeretlek«. (Es ließ sich aber nie herausfinden, ob die Katze wußte, was sie da sagt bzw. was sie darunter versteht.)

Die Begriffe, mit denen wir die Tiere anreden, können ganz verschieden sein. Wenn wir den Hund Rex regelmäßig »zottig« nennen, wird er auch diesen Begriff als zu ihm gehörig anerkennen. Doch er besitzt noch mehr Unterscheidungsvermögen und erfaßt, daß sich das Wort »Hund« auf jeden Hund bezieht und »Katze« auf jede Katze usw. Auch meine geliebten Pferde haben sich schnell mit den diversen Kosenamen in Verbindung gebracht, die ich ihnen im Laufe der Jahre gab; und jedes der Tiere wußte, daß mit dem Wort »Pferd« nicht ein einzelnes Tier gemeint war, sondern alle Tiere im Stall.

Mit derselben Schnelligkeit lernen die Tiere auch die Namen ihrer Artgenossen, den des Besitzers, Namen von Familienmitgliedern, Bekannten und häufig anzutreffenden Besuchern.

Es stellt sich auch nicht als besonders schwer heraus, so simple Wendungen wie »Es ist gut!«, »Nein!«, »Pfui!« usw. zu erlernen. Auch diese müssen konsequent angewendet werden, vor allem aber komplizierte und spezielle Ausdrücke. Bei letzteren, besonders längeren Formulierungen sollte man keinesfalls improvisieren. Die von mir gebrauchte Aufforderung »Geh zur Seite!« darf nicht ausgetauscht werden durch »Geh nach rechts!« oder »Rück mal beiseite!«. Diese Ausdrücke entsprechen zwar dem, was wir erreichen wollen, doch mit unseren Variationen verunsichern wir das Tier eher. Es kann sogar sein, daß das Tier die neue Version versteht, aber eben nicht daran gewöhnt ist und deshalb nicht reagiert.

Einmal nahm ich einen Reiter hoch, der stolz von sich behauptete, er könne jedes Pferd dazu bringen, seinen Huf hochzuheben. Da er aber den Ausdruck, den ich bei Gorsia immer dafür benutzte, nicht kannte, gelang es ihn nicht, auch nur einen einzigen Huf von ihm zu bewegen. (Gorsia war außerdem nicht im mindesten gewillt, irgend jemand anderem zu gehorchen außer mir.)

Sehr bedeutsam ist auch die Betonung oder der Tonfall – doch es ist ein Irrtum anzunehmen, daß allein der Tonfall oder die Betonung erst die Worte für das Tier verständlich machen. Bestes Beispiel hierfür ist der Befehl »Leg dich!«, dem ein gut abgerichteter Hund grundsätzlich, egal in welcher Tonlage, folgt und sich hinlegen wird. Einen ebenfalls bekannten Befehl versteht das Tier wiederum nicht, wenn wir ihm diesen in einer fremden Sprache geben (oder wir sprechen in unserer Muttersprache zu einem Tier, das in einem anderen Land beheimatet ist).

Unser Tonfall, der auch unsere Gefühle vermittelt, unterstützt zwar die Wirkung des Gesprochenen, trägt aber nicht zum eigentlichen Verständnis der Worte bei. Darüber hinaus erfährt das Tier auch etwas über unsere Stimmung: ob wir fröhlich, traurig, verärgert, zufrieden, müde oder erregt sind, in unseren Worten spüren sie Anerkennung oder Unwillen, Ermunterung oder Ungeduld, zuweilen Besorgnis oder Gefahr; und das alles führt zu einer Beschleunigung ihrer Reaktion. Manchmal kann ein falscher Tonfall die Bereitschaft des Tieres behindern, er ruft Angst hervor, und wir erreichen genau das Gegenteil. Deshalb ist es wichtig, daß wir unsere Befehle in der richtigen Tonlage geben. Während des Trainings sollten wir einen fordernden Ton sowie eine ungeduldige, nervöse und unbeherrschte Sprechweise vermeiden, weil das Tier dadurch kaum noch bereit sein wird, die Aufgaben zu lösen.

Es ist wichtig, daß wir die an die Tiere gerichteten Befehle in mäßiger Lautstärke, nicht zu schnell, mit deutlichen Silben und guter Betonung sprechen. Worte, die hastig hervorgestoßen und bei denen einzelne Buchstaben verschluckt werden, verstehen selbst wir Menschen kaum, aber einem Tier ist es schlichtweg unmöglich, sie zu verstehen.

Erziehung und Dressur

Uns steht eine Fülle von Büchern zur Verfügung, mit denen wir uns über die verschiedensten Abrichtungsmethoden informieren können. Besonders bei Hunden und Pferden ist die Auswahl riesengroß, so daß ich an dieser Stelle nicht näher auf die Übungen im einzelnen eingehen werde. Statt dessen möchte ich auf die allgemeine und grundlegende Verbindung zum Tier hinweisen, die mehr im Hintergrund steht, aber für eine erfolgreiche Entwicklung unserer Arbeit eine enorme Bedeutung hat.

Aufbau der Dressurarbeit

Die drei Stufen der Dressur haben wir schon in einer vorherigen Passage behandelt:

- Wir müssen dem Tier die Aufgabe verständlich machen.
- Die Aufgabe muß von ihm einmal fehlerfrei gelöst werden.
- Die Aufgabe muß solange wiederholt werden, bis das Tier sie immer wieder sicher lösen kann.

Unter Punkt 1 sollten wir auf unsere hochentwickelten Verständigungsmethoden zurückgreifen. Wenn diese Grundlagen noch fehlen, beginnen wir unsere Arbeit zunächst mit Kommunikationsübungen. Machen wir dem Tier deutlich, was bestimmte Wörter und Hilfen zu bedeuten haben. Wenn wir nicht mit Lob sparen, sobald es etwas verstanden hat, wird das Tier Gefallen daran finden. Oft hilft es auch, wenn wir dem Tier vorführen, was wir von ihm erwarten und dies gleichzeitig mit den Wort- oder Bewegungskommandos verbinden, die es lernen soll. Normalerweise stellt sich nach vier bis fünf Wiederholungen der erhoffte Erfolg ein.

Wir dürfen nie ungeduldig sein oder etwas erzwingen wollen. Wenn wir das Gefühl haben, daß wir eine Sache leid sind, beenden wir besser die Arbeit!

Beim Einüben sollten wir darauf achten, daß der Lernstoff nicht zu eintönig wird. Bei monotonen Übungen fängt das Tier an, sich zu langweilen, wird zappelig und will nicht mehr weitermachen. Eine gleichförmige Arbeit kann auch zu einseitiger Belastung führen, was unangenehm und schmerzhaft ist, ja, unter Umständen sogar Verletzungen mit sich bringt. Insofern ist es ganz natürlich, daß sich die Tiere dagegen sträuben. Daher empfiehlt sich zur Auflockerung,

Ungehorsam beim Pferd:
Es geht »gegen den Zügel«.   *Es geht »hinter dem Zügel«.*

das Tier auch einmal frei gewähren zu lassen oder andere, schon bekannte Übungen zu wiederholen. Letzteres ist auch deshalb von Vorteil, weil die Erfolgserlebnisse die anfänglichen Mißerfolge bei neuen Aufgaben mildern.

Achten wir auch während der Dressurarbeit immer auf die Reaktionen des Tieres und ändern wir sofort die Lernmethoden, falls wir merken, daß ihm das Training unangenehm zu sein scheint. Es wird uns zunächst mit kleinen, später aber mit deutlichen Zeichen darauf aufmerksam machen. Wenn wir schon bei beginnendem Unwohlsein eingreifen, läßt sich ein stärkeres Abwehrverhalten des Tieres (offener Widerstand, Fluchtabsichten oder sogar bösartiges Verhalten) wirksam vermeiden.

Warum das Tier unsere Bitte verweigert

• Es versteht unsere Bitte nicht.

Führen wir es schrittweise an das beabsichtigte Ziel heran. Greifen wir dabei auf unsere bewährten Verständigungsmethoden zurück. Wenn diese nicht ausreichen, setzen wir neue Signale ein.

• Das Tier sieht unser Vorhaben als unsinnig an.

Obwohl uns dieser Gedanke weit hergeholt erscheinen mag, tritt dieser Fall tatsächlich ein. Bestes Beispiel hierfür ist ein Pferd, dem wir das Springen beibringen wollen. Das Pferd springt gern und gut im Gelände, aber nur dann, wenn es frei laufen kann und das Hindernis unumgänglich ist. Schaffen wir also diese Voraussetzungen und versperren den Weg an geeigneter Stelle mit einer

Stange, *die leicht zu überwinden ist.* Spornen wir das Tier an, die gewählte Strecke beizubehalten; es wird ohne zu zögern springen. Wenn aber unsere Hürde den Weg nur teilweise versperrt, wird es das Hindernis umlaufen. Ein Pferd, das von uns zum ersten Mal auf eine Springbahn geführt wird, wird sich gegen die aus seiner Sicht unnötige Anstrengung des Springens sträuben. Wir dürfen kein rasches Ergebnis erzwingen wollen, sondern müssen ihm zunächst unsere Absicht klarmachen. Sehr hilfreich ist dabei ein Sprungkorridor, bei dem es keine Möglichkeit gibt, den Hürden auszuweichen. Ansonsten sollten wir beim Eingewöhnen darauf hinwirken, daß das Tier die Notwendigkeit dieser Übung anerkennt.

- Die Übung ist eintönig, das Tier langweilt sich.

Beenden wir die Arbeit. Wenn das nicht geht, machen wir eine Pause oder bauen ein paar andere Übungen ein.

- Das Tier ist erschöpft.

Beenden wir die Arbeit und gehen zu leichten, spielerischen Übungen über.

Wenn das Tier mit Langeweile und Erschöpfung kämpft und wir uns letztendlich dazu entschließen, das Training abzubrechen, sollten wir trotzdem einen klugen Trick anwenden: Zögern wir den Schluß noch ein bißchen hinaus, denn das Tier begreift sonst schnell, daß das Training immer dann beendet wird, wenn es das will. Fordern wir es noch einmal auf, die verweigerte Übung auszuführen, jedoch etwas energischer. Wenn die Aufgabe erfüllt ist, machen wir noch ein paar Lockerungsübungen und entlassen erst danach das Tier. Noch besser wäre es, nicht erst zu warten, bis sich das Tier langweilt oder so am Ende seiner Kräfte ist, daß es nicht mehr weitermachen will – beenden wir unsere Übungen unmittelbar dann, wenn das Tier sie gerade mit Vergnügen gemeistert hat, dann wird es sich auch auf den nächsten Arbeitstag freuen!

- Das Lernprogramm ist zu starr.

Wenn wir verschiedene Aufgaben immer in derselben Reihenfolge von ihm üben lassen, merkt sich das Tier diese Reihenfolge und weigert sich, die Aufgaben in einer veränderten Reihenfolge durchzuführen. *Es ist der Meinung, daß wir uns in der Reihenfolge geirrt haben.* Wiederholen wir unsere Aufforderung und halten von nun an nicht mehr an einer bestimmten Reihenfolge fest.

- Unser »Verlangen« war taktlos oder schikanös.

Wenden wir eine andere, feinfühligere Methode an!

- Die Übungen werden mit Angst und schlechten Erfahrungen verbunden.

Durch Belohnung und Beruhigung ist dieses Problem oft zu lösen, wenn wir genau wissen, was für Ursachen es hat. (Das Tier wurde bei dieser Übung damals erschreckt oder hat sich dabei verletzt usw.). Wissen wir nicht, was in der Vergangenheit passiert ist, weil es einen anderen Vorbesitzer gab, sollten wir versuchen, die Gründe herauszubekommen. Ist dies unmöglich, beginnen wir an der »Wurzel des Übels« – lassen wir das Tier die einfachen Aufgaben machen und erhöhen dann den Schwierigkeitsgrad bis zu dem kritischen Punkt; das tun wir ggf. unter anderen Begleitumständen. Nach jeder überwundenen Schwierigkeitsstufe folgen Lob oder Belohnung. Je größer die Angst, desto länger zieht sich die Steigerung des Schwierigkeitsgrades hin, manchmal über mehrere Tage.

- Das Tier ist verletzt oder krank.

Beenden wir sofort die Übungen und kümmern uns um seine medizinische Behandlung.

- Das Tier ist unruhig oder abgehetzt.

Versorgen wir das Tier, abhängig von der Ursache seiner Unruhe. Bei Unwohlsein: Stellen wir die Arbeit ein und versorgen das Tier. Bei Streß: Künstliche Streßfaktoren müssen ermittelt werden, und es muß überdacht werden, ob das Tier ihnen noch länger ausgesetzt werden kann (z. B. Straßenverkehr in der Stadt, Menschenlärm, Gedränge auf dem Wettrennplatz, Reflektorlicht, Unruhe bei Dreharbeiten usw.). In diesen Fällen muß das Tier langsam und geduldig an die Aufgaben herangeführt werden. Angefangen bei ganz kurzen Übungen erhöhen wir allmählich die Trainingsdauer. Wenn die Streßursachen nicht notwendig sind, beseitigen wir sie oder warten wir, bis sie beseitigt wurden, oder suchen wir uns einen anderen Trainingsplatz. Bei einer natürlichen Streßquelle – z.B. einem herannahenden Gewitter – sollten wir die Arbeit sofort abbrechen (was übrigens auch für uns besser ist!). Bei zu großem Bewegungsdrang: Erlauben wir dem Tier, sich im Freien auszutoben, und beginnen wir erst danach mit der Arbeit. Bei Paarungswilligkeit: Das seelisch aufgewühlte Tier kann durch viel Bewegung und intensive Arbeit, die jedoch mit keiner unangenehmen körperlichen Beanspruchung einhergeht, beruhigt werden. Wenn sich dieses Problem langfristig nicht lösen läßt oder verschlimmert, müssen wir eine andere Lösung finden. (Nach Möglichkeit sollten wir aber eine Paarung der Kastration vorziehen.)

Lob und Anerkennung (positive Bekräftigung)

Unsere Zufriedenheit drücken wir durch anerkennende Worte, Streicheln oder Belohnung aus. Es ist von Vorteil, wenn wir bei unserem Lob unterschiedlich viele Worte gebrauchen, damit sich das Tier einen Begriff davon machen kann, wie sehr wir mit ihm zufrieden sind (befriedigend, gut, sehr gut oder ausgezeichnet). Einfach nur »Ist (ja) gut!«, wie wir als bloße Feststellung sagen, wenn das Tier eine Aufgabe gelöst hat oder wir es beruhigen wollen, reicht hier nicht aus und eignet sich kaum dazu, das Tier für eine hervorragende Leistung zu loben. Viele loben das Tier mit »Fein gemacht!« oder »Kluger Hund!« usw., was noch erweitert werden kann: »Fein, so ist es brav!« oder »Du feiner, kluger Hund!« usw. Unser »Loblied« sollte von Streicheleinheiten begleitet sein, und zwar nach jedem Training und jeder erfolgreich gelösten Aufgabe. Manchmal genügt auch schon das Streicheln, doch eigentlich nur dann, wenn Lobesworte in dieser Situation nicht üblich sind. (Pferde, die im Stall oder auf der Weide stehen, kann jeder streicheln; das Pferd wird dann diese Form der Zuwendung nicht als Lob deuten, aber wenn sie der Trainer während der Dressur einsetzt, schon).

Die als Belohnung vorgesehenen Leckerbissen müssen sorgfältig ausgewählt werden – es sollte sich um solches Futter handeln, das das Tier nicht alle Tage bekommt. Raubtieren kann man ein Stück frisches Fleisch oder Innereien geben, bei Pferden genügt ein Würfel Zucker – sie ernähren sich ja sonst ganz anders –, aber dann darf Zucker nicht einfach so zwischendurch gegeben werden. Wenn wir kein Freund von Zucker sind, geben wir dem Pferd das Obst oder Gemüse, das es besonders gern mag (Apfel, Birne, Möhre usw.). Selbst wenn diese Dinge auch normalerweise auf seinem Speisezettel stehen, wird das Tier unterscheiden können, ob der Leckerbissen zum normalen Futter gehört oder diesmal als Anerkennung gegeben wurde.

Das Tier soll immer von demjenigen belohnt werden, der sich zuvor mit ihm beschäftigt hat, und das unbedingt sofort nach beendeter Arbeit oder einer abgeschlossenen Übung. Beim Belohnen sparen wir nicht mit lieben Worten und Streicheln. Wir können auch den Grad der Belobigung variieren – aber drei oder vier verschiedene Stufen sind ausreichend, mehr kann das Tier nicht unterscheiden. Folgendes ist zu beachten: Wir dürfen nicht zu oft, übermäßig und nicht bei jedem Anlaß belohnen; das Tier wird sich daran gewöhnen, die Leckerbissen als selbstverständlich ansehen und es uns am Ende übelnehmen, wenn es leer ausgeht. Die pädagogische Wirkung bleibt aus.

In diesem Zusammenhang sollten wir uns vor Augen halten, daß die Lernbereitschaft des Tieres belohnt wird. Deshalb darf man nicht nur belohnen, wenn eine Übung erfolgreich ausgeführt wurde, sondern auch deshalb, weil sich das Tier zur Lösung der Aufgabe bereit gezeigt und darum bemüht hat. Würdigen wir es also, sobald eine gestellte Aufgabe gelungen ist, eine neue Übung erlernt oder probiert wurde (auch wenn sie nicht gelingt), Angst und Nervosität überwunden werden konnten oder uns das Tier mit einer eigenen Lösung zu beeindrucken versucht. Aber wir dürfen ein undiszipliniertes Tier nicht mit Belohnungen dazu zwingen oder bestechen wollen, mit uns zusammenzuarbeiten!

Bestrafung (negative Bekräftigung)

So sehr es einen auch betrübt, während der Erziehung der Tiere kommt man irgendwann an einen Punkt, wo eine Bestrafung des Tieres unumgänglich wird. Viele lehnen körperliche Strafe ab – völlig zu Recht –, denn es gibt viele andere Methoden, das Tier zu erziehen und zur Ordnung zu rufen; außerdem würden wir in den meisten Fällen alles nur noch schlimmer machen. Die traurige Wahrheit ist jedoch, daß wir in bestimmten Situationen keine andere Wahl haben. Die körperliche Bestrafung kategorisch abzulehnen ist genauso ein Fehler, wie sie bedenkenlos anzuwenden. Es gibt Tiere, die auch ohne körperliche Züchtigung zur Raison gebracht werden können, andere wiederum nicht. Schlagen sollten wir verhindern (das geht sehr häufig), doch wenn gar nichts mehr geht, gilt die Devise: Lieber ein bedachter, gezielter Schlag als für immer und ewig ein »verzogenes« Tier mit seinem Ungehorsam, seiner Aggressivität oder noch schlimmeren Auswüchsen.

Die Bestrafung ist eine außerordentlich sensible Erziehungsmethode im Umgang mit Tieren. Eine ungerechte oder grobe Bestrafung kann unsere sonst so fachgerechte und liebevolle Arbeit negativ beeinflussen, ja, sogar zunichte machen. Um das zu verhindern, achten wir bitte auf Folgendes:

- Egal wie berechtigt die Bestrafung auch sein mag, handeln wir nie im Affekt. Ansonsten besteht nämlich die große Gefahr, daß wir »aus der Haut fahren« und die Strafe zu hart ausfällt. Das Mittel der Bestrafung wenden wir also nur dann an, wenn wir imstande sind, die Situation gut einzuschätzen.

(Wenn das nicht gegeben ist, lassen wir die Strafe milder ausfallen, auch wenn wir damit nicht die gewünschte Wirkung erzielen.) Außerdem kann es sein, daß das Tier aus der zornig erteilten Strafe als Grund nur unsere heftige Gemütsbewegung herausfiltert, was zu keinem guten Ergebnis führen wird.

• Ein Tier, das oft getadelt wird, reagiert nicht mehr positiv.

Die Bestrafung sollte unser allerletztes Mittel sein, wenn selbst gutes Zureden, Anleitung oder geduldiges Wiederholen nicht mehr helfen und unsere erfolglose Zusammenarbeit mit dem Tier und sein Widerstand eindeutig von seiner Bösartigkeit herrühren. Zunächst müssen wir unsere Befehle, Anweisungen und Hilfen energischer ausfallen lassen. Sollte das keinen Erfolg haben, sagen wir entschlossen »Nicht gut!« zum Tier oder andere Worte, die es als Ausdruck unseres Mißfallens kennt. Das hat zum Ziel, daß das Tier abgeschreckt und ihm der Mut genommen wird (als ob es etwas loslassen oder von irgendwo weggehen soll); oft kann das ein plötzliches lautes Geräusch sein, mechanischer Lärm ist auch geeignet. Nur in wirklichen Ausnahmesituationen greifen wir auf körperliche Bestrafung zurück – selten und nur dann, wenn das Tier uns oder sich selbst mit seinem Widerstand, seiner Undiszipliniertheit in Gefahr bringt.

• In den Fachbüchern, die sich mit der Dressur befassen, wird eine breite Palette von zuverlässigen Bestrafungsformen vorgestellt. Man findet dort erfolgversprechende Ideen für die Hundeerziehung und Zurechtweisung, angefangen beim Anspritzen mit einer Wasserpistole bis zu den am Bind-faden gezogenen, lärmenden Konservendosen. Das Prinzip bei diesen Methoden ist, daß der Hund die Bestrafung mit diesen Gegenständen und nicht direkt mit seinem Herrn bzw. Trainer in Zusammenhang bringt.

• Bei der Zurechtweisung von Jungtieren sind wir oft gehalten, kleine und behutsame Bestrafungen anzuwenden, weil diese Tiere noch völlig kommunikationsunfähig sind. Dazu gehört das Abschrecken durch Laute, das Lenken mit der Hand, leichtes Schütteln, auf den Rücken legen usw. (Schläge sollten tabu sein, wodurch wir die Notwendigkeit einer Bestrafung im Erwachsenenalter wahrscheinlich vermeiden.) Tadelnde Worte verbinden wir von Anfang an mit milden Strafen, so lernt das Tier am besten ihre Bedeutung.

• Wir sollten bei der Bestrafung ohne Hilfsmittel auskommen – unsere flache Hand reicht völlig aus. Ein Tier zu treten ist eine unnötige Grobheit und auf jeden Fall zu unterlassen. Der Kopf oder andere empfindliche Körperteile dürfen niemals geschlagen werden. *Eine Bestrafung wird nicht dadurch wirksam, daß sie dem Tier Schmerzen bereitet.* Schlagen wir am besten mit der Hand auf die Schulter oder auf das Hinterteil, was nicht schmerzhaft ist, denn die kräftigen Muskeln verhindern eine mögliche Verletzung. (Auf das Hinterteil eines Pferdes schlagen wir nur dann, wenn wir es gut kennen und uns gewiß sind, daß unser gutes Verhältnis zu ihm dies erlaubt – andernfalls kann ein gezielter Huftritt die Antwort darauf sein!).

Im Einzelfall ist das generelle »Hilfsmittelverbot« aufgehoben, wie zum Beispiel bei der Abrichtung von Gebrauchshunden. Mit der erhobenen Hand geben wir nämlich sonst Bewegungssignale, und der Hund darf dies nicht als beabsichtigten Schlag mißdeuten. Um einen Hund zurechtzuweisen, ist die gängigste Methode, mit einer zusammengerollten Zeitung in unsere aufgehaltene Hand zu schlagen Ähnlich ist es beim Reiten, wo wir gezwungen sind, bei Ungehorsam mit der Gerte zu bestrafen, da wir dazu nicht die Hand benutzen können. Mit einer einzigen Bewegung, die keinesfalls grob ausfallen darf, bestrafen wir das Tier, aber – wie bereits mehrfach erwähnt – nur in absolut begründetem Fall!

Zu den begründeten Fällen zählen solche Situationen, in denen das Tier mit seiner aggressiven Haltung zeigt, daß es uns die Führungsrolle streitig machen will. Das dürfen wir nicht zulassen, weil das Tier künftig unberechenbar und gefährlich werden kann. Insofern zeigt bei heranwachsenden oder erwachsenen Tieren keine andere Bestrafung Wirkung als die körperliche Zurechtweisung, weil sie ja auch unter sich mittels Machtkampf austragen, wer von ihnen die begehrte Position des Leittiers übernimmt. Wenn wir das aggressive Tier aus den eben genannten Gründen bestrafen, müssen wir erreichen, daß es sich zurückzieht oder die Demutshaltung einnimmt. Dann *beruhigen wir* das Tier und geben ihm zu verstehen, daß wir ihm nicht böse sind und wiederholen unsere vorherige Handlung, die der Auslöser für den Angriff war. (Sofern uns der Hund beispielsweise nicht erlauben wollte, seinen Futternapf wegzunehmen, nehmen wir ihn jetzt weg.)

• Wichtig ist, daß wir das Tier niemals erschrecken, weder mit der Hand noch mit einem Hilfsmittel. Halten wir uns daher an die einzelnen Stufen der Bestrafung, wie bereits behandelt: Verbotsworte, Ausrufe, Schreckgeräusche – doch Schläge dürfen dabei nicht als Drohung eingesetzt werden. Mit einer Drohung durch Schläge werden wir nicht unser Ziel erreichen, sondern das Gegenteil bewirken.

- Bei der Katzenerziehung setzen wir hingegen keinerlei Strafen ein. Wenn wir uns dennoch damit befassen wollen, werden wir früher oder später einsehen müssen, daß wir es mit einer ausgesprochen empfindlichen und erhabenen Seele zu tun haben, die sich durch eine schlechte Erfahrung niemals davon »überzeugen« läßt, was sie zu tun hat. Sie wird nur dann eine Übung mit uns vornehmen, wenn sie sich dadurch bei uns einschmeicheln möchte. Sollten wir keine Umstände schaffen, die der Katze angenehm sind, wird es nicht funktionieren.

- Das Tier darf nie von uns bestraft werden, falls es sich aus Angst schlecht verhalten hat.

Eine zusätzliche Strafe würde die ohnehin schon unangenehme Schrecksituation nur noch verschlimmern und das Tier zu Widerstand anregen. Sparen wir uns eine negative Bekräftigung auch dann, wenn unsere Arbeit mit dem Tier zu keinem Ergebnis führt, weil das Tier keine Übung oder Erfahrung hat oder unsere Erwartungen nicht erfüllen kann.

- Zu guter Letzt: *Niemals und unter gar keinen Umständen strafen wir Tiere mit Entzug von Futter oder Trinkwasser!*

Spiel und Nachahmung

Spielen ist bei Tieren (und größtenteils auch beim Menschen) keineswegs nur ein nutzloser Zeitvertreib. Bereits im Alter von wenigen Wochen beginnt das Tier zu spielen – dem Alter, von dem an es sich aufs spätere Leben vorbereitet. Es verbringt viel Zeit damit, bis es seine Eigenständigkeit erlangt hat, manchmal sogar noch darüber hinaus. Das Spiel in der Vorbereitungsphase ist ein wichtiges »Lernprogramm«, eine zuverlässige Methode zum Erlernen von lebenswichtigen Tätigkeiten und nötigen Verhaltensformen, das unersetzlich ist.

Mit Hilfe des Spiels erlernen die Jungtiere, Beute zu schlagen, Futter zu beschaffen, Angriff und Flucht, Territorium in Besitz zu nehmen und dessen Verteidigung sowie die Vorgehensweisen bei der Partnersuche und Brautwerbung. Wir können beobachten, in was für unterschiedlichem »Stil« die Jungen der verschiedenen Tierarten üben und welche verschiedenen Situationen durchgespielt werden. Sie nehmen verschiedene Körperhaltungen ein, üben ganze Bewegungsabläufe. Schon bei den ganz jungen Tieren können wir ähnliche Scheinkämpfe sehen, wie wir sie von den erwachsenen Tieren, den »Eltern«, her kennen. Bei den heranwachsenden Tieren kann man nicht immer leicht unterscheiden, ob es sich bei diesem Spiel um einen echten Kampf oder reines Training handelt.

Hinter dem Spiel steckt also nichts weiter als die »Durchführung des Lernprogramms in spielerischer Form«. Dabei ist es selbstverständlich, daß Jungtiere, die in der Umgebung des Menschen oder zusammen mit artfremden Tieren aufwachsen, anders spielen als mit ihren Artgenossen. In diesem Fall eignet sich das Jungtier auch andere Verhaltensweisen an, was ihm nicht schwerfällt. Es kann sich diesen Umständen nämlich ausgezeichnet anpassen. Diese erhöhte Anpassungsfähigkeit bezieht sich später auch auf veränderte Anforderungen in seiner Umwelt. Ein schönes Beispiel liefert uns David Attenboroughs Film *Squirrel on My Shoulder* (Das Eichhörnchen auf meiner Schulter): Ein junger Mann nimmt ein verwaistes Eichhörnchenjunges zu sich, und – da ihm nichts Besseres einfällt – läßt er es von einer Mutterkatze großziehen. Mit drei Monaten sucht das Eichhörnchen, wie es seine Artgenossen mit großer Pfiffigkeit tun, Verstecke (im Katzenstreu) für den Nußvorrat. Sein Nest baut es sich im Mixer aus winzig klein zerschnipselten Briefumschlägen. Gleichzeitig balgt es sich auf Katzenart mit den gleichaltrigen Katzenkindern. Als der junge Mann die Zeit für gekommen hält, den Nager wieder in seine eigentliche Heimat, den Wald, zu bringen, äußert er sich über sein Vorgehen in dieser Weise: Sicher ist es wahr, daß das Tier in einer Wohnung gelebt hat und deshalb beim Sammeln lebenswichtiger Erfahrungen hinter den Eichhörnchen im Wald zurückgeblieben ist. Durch die Katzenerziehung konnte es jedoch seine Lage deutlich verbessern, denn an Körperkraft und Kampfbereitschaft übertraf es die Artgenossen. Insofern war das Auswildern erfolgreich.

Die Form des Spielens ändert sich auch, wenn Tiere in menschlichem Umfeld aufwachsen. Das junge Tier übt teils selbständig und allein alles »Wissenswerte« für seine Art, teils bezieht es uns in sein Spiel mit ein. Es macht sich mit dieser für ihn besonderen Umgebung vertraut, baut die Verständigung mit uns aus, erfindet und erlernt von uns neue Spiele. Ballwerfen und Suchen spielen übrigens nicht nur Hunde gern, sondern auch einige Katzen. Einem weggeschleuderten Spielzeug nachzulaufen und es zu ergreifen, ist simulierter Beutefang, eine »Pflichtlektion« für jedes Raubtierjunges. Oft kommen sie – ziemlich schnell – darauf, daß wir den zurückgebrachten Gegenstand noch einmal werfen, was ihnen sehr viel Spaß bereitet.

Ringen: Spiel und »Pflichtlektion« zugleich

Einmal überzeugte mich der Schnauzer Bogi, daß man auch von Hunden stets etwas Neues lernen kann. (Hund und Herrchen waren mir zwar bekannt, aber ich hatte keinen richtigen Kontakt zu ihnen.) Bogi kam also auf mich zu, blieb aber etwa zwei Meter vor mir stehen und duckte sich, als wollte er vorwärtsspringen. Das tat er auch, bremste aber auf halbem Weg ab. Er sah mich erwartungsvoll an; ich hingegen hatte nicht die leiseste Ahnung, was er von mir wollte.

Daraufhin lief er zur Hauswand zurück und tippte mit der Nase gegen den Boden, dann wandte er sich wieder zu mir um, duckte sich, setzte zum Sprung an, unterbrach seine Bewegung und warf mir wieder diesen erwartungsvollen Blick zu. Als er sah, wie ratlos ich immer noch war, begann er wild zu kläffen. Schließlich kam heraus, daß er mich bat, einen Stein für ihn zu werfen. (Dort, wo er mit seiner Nase gegen den Boden tippte, lagen überall Kiesel herum!)

Bei allen Jungtieren gehören Beißspiele wie das Herumtragen, Abkauen, Zerfetzen oder Verrücken von Gegenständen zu den ersten Übungen. Unabhängig von ihrer Art oder ihrem Geschlecht machen alle Jungtiere diese Phase durch, – mit jedem Gegenstand wird gekämpft, egal wie und warum.

Diese Spiele dienen jedoch nicht zur Entwicklung des Kampfverhaltens, sondern allgemein zur Erforschung der Umwelt. Kurz darauf probieren sie aus, ob etwas »freßbar« oder »nicht freßbar« ist, besonders die Raubtiere. Vorwiegend in der Entwöhnungsphase und in der ersten Wachstumshälfte sind Verfolgungsspiele, das Herumjagen, beliebt und anschließend spielerisches Rangeln. Dieses Balgen enthält außerdem das Bewegungsmuster, das bei vielen späteren Lebensstationen von Bedeutung ist: der Eroberung und Verteidigung eines Gebietes, der Festlegung der Rangfolge usw. an sich sowie der Zeremonie der Partnerwahl und bei Raubtieren die Methoden, Beute zu verfolgen und sie zu verstecken.

Diese Spiele sind aber bereits artspezifisch, denn der Hund benutzt beim Kämpfen lieber seine Zähne und die Katze ihre Krallen, aber beide versuchen, ihren Gegner auf den Boden zu drücken. Die Fohlen fixieren sich gegenseitig, stellen sich auf die Hinterbeine und versuchen, den Gegner zu Fall zu bringen und zu beißen (meistens bleibt es bei dem Versuch). Während des Kämpfens in nächster Nähe schlagen sie nicht aus, nur wenn sie sich gegenseitig jagen, aber selbst dann nicht ernsthaft: Ihre Huftritte gehen ins Leere. Ganz anders als der Hund, der liebend gern herumjagt, verfolgen sich Katzen eher selten (dafür dann um so heftiger); während des Ringens bleiben sie ebenfalls nur ein paar Schritte voneinander entfernt, um den Gegner erneut angreifen zu können. Zur Flucht – auch wenn es nur im Spiel ist –, steuern Pferde und Hunde offenes Gelände an, Katzen hingegen nicht: Sie suchen sich lieber ein Versteck, um in Deckung zu gehen, oder einen erhöht gelegenen Platz zum Hinaufklettern. (Daraus läßt sich schlußfolgern, daß wir mit Hunden und Pferden gut Fangen spielen können und man es ihnen nicht einmal beibringen muß. Katzen sind in dieser Hinsicht keine geeigneten Spielgefährten, aber manchmal lassen sie sich aufs Versteckspiel ein.)

Wenn ein Tier in der Nähe vom Menschen lebt und keine Gelegenheit erhält, mit Artgenossen zu spielen, wendet es sich mit all seinen Wünschen und Bedürfnissen an seinen Menschen. Insofern kommuniziert es auch lieber und vorrangig mit uns und schenkt uns mehr Aufmerksamkeit als ein solches Tier, das nicht einzeln gehalten wird. Unsere Umgebung und unsere Lebensweise werden gründlicher von ihm erkundet, was sich auch an seinem Spiel zeigt: Es bezieht nicht nur den Menschen darin ein, sondern dessen Gegenstände und seinen Lebensraum.

Die ausgewachsenen Tiere, die in Freiheit leben, spielen fast gar nicht, da sie ihre ganze Lebenszeit für die eigene Erhaltung und die der Art aufwenden. Bei einem Versuch, mit ihnen zu spielen, zeigen sie keinerlei Interesse. Statt dessen bewahren Tiere, die mit Menschen zusammenleben, besonders wenn sie aus Liebhaberei gehalten werden, ihren Spieltrieb bis ins hohe Alter. Das liegt zum einen daran, weil der Mensch sie versorgt, und zum anderen, weil sie in dem künstlichen Umfeld dennoch ihre natürlichen Handlungen ausüben (jagen, auf Bäume klettern, Nester bauen usw.).

Wir belächeln oft unsere Haustiere, wenn sie versuchen, uns nachzuahmen. Dabei ist es umgekehrt genauso komisch, und in beiden Fällen ist es sehr bedeutsam, um eine Kontaktsituation herzustellen. Irgendwann in der Urzeit haben unsere Vorfahren vielleicht eine Verbindung zu den Tieren gesucht – sie hatten keinerlei Anhaltspunkte und konnten sich auch nicht über Fachliteratur informieren. Eine echte Hilfe stellt auch heute noch das Nachahmen dar, wenn wir z. B. die Verhaltensweisen und das Kommunikationsverhalten einer noch unbekannten Art erkunden wollen. Hier sollen nur zwei Beispiele genannt werden: Konrad Lorenz mit seiner vergleichenden Verhaltensforschung und Dian Fossey, die erstmals in der Geschichte der Wissenschaft Kontakt zu freilebenden Gorillas aufnahm.

Wir sollten uns immer bewußt machen, daß die Tiere uns nicht einfach zum Spaß nachahmen, sondern dieses Verhalten in der Natur lebensnotwendig ist: Nur so lernt das Junge von seiner Mutter die entscheidenden Dinge zum Überleben. Indem sie uns nachmachen, haben sie entweder das Ziel, besser mit uns zu kommunizieren oder uns etwas mitzuteilen (was wir auf anderem Weg anscheinend nicht verstehen »wollen«). Darüber hinaus sind sie bestrebt, sich Kenntnisse anzueignen, die eben im menschlichen Umfeld benötigt werden (z. B. wie man eine Tür öffnet, einen Wasserhahn aufdreht oder irgendeinen Gegenstand benutzt). Es ist deshalb wichtig, auf diese Anzeichen zu achten und die Nachahmungen als förderlich für unseren Kontaktaufbau anzusehen.

Die Tiere ahmen normalerweise lieber unsere Bewegungen als unsere Laute nach, weil ihre stimmbildenden Organe nicht besonders für die Wiedergabe der menschlichen Sprache geeignet sind, trotzdem gibt es Ausnahmen unter ihnen – nicht nur bei Papageien und anderen Vögeln.

Wie schon im Kapitel »Unsere Signale« erwähnt, benutzte meine Katze Berry ihren Rufnamen, um mit mir in Kontakt zu kommen. Die Tiere erkennen also den Namen als eigenständigen Begriff und identifizieren sich mit der gerufenen Lautfolge. Eine redselige Katze kann in manchen Fällen sogar ihren Namen lernen oder auch andere Wörter. In der Version meiner Katze hörte sich ihr Name so an: »Er-re«. Mehrfach rief ich sie selbst so, doch die Katze – wohlwissend, daß ihre Aussprache nicht ganz richtig war – wiederholte ihren Namen, eifrig auf eine Korrektur bedacht. Die berichtigte Version wurde dann zu »Vrer-re«.

Der Hund springt gern an uns hoch, um an unserem Mund zu riechen. (Genauso beschnuppern Welpen die mit Nahrung heimkehrenden Rudelmitglieder am Maul.)

Auch uns fällt es nicht leicht, die Stimme oder bestimmte Laute unserer Haustiere nachzuahmen. Unsere ausgeprägte Fähigkeit zu Abstraktion ermöglicht es uns aber, zu erkennen, daß das Tier versucht, menschliche Wörter auszusprechen. Umgekehrt ist das viel schwieriger. Tiere reagieren nur dann auf die von uns imitierte Lautfolge, wenn sie wirklich echt klingt. Umsonst versuchen wir also zu bellen, zu knurren oder zu miauen, denn die Ohren des Tieres erkennen diese Geräusche selten als Kommunikationssignal. Und was die Bewegungs- und Körpersignale unserer Tiere betrifft, sind unsere Nachahmungsversuche erst recht zum Scheitern verurteilt: Die vermeintlich tierartigen Bewegungen, die der Mensch zustandebringt, können unsere Tiere nicht eindeutig als Signale werten. Der Grund dafür ist nicht ganz klar, weil wir umgekehrt viele Beispiele nennen können, denen zufolge die Tiere sehr wohl unsere Körperteile kennen: Der Hund springt gern an uns hoch, um an unserem Mund zu riechen. (Genauso beschnuppern Welpen die mit Nahrung heimkehrenden Rudelmitglieder am Maul.) Oft schnüffelt er »unanständig« zwischen unseren Beinen herum, wie er es auch beim Kennenlernen von anderen Artgenossen tut, usw.

Der Hund informiert sich über den Geruch
(menschliche Anstandsregeln sind ihm kein Begriff).

Geistige Entwicklung der Jungtiere

Jeder, der auf die Welt kommt, sei es Mensch oder Tier, steht gleich nach seiner Geburt vor einer vielschichtigen Aufgabe: Er muß lernen zu leben. Diese unermeßliche Aufgabe umfaßt zwei grundlegende Tätigkeiten, die unteilbar miteinander verbunden sind: Die Tiere müssen ihre Umwelt kennenlernen und sich selbst bzw. ihre Fähigkeiten. Das neugeborene Jungtier ist unerfahren und kann sich nur auf seine tief verwurzelten Instinkte verlassen, doch auch diese stellen keine sofort nutzbare Kraft dar, denn diese Instinkte müssen erst in die »Sprache der Wirklichkeit« übersetzt, d.h., es muß die Absicht in die Tat umgesetzt werden. Es muß also viel gelernt werden, und das auch noch in kürzester Zeit. Das ist es, was die geistigen Eigenheiten eines Jungtieres entscheidend bestimmt.

Die Natur ist weise, deshalb hat sie die körperlich schwachen Kleinen mit einem erstaunlichen Potential ausgestattet: rasche Auffassungsgabe, große Aufgeschlossenheit, Empfindlichkeit und Anpassungsfähigkeit. Jeden Umwelteinfluß und jedes Signal von außen muß das Tier sofort aufnehmen und darauf reagieren, egal ob es mit einem guten oder schlechten Erlebnis einhergeht. Nichts ist unwichtig und darf zurückgewiesen oder übergangen werden. Für alles muß der »Weg des geringsten Widerstandes« gewählt werden, d. h. die schnellste und schmerzloseste Methode, um das Problem oder den Konflikt aus der Welt zu schaffen.

Wer kann dem Jungtier bei diesem unglaublich intensiven Lehrgang zur Seite stehen: vor allem das Muttertier und danach der Mensch. Diese Feststellung verdient eine nähere Betrachtung.

Die Rolle des Muttertiers ist für die Entwicklung des Jungtieres lebenswichtig und unersetzbar. Unzählige Tierwaisen werden von Menschenhand aufgezogen – weil das Elterntier gestorben ist oder aus anderen Gründen; doch diese Aufzucht läßt sich nicht mit einer normalen vergleichen. Die Nachteile ergeben sich im wesentlichen daraus, daß wir erstens die Bedürfnisse der Jungtiere nicht erfüllen können, auch wenn wir uns über diese theoretisch im klaren sind (z. B. Schmerzen, die wir wohl nie ermessen können, und was und wie das Muttertier lehren würde). Zweitens können wir nicht auf derselben Ebene mit dem Jungtier kommunizieren, wie es das Muttertier vermag. Bestimmte Dinge wollen wir auch dem verwaisten Jungtier gar nicht beibringen, oder wir denken nicht daran: Wie es sich beispielsweise bei einer Gefahr verhalten soll oder sein Revier verteidigen kann usw. Und schließlich weiß das Muttertier immer genau, wann der richtige Zeitpunkt gekommen ist, all diese Dinge für die Entwicklung der Jungen zu lehren – und ihre Methoden sind immer ausgezeichnet. Weibchen, die in Gefangenschaft leben und deren Geisteszustand oder angeborenes Verhalten gestört sind, vernachlässigen manchmal ihre Jungen, was in der Natur bei einer gesunden Mutter niemals vorkommt. Die Aufzucht dieser wilden Jungtiere ist untadelig und vollkommen. Wenn das nicht so wäre, würde der Nachwuchs eingehen und der Fortbestand der Art wäre bedroht.

Aus den obengenannten Gründen ergibt sich, daß wir eine Entwöhnung vom Muttertier unter gar keinen Umständen vor dem geeigneten Zeitpunkt vornehmen dürfen. Es gibt zwar gute Methoden, um den körperlichen Schock bei verfrühter Entwöhnung zu mildern (diese wendet man auch bei der Aufzucht von Tierwaisen an), gegen den seelischen Schock, den sowohl Muttertier als auch Jungtier dabei erleiden, können wir allerdings nichts ausrichten. Jungtiere, die überdies gewaltsam von der Mutter getrennt wurden, werden verhaltensgestört, was sich wie folgt bemerkbar macht:

- Fehlen oder Verzerrung von artspezifischen Verhaltensformen
- Anpassungsstörungen (in Bezug auf Artgenossen, andere Tiere, Menschen)
- Schreckhaftigkeit, krankhafte Angst; unruhiger, nervöser Charakter; geringe Streßfähigkeit

Das Jungtier mit seinem zunehmenden Verstand orientiert sich an der Mutter und den anderen Geschwistern. Das gemeinsame Spiel mit ihnen und das Lernen von der Mutter vermitteln ihm die artgerechten Verhaltensformen und offenbaren ihm die – immer größer werdende – Umwelt sowie seine eigenen Stärken und Fähigkeiten. Uns steht es nicht zu, uns in diese Entwicklungsphase einzumischen, mit Ausnahme von einem wichtigen Aspekt: dem Aufbau einer Verbindung zum Menschen.

In diesem Sinne sollten wir stets im Hinterkopf behalten, daß die Entwicklung in drei verschiedene Stufen unterteilt werden kann. Diese Entwicklungsstufen stehen jeweils für bestimmte körperliche und geistige Eigenschaften, die bei der Beschäftigung mit den Tieren beachtet werden müssen.

Die drei Entwicklungsphasen sind:
- **Säugephase:** von der Geburt bis zur Entwöhnung, d. h. Umstellung auf normale Kost (entspricht dem menschlichen Säuglingsalter)
- **Absetzungsphase:** von der Entwöhnung bis zum Einsetzen der Geschlechtsreife (entspricht der menschlichen Kindheit)

- **Pubertätsphase:** vom Einsetzen der Geschlechtsreife bis zur vollen körperlichen und geistigen Reife (entspricht dem menschlichen Teenageralter)

Hinweis: Die für die jeweilige Altersgruppe gebräuchliche Einteilung und Bezeichnung kann abweichend sein, so ist z. B. ein abgesetztes Fohlen (6 Monate - 1 Jahr) woanders zwei- oder dreijährig. Hier ist jedoch die Rede von Entwicklungsphasen, die im wesentlichen und von ihren Kennzeichen her bei allen Tierarten gleich sind, sie fallen höchstens in eine andere Altersstufe.

Der Einfachheit halber stelle ich die besagten Altersgruppen mit ihren kritischen Übergangsgrenzen tabellarisch dar.

Tierart/ Lebensalter	Beginn der Entwöhnung	Beginn der Geschlechtsreife	Beginn des Erwachsenenalters
Hund	8 Wochen	7 Monate	2 Jahre
Katze	6 Wochen	5 Monate	1 ½ Jahre
Pferd	6 Monate	18 Monate	5 Jahre

Säugephase

Das Neugeborene ist körperlich noch schwach, physiologisch unentwickelt und unfähig, sich Nahrung zu verschaffen und selbständig zu leben. In dieser Altersstufe ist die körperliche Entwicklung enorm und geht in sehr großen

In den ersten drei bis vier Lebenstagen findet die Prägung auf das Muttertier statt.

Schritten voran. Währenddessen ist aber nur wenig geistige Tätigkeit ersichtlich. Besonders die ersten kurzen Wochen nach der Geburt verbringt ein Welpe fast nur mit Fressen und Schlafen. (Auch bei den Pflanzenfressern spielen die Fohlen nicht, obwohl sie sich schon vom ersten Lebenstag an geschickt bewegen; ihre einzige Sorge ist, dicht bei ihrer Mutter zu bleiben.)

Das Neugeborene kommuniziert nur ansatzweise und beschränkt, es zeigt kein bewußtes Handeln, doch das darf uns nicht beunruhigen. In den ersten 3 - 4 Lebenstagen findet die Prägung auf das Muttertier statt, in der das Tier lernt, zu wem es gehört und wem es folgen muß. (In Ausnahmefällen, wenn beispielsweise ein anderes Tier oder der Mensch ein verwaistes Jungtier aufnimmt, kann sich diese Prägung wiederholen.)

In der zweiten Hälfte der Säugephase kommt das Tier an den Punkt, wo seine Neugier erwacht, wo es spielt und sich mehr und mehr für seine Umwelt interessiert.

Die Eindrücke, die es in dieser Zeit sammelt, beeinflussen in hohem Maße seine spätere Entwicklung. Wir sind dazu aufgefordert, bestmöglich die körperlichen Bedürfnisse des Jungtieres zu erfüllen; zur gesunden Entwicklung seines Geistes müssen wir für eine ruhige, harmonische und annähernd natürliche Umgebung sorgen. Denken wir nicht an Lernen und Disziplin, das junge Gehirn ist noch nicht reif genug, um Wissen aufzunehmen und Aufgaben zu bewältigen. Es ist aber nicht von Nachteil, wenn wir jetzt schon sein Vertrauen zum Menschen stärken – wenigstens zum eigenen Herrchen – mit viel Liebe, Warmherzigkeit und Einfühlungsvermögen.

Wir können beobachten, daß sich ein Tierjunges genauso gegenüber dem Menschen verhält wie seine Mutter. Ist diese vertrauensvoll oder aber mißtrauisch und schreckhaft, verhält sich auch das Junge so. Von einem Tier, das erst im Erwachsenenalter zu uns gekommen ist, können wir nicht erwarten, daß es seine tief verwurzelten negativen Gefühle sofort ablegt. Handelt es sich um ein Jungtier, steht das gezeigte Benehmen nicht in Verbindung mit seinen Erfahrungen, sondern ist rein instinktiv und deshalb leichter zu beeinflussen.

Bitte hüten Sie sich davor, die neugeborenen Welpen oder Katzen anzufassen! Viele begehen nämlich den Fehler und nehmen sie gleich in die Hand und wollen mit ihnen schmusen; entweder weil sie die Kleinen so niedlich finden oder mit dem Ziel, eine gefühlsmäßige Bindung zu ihnen herzustellen. Das ist aus vielerlei Gründen falsch. Sowohl beim Welpen als auch dem Muttertier können negative Gefühle aufkommen, die im Gegenteil die Verbindung zum Menschen belastet. Es kann der Fall eintreten, daß ein Muttertier sein mit unbekannten Gerüchen behaftetes Junges nicht mehr annimmt, füttert und versorgt – selbst bei Hunden, die dem Menschen treu ergeben sind (wie verhält es sich erst bei anderen Tierarten!).

Oft stempeln wir dann das Alttier als »schlechte Mutter« ab, obwohl es doch eigentlich unser Fehler war. Um solche Schwierigkeiten zu vermeiden, bleiben wir zu Anfang besser im Hintergrund und tasten uns sozusagen an die Pflegeaufgabe heran. Zunächst gewöhnen wir das Jungtier an unser Aussehen, unsere Stimme und unseren Geruch. Nach ein paar Tagen können wir uns dem Tier immer mehr nähern, aber wir fassen es erst dann an, wenn seine Prägung vorüber ist und wir weder vom Muttertier noch vom Welpen ernsthaft abgelehnt werden.

Absetzungsphase

In der Tabelle ist das Alter angegeben, in dem die Jungtiere die Säugephase abgeschlossen haben und sich auf eine selbständige, arttypische Nahrungsaufnahme umstellen. In dieser Phase kann aber von einem Absondern von der Mutter längst noch keine Rede sein! In den meisten Fällen wird das Säugen nicht vollständig eingestellt, denn ab und zu trinken die Kleinen noch bei der Mutter. Die Bezeichnung »Absetzungsphase« drückt sehr treffend aus, daß während dieser Zeit die Trennung der Jungen von der Mutter stufenweise erfolgt.

Unerfahrene Tierhalter begehen oft den Fehler, daß sie die Jungtiere bei entsprechender körperlicher Entwicklung – manchmal leider auch eher – von der Mutter entwöhnen, obwohl das Jungtier aus anderen Gründen noch auf sie angewiesen ist. Die Absetzungsphase ist nämlich für die seelische und geistige Entwicklung des Jungtieres von entscheidender Bedeutung. Es ist der Zeitabschnitt, in dem das Jungtier von der Mutter die Lektionen fürs Leben erhält, in dem sich die verschiedenen Kontakte zu anderen Lebewesen in der Umgebung ergeben und es sich diese bewußtmacht – kurz gesagt, ist dieses Stadium eine Phase des Lernens und der besonders großen Aufnahme und Anpassung. Typisch dafür sind der unbändige Bewegungsdrang, die Verspieltheit, Neugierde und Lebendigkeit. Alles, was das Jungtier sich jetzt merkt, prägt sich tief in seiner Seele ein, so tief, daß es sich kaum mehr ändern läßt und wenn überhaupt, dann nur im Erwachsenenalter durch jahrelange Übung (sofern das Tier seine Erfahrungen schon aktiv und bewußt anwendet).

Es bietet sich an, auch die Regeln des Zusammenlebens, Verbote und Rangordnungsfragen innerhalb des Rudels in der Absetzungsphase festzulegen. Da sich die natürlichen Instinkte sowie die artspezifischen Verhaltensformen beim Jungtier ausprägen, muß auch das angemessene Verhältnis zum Rudelführer geklärt werden. Wenn wir nicht rechtzeitig darauf hinarbeiten, daß der »Verhaltenskodex« anerkannt wird, haben wir es später mit den erwachsenen Tieren um so schwerer. Zum Gelingen tragen wesentlich das Muttertier und die Wurfgeschwister bei, mit denen es von allein die Regeln der Rangordnung aufgestellt hat. Sollte das Tier bis zum Ende der Absetzungsphase keine Erziehung erhalten haben – weder von der Mutter noch vom Menschen –, wird es sich später nur schlecht anpassen können. Dieses Tier ist im Erwachsenenalter launisch oder aufsässig, erträgt keinerlei Beschränkung und Verpflichtung und versucht, sich gewaltsam davon zu befreien.

Wir können bereits ansatzweise damit beginnen, das Jungtier während der Absetzungsphase zu trainieren, allerdings nur behutsam, weil es trotz seiner guten Auffassungsgabe und Anpassungsfähigkeit ziemlich überdreht ist und nicht in der Lage, schwierige Aufgaben zu lösen. Kleine Hunde können zwar schon lernen, was »Komm her!«, »Bleib dort!«, »Leg dich!« usw. bedeutet, sie verstehen leicht einige Befehle und die dazugehörenden Übungen, doch zum Springen über ein Hindernis reichen ihre körperlichen Fähigkeiten noch nicht aus und für Lernaufgaben, die richtige Konzentration erfordern, ist ihr Verstand noch nicht genügend ausgereift. Heben wir uns diese Aufgaben also für später auf.

Ein Fohlen ist in dieser Phase (und darüber hinaus) körperlich zu schwach, um einen Menschen zu tragen, weshalb wir dann logischerweise mit dem Einreiten noch nicht beginnen sollten; auch das Laufen an der Longe wäre verfrüht. Das Fohlen kann aber bereits viele Befehle erlernen und sich überdies an Geschirr und Zaumzeug gewöhnen. Es kann lernen, am Strick zu gehen oder den Huf anzuheben usw. Eigentlich steht nicht so sehr im Vordergrund, was wir dem Tier beibringen, d. h., welche Kenntnisse es sich aneignet, sondern daß es überhaupt bereit ist, mit uns zusammenzuarbeiten und sich gut zu fühlen, wenn es die Aufgabe erfüllt hat.

Nun löst es sich allmählich aus der engen, abhängigen Bindung zur Mutter, daher ist in der Hälfte dieser Zeitspanne auch der beste Zeitpunkt für den Kauf oder Verkauf eines Jungtieres. Es ist der Punkt, wo dem Tier durch die Trennung weder körperlicher noch seelischer Streß zugemutet wird, es aber wiederum noch nicht genügend Selbständigkeit entwickelt hat, um sich zu widersetzen oder ausreißen zu wollen. Da das Fohlen zugleich äußerst zugänglich und anpassungsfähig ist, kann es sich dann besonders gut an eine neue Umgebung gewöhnen. Das trifft auch auf den Hund zu, obwohl die Züchter üblicherweise die Welpen schon am Ende der Säugephase, im Alter von 8 Wochen, von der Mutter trennen. Der Mensch gibt ihnen dann die für ihr

Leben wichtigen Informationen und Verhaltensregeln, und seine Weisungen sollen sich dem Jungtier gänzlich einprägen (außerdem wollen sie die Kosten fürs Zufüttern sparen ...). Ich persönlich bevorzuge die frühere Sitte, wobei die Jungtiere erst dann einen neuen Besitzer erhielten, nachdem sie sich auf natürliche Weise vom Muttertier gelöst hatten. Solche Hunde entwickeln sich streßfreier, sind körperlich und seelisch stärker und trotzdem in der Lage, gut mit dem Menschen zusammenzuarbeiten.

Pubertätsphase

In freier Wildbahn beginnen die nunmehr geschlechtsreifen Tiere ein selbständiges Leben. Auch wenn sie in ihrer alten Familie oder Gruppe bleiben, die Abhängigkeit vom Muttertier fällt nun weg. Ihr Verhältnis zueinander nimmt eine neue Form an; für die Mutter bleibt das Junge ihr Junges, für das Jungtier hingegen ist die Mutter nur noch ein Mitglied des Rudels oder der Familie und im Rang entweder höher oder niedriger gestellt. (Die Jungtiere rücken meist an die unterste Stelle der Rangliste, wie in den Herden von Pflanzenfressern und bei Schweinen.) Die Elterntiere können bei einzeln lebenden Tieren zum Rivalen werden, die es zuweilen sogar wegjagt oder angreift. (Sie können auch getötet werden, obwohl diese Revierkämpfe selten bis zum Äußersten gehen.)

So wie sich in der Säugephase die körperlichen Fähigkeiten entwickeln, sind es in der Absetzungsphase die geistigen; in der Pubertätsphase entfaltet sich die Selbständigkeit. Die Entwicklung der Tiere schreitet auf allen Gebieten weiter voran, jedoch nicht so abrupt, denn sie sind qualitativer und nicht quantitativer Natur. Von seinen körperlichen und geistigen Voraussetzungen her ist das Tier in der Lage, sich ein selbständiges Leben aufzubauen, und es beginnt auch gleich damit. Es erfährt, auf welche Art und Weise sich Nahrung im Revier beschaffen läßt, es erobert ein Territorium, sucht sich alsbald einen Partner oder gründet eine neue Familie – manchmal sogar ein neues Rudel. Da diese Unternehmungen oft mit kleinen Auseinandersetzungen verbunden sind, entwickelt sich besonders das Männchen zu einem Raufer. Die früher harmlosen Balgereien werden immer ernster, weshalb die Tiere getrennt werden müssen. (Sofern keine Nachkommen erwünscht sind, sollten weibliche und männliche Tiere ab jetzt getrennt gehalten werden.)

Diese Entwicklungsmerkmale wirken sich auf unsere Verbindung und Erziehungsarbeit mit dem Tier folgendermaßen aus:

Bei einem Jungtier, das bei uns aufwächst und sich (im wahrsten Sinne des Wortes) bei uns eingelebt hat, können wir beobachten, daß es auch später mit großer Lebhaftigkeit und ausgeprägtem Spieltrieb unsere Regeln und Verbote einhält, es lernt blitzschnell und erfüllt freudig die ihm gestellten Aufgaben. Es zeigt sich uns gegenüber sehr aufmerksam, kommuniziert gern – und es macht uns auch allgemein »keine Schwierigkeiten«.

Ganz anders sieht es aus, falls sich damals niemand mit dem Jungtier beschäftigt hat oder das nur halbherzig: Das Tier ist starrköpfig, mißmutig, leistet Widerstand und will sich vor seinen Aufgaben drücken. In dieser Hinsicht wirkt es sich bei Pferden sehr nachteilig aus, wenn die Dressur erst nach der Hälfte der Pubertätsphase beginnt. Die heranwachsenden Fohlen in einem Gestüt haben etwa im Alter von drei Jahren die Muskelkraft und Kampfbereitschaft eines erwachsenen Pferdes. Da sie aber bisher eine Art »Nomadenleben« geführt haben, ahnen sie nicht im mindesten, was für Erwartungen der Mensch an sie stellt. Sie sind empfindlich, impulsiv und haben einen enormem Bewegungsdrang – daher sind großer Einsatz, Wissen und Geduld nötig, damit wir nicht gleich zu Beginn des Trainings alles für immer verderben. Sind wir zu fordernd, rabiat und wollen zu schnell ein Ergebnis erzielen, wird das Tier unsere Anforderungen als unannehmbar betrachten und unter Aufbietung all seiner Kraft dieser unangenehmen Zwangslage entfliehen wollen.

Behandeln wir es jedoch zu sanft, wird es uns auf der Nase herumtanzen und sich der Abrichtung entziehen. Auch sind die Fohlen nicht alle gleich lebhaft, das tägliche Arbeitspensum muß daher an ihr Temperament angepaßt und positive oder negative Bekräftigungen angewendet werden. Zum Glück sind die hier geschilderten Probleme eher theoretisch, weil der Halter sein Fohlen entweder selbst aufzieht und anleitet oder ein bereits zugerittenes Pferd kauft. Bei jungen Hunden und Katzen bestehen bei der Abrichtung weniger Gefahren, aber Ausnahmen bestätigen die Regel.

Kommt ein Tier erst in der Pubertätsphase zu uns und hat man sich schon vorher mit ihm beschäftigt, muß hauptsächlich darauf geachtet werden, daß man ihm die veränderten Umstände und Erwartungen verdeutlicht. Meist ist das keine große Sache, denn das Jungtier gewöhnt sich schnell und leicht an die räumlichen und zweckmäßigen Gegebenheiten einer neuen Umgebung.

Gemeinsam mit meinem Mann habe ich schon auf etlichen Reiterhöfen auf dem Lande gearbeitet. Auf einem solchen Gehöft lebte seinerzeit ein wunderschöner junger Kuvasz, ein ungarischer Hirtenhund, namens Lurkó (Schlingel). Mit größ-

»Hier wache ich!« – Lurkó muß umerzogen werden.

tem Eifer versah er seine Pflicht als Wachhund – doch aus irgendeinem Grund hatte er seine Aufgabe völlig falsch verstanden. Tagsüber döste er im Schatten, und selbst als Fremde auf dem Gut erschienen, ließ er sich nicht stören. Sobald jedoch jemand auf dem Fahrrad oder Motorrad am Zaun vorbeifuhr, rannte er wie wild auf die Straße und jagte wütend hinter ihm her.

Es hagelte unzählige Beschwerden – doch ohne Erfolg. Lurkó war sich selbst überlassen, und sein Besitzer scherte sich nicht um ihn. Da sich das Tier schnell mit mir anfreundete, beschloß ich, diesen Erziehungsfehler schleunigst auszubügeln. Ich begann, ihn abzurichten. Zunächst sah es so aus, als ob es Wochen, ja, Monate dauern würde, bis sich seine eingefahrenen Gewohnheiten änderten. Doch ich sollte Glück haben, denn ich konnte einen alten Komondor (ein großer ungarischer Hirtenhund), der vorher einem benachbarten Weinbauern gehört hatte, zu mir nehmen; ich gab ihm den Namen Norton. Eine Weile spielten sich zwar Rangordnungsstreitigkeiten zwischen den beiden ab, aber schließlich lernte der kluge Lurkó am Beispiel des sehr disziplinierten Komondors, wie ein Haus eigentlich bewacht wird.

Das erwachsene Tier

Im Erwachsenenalter sind die körperlichen, seelischen und geistigen Eigenschaften des Tieres mehr oder weniger gefestigt und im Gleichgewicht. Normalerweise legt sich dann auch der unbändige jugendliche Bewegungsdrang und der ausgeprägte Spieltrieb; bestenfalls treten statt dessen Ausgeglichenheit und lebhafter Eifer hervor. Die Eigenarten in den Reaktionen und Gewohnheiten des ausgewachsenen Tieres weisen sowohl auf seine Erbanlagen als auch auf seine bisherigen Erfahrungen hin. Es ist ein Ergebnis unserer Erziehung – darüber brauchen wir auch kein Wort zu verlieren. Eine völlig neue Situation ergibt sich, wenn das Tier erst im Erwachsenenalter zu uns kommt; dann stehen wir vor vollendeten Tatsachen. Solange sein Zustand unseren Vorstellungen entspricht, scheint alles in bester Ordnung zu sein. Selbstverständlich ist das Tier, das wir freudig in Empfang nehmen, körperlich und geistig gesund, gutmütig, gelehrig und gut abgerichtet. Doch oft (vielleicht sogar meistens) stimmt eben doch nicht alles.

Körperbau

Beim erwachsenen Tier können der ererbte Körperbau, die Proportionen, die Beschaffenheit des Skeletts und der Muskulatur sowie eventuelle Schwächen, Verkrüppelung und Fehlstellungen des Körpers als bleibend betrachtet werden. Eine schwache Muskulatur, die durch zu wenig Bewegung in der Pubertätsphase herrührt, läßt sich verbessern, ebenso Entkräftung, die durch eine falsche und unzulängliche Ernährung oder durch problematische Lebensumstände entstanden ist. Abgesehen von genügend gutem Futter müssen dem Tier auch Vitamine und Mineralstoffe zugeführt werden. (Bitten Sie Ihren Tierarzt diesbezüglich um Rat.)

Manchmal lassen sich angeborene bzw. während des Heranwachsens im Mutterleib entstandene Behinderungen durch einen künstlichen Eingriff korrigieren. Vielen Hunden, die durch Überzüchtung an Hüftbeschwerden leiden, kann eine Operation helfen. Bei Pferden mit verformten Hufen oder verdickten Fesseln wird ein besonderer Hufbeschlag angewandt. Bei beiden obengenannten Problemen können wir bessere Erfolge erzielen, wenn wir den empfohlenen Eingriff noch in der Pubertätsphase durchführen lassen, d. h. in einem Alter, wo die Entwicklung des Tieres noch fortschreitet. Um zu entscheiden, ob die körperlichen Schäden korrigiert werden können oder nicht, sollten wir einen Fachmann hinzuziehen – vor allem dann, wenn das Tier keine Abstammungspapiere hat und sich auch sein Alter schwer schätzen läßt.

Magerkeit, Haarausfall und sonstige unschöne Erscheinungen, die durch Entbehrungen, Krankheiten, Verletzungen oder Parasitenbefall hervorgerufen wurden, können mit einer guten Pflege schnell beseitigt werden; trotzdem weiß man nie, was für bleibende Schäden das Tier durch die körperliche Schwächung nachbehalten hat. Leider kann es vorkommen, daß unsere aufopfernde Mühe letztendlich umsonst ist, wenn wir ein Pferd, das vom Schicksal hart getroffen war, vorm Tode bewahren, heilen und glücklich machen, und es dann doch durch einen unbedeutenden Vorfall verlieren.

Gewohnheiten und Verhalten

Erwachsene Tiere kann man gewöhnlich so beschreiben: Das Lernen fällt ihnen noch leicht, und sie vergessen kaum etwas. Genauso mühelos, wie sie sich an Verhältnisse anpassen, die sie als angenehm und günstig empfinden, genauso strikt lehnen sie Zustände ab, die in ihren Augen nachteilig sind. Unter diesen Voraussetzungen kostet es uns viel Mühe, dem erwachsenen Neuankömmling unsere Regeln beizubringen, besonders, wenn diese bei ihm auf wenig Gegenliebe stoßen.

Ähnlich verhält es sich, wenn wir vom Land in die Stadt ziehen: Den Hund oder die Katze bringen die »vielen Mauern und Steine« durcheinander, sie finden sich einfach nicht mehr zurecht. Die fremde Umgebung, der Stadtlärm und Streß durch den Straßenverkehr können zu schweren Neurosen und sogar zum Tod des Tieres führen. Dasselbe Risiko besteht, wenn eben gefangene Wildtiere in den Zoo übersiedelt werden. Umgekehrt kann bei einem Umzug von der Stadt aufs Land oder der Auswilderung des Tieres nur die ungewohnte und erhöhte Selbständigkeit problematisch für sie sein. Um in freier Wildbahn zu überleben, fehlen dem Tier die nötigen Kenntnisse und Erfahrungen. (Dieser Punkt sollte keineswegs unterschätzt werden, weil ihm gerade diese Unerfahrenheit oft zum Verhängnis wird.)

Im weiteren Sinne treten diese Schwierigkeiten auch bei allen anderen Vorgängen im Alltag des Menschen auf, die das erwachsene Tier bisher noch nicht kennt (wie zum Beispiel Autofahren und längere Reisen). Tiere, die damit schon Erfahrungen gemacht haben, gewöhnen sich nicht nur daran, sondern reisen sogar gern. Sollte das Tier jedoch noch nie zuvor mit einem Fahrzeug in

Berührung gekommen sein, kann es schon beim Einsteigen oder später während der Fahrt in Panik geraten, herumtoben oder sich übergeben.

Lernen

Unter normalen Umständen reicht die normale Auffassungsgabe des erwachsenen Tieres aus, um praktisch alles lernen zu können, auch wenn das etwas vollmundig klingt. Wir sind es, die eben nicht in der Lage sind, dem Tier schwerere und ausgefallene Aufgaben zu vermitteln. Eine ernsthafte Dressurarbeit kann man nur mit einem erwachsenen Tier betreiben (nicht etwa, weil das Jungtier noch nicht reif genug ist und keine Disziplin hat, sondern weil es so lange dauert, bis man die Basis dafür geschaffen hat).

In einem Punkt gibt es einen Riesenunterschied zwischen Erziehung und Ausbildung: Wurde es damals versäumt, das Jungtier zu erziehen, führt dies wahrscheinlich zu einer gestörten Anpassungsfähigkeit und abweichendem Verhalten, wodurch das Tier später unverträglich und ungehorsam wird. Eine fehlende Ausbildung jedoch kann nachgeholt werden. Ein erwachsenes Tier mit intakter Seele ist – mit den richtigen Methoden – unendlich gelehrig.

Ich möchte nun von einem Vorfall berichten, der mich besonders eindrucksvoll davon überzeugte, wie erstaunlich anpassungsfähig ein kluges erwachsenes Tier doch ist. Nachdem Gorsia gestorben war, war ich völlig am Boden zerstört und felsenfest davon überzeugt, daß es niemals wieder ein anderes Pferd geben würde, das innerlich und äußerlich so wunderschön wäre wie er.

Mohafez, der Araberhengst meines Mannes, hätte sich mit ihm messen können, aber er stand mir nicht so nahe. Meinen Annäherungsversuchen begegnete das Tier zwar freundlich, doch ließ es mich stets spüren, daß es zu meinem Mann gehörte und nicht zu mir. Aus diesem Grund war ich oft traurig und enttäuscht.

Im ersten gemeinsamen Winter ereignete sich dann folgendes: Wochenlang hatten immense Regengüsse die Puszta überschwemmt, gefolgt von plötzlich einsetzendem Frost von achtzehn Grad Kälte. Der zu einer harten Eisschicht gefrorene Boden war unbegehbar, und Mohafez war wohl oder übel gezwungen, im Stall zu bleiben. Als ich ihn schließlich wieder hinausführen konnte, war er kaum zu halten. Was anderes hätte ein temperamentvolles Pferd auch tun können als tänzeln, springen und bocken?

Wir ritten ein ganzes Stück, bis ich sein Herumspringen endlich satt hatte und ihn ermahnte: »Mofci, noch ein einziger Bocksprung, und du bist wieder im Stall!« Von diesem Augenblick an lief das Tier ordentlich und befolgte meine Hilfen. Mir war sofort klar, daß in diesem Moment viel mehr passiert war: Die sehnlichst erwartete Wende war eingetreten. Später verstand Mohafez »jedes« meiner Worte so wie Gorsia, er zeigte sich ebenso gehorsam, ja, selbst seine Streiche waren die gleichen.

Das ältere Tier

Unter natürlichen Bedingungen, d. h. in freier Wildbahn, ist der Zeitraum der Entwicklung und des Verfalls verhältnismäßig kurz. Das ist auch in Ordnung, denn ein Tier, das die Wahrscheinlichkeit, Opfer einer drohenden Gefahr zu werden, senken will, muß sich schnell entwickeln, um überlebensfähig zu sein; seine körperliche und geistige Gesundheit, die es zum Überleben und Arterhalt braucht, muß es möglichst lange bewahren. Mit anderen Worten, der Alterungsprozeß kann nicht sehr lange durch einen langsamen Verfall hinausgezögert werden, da Stärke, Schnelligkeit und Reaktionsfähigkeit des Tieres schwinden und es deshalb »nicht mehr Schritt halten« könnte.

Bei einem Haustier sorgt der Mensch für seine Bedürfnisse und pflegt es bei Krankheit, wodurch Kämpfe unnötig werden; daher ist seine Lebenserwartung auch höher. Welches Alter erreicht wird, hängt im einzelnen von der genetischen Veranlagung ab, aber auch von der körperlichen Verfassung, die von Haltung und Fütterung bedingt wird. Diese Umstände können sich ganz unterschiedlich auswirken, weshalb manche Tiere nur halb so alt werden wie ihre Artgenossen oder andere Tiere doppelt so alt wie der Durchschnitt. Schauen wir uns also einige – belegte – Beispiele für das erreichbare Höchstalter an, das im Vergleich mit anderen Werten herausragend ist.

Tierart / Alter	Beginn des Alterns	Durchschnittliche Lebenserwartung	Arttypisches Höchstalter	Rekord
Hund	8 Jahre	12 Jahre	16 Jahre	29 Jahre*
Katze	12 Jahre	14 Jahre	18 Jahre	37 Jahre**
Pferd	16 Jahre	20 Jahre	30 Jahre	62 Jahre***

Quelle für die Rekordzahlen:
* Dr. J. Szinák – I. Vereß: *A Kutya hétköznapjai* [Der Alltag eines Hundes], 1992
** Gino Pugnetti: *The MacDonald Encyclopaedia of Cats*, 1983
*** Desmond Morris: *Die Körpersprache des Pferdes*, 1988

Das Altern bei gesunden Tieren macht sich durch ein zunehmend ruhigeres Temperament bemerkbar, nachlassenden Bewegungsdrang und ein größeres Ruhebedürfnis. Sie werden schneller müde, so daß sie ihren Alltag lieber mit

Junge Katze

Herumliegen und Schlummern verbringen. Sobald es ihnen zu laut wird und sie »der Lärm des Lebens« zu sehr anstrengt, ziehen sie sich still und leise zurück. Ereignisse, die damals noch spannend für sie waren, können sie nicht mehr hinterm Ofen hervorlocken (das Eintreffen eines Besuchers, Reisen, Arbeit oder das menschliche Treiben usw.).

Zu den allgemeinen und erkennbaren Anzeichen des Älterwerdens gehören abgenutzte, lockere Zähne, Trübung der farbigen Iris (bei einigen Tieren kommt es manchmal gleichzeitig zu einer Braunfärbung der Augenhornhaut), Grauwerden oder Ausfallen des Fells, Abmagerung, Magenwanddehnung sowie Muskelschwund und Muskelschwäche, die durch die nachlassende Regsamkeit bedingt sind. Wegen der eingeschränkten Kaufähigkeit und seiner trägen Verdauung frißt der Tiersenior meist langsamer und hat weniger Appetit; allerdings kann die eintönige und passive Lebensweise auch zu Gefräßigkeit und schließlich zu Verfettung führen. (Lassen wir es erst gar nicht soweit kommen! Für den altersschwachen Körper ist dies nämlich pures Gift. Haben wir den Eindruck, daß das Tier »nur noch am Fressen Freude hat«, stopfen wir es trotzdem nicht mit Leckerlis voll, sondern teilen sein leicht verdauliches Futter mit vielen Vitaminen und Mineralstoffen lieber in mehrere Portionen ein.)

Alte Tiere, besonders Pferde, sind oft für ihre »Durchtriebenheit« bekannt, mit der sie uns austricksen, um sich vor der Arbeit zu drücken. Sicher stimmt es, daß ein kluges und erfahrenes Tier zu solchen Spitzfindigkeiten fähig ist,

Alte Katze

doch es wendet sie nur dann an, wenn die Aufgabe wirklich unangenehm ist. Wenn ein Tier schon lange bei einem Besitzer lebt und sich beide nicht mögen, kann es im Alter schon einmal schlechte Gewohnheiten annehmen und viele Formen seiner »Gerissenheit« zeigen. Diese Unarten verschwinden in der Regel leicht, sobald es in kundige und liebevolle Hände kommt. Es täuscht, daß diese Tiere »ein für allemal verdorben« sind, sie »die Menschen verabscheuen«, und dies nicht mehr zu ändern ist. Nun, Tatsache ist, daß dies zwar vorkommt, aber nur vereinzelt und dann sehr allmählich.

Wir müssen bedenken, daß sich das Tier festgelegt hat und nicht mehr so flexibel wie früher ist. Es besteht auf seiner vertrauten Umgebung, seinem Lebensstandard und bewährten Trott, und es stört sich an allem, was neu und anders ist als sonst. Es ist kaum in der Lage, den Streß zu ertragen, der mit einem Umzug, einem Besitzerwechsel und neuem Umfeld verbunden ist. Auf solche tiefgreifenden Veränderungen reagiert es mit Schwermut und Griesgrämigkeit. Außerdem kommen Altersschwäche, nachlassende Vitalität sowie eventuell gesundheitliche Beschwerden wie z. B. Rheuma hinzu, weshalb sich das Tier gern seinen Aufgaben entzieht. In diesem Fall wäre es besser, ihm keine Leistung mehr abzuverlangen.

Es steckt viel Wahrheit in der ungarischen Redensart »Ein alter Hund lernt nicht mehr bellen«, obwohl dies eigentlich nicht wörtlich gemeint ist. Es geht nicht darum, daß ein Tier im Alter nichts mehr versteht und aufnehmen kann (obwohl es auch vorkommt, daß ein Tier überhaupt nie etwas lernt, wenn kein Mensch mit ihm kommuniziert oder es in einer reizarmen Umgebung aufwächst). Ein altes Tier kann immer noch etwas lernen, aber eben *nur in seiner vertrauten Welt*. Was in dieser Welt abhanden kommt, ist unersetzlich. Ein gut ausgebildetes Reitpferd kann auch im Alter viele Übungen dazulernen, wenn es gesund und kräftig genug für die Arbeit ist; aber ein Pferd, das 16 Jahre alt ist und noch nie einen Reiter auf seinem Rücken getragen hat, ist in dieser Hinsicht ein hoffnungsloser Fall.

Bei Haustieren stellt man oft ein Abstumpfen des Geistes und der Sinne fest (bei Wildtieren hingegen nicht, da sie mit solchen Gebrechen lebensunfähig wären). Störungen beim Sehen, Hören, Riechen und dem Gleichgewicht sind auf geschwächte oder erkrankte Sinnesorgane zurückzuführen oder auf Mangelerscheinungen durch die Verdauung, des Stoffwechsels und Gehirnverkalkung. Auch Demenz als typische Alterserscheinung ist für viele der seelischen Erschwernisse verantwortlich, die die Haltung der alten Tiere so mühevoll machen. Dazu gehören Konzentrationsmangel, Verwirrtheit, Vergeßlichkeit, eigentlich bekannte Personen werden nicht wiedererkannt, unbegründete Flucht oder Angriff, mangelnde Stubenreinheit usw.

Leider sind nicht alle unsere Vierbeiner in der glücklichen Lage, im Alter einfach nur sanft vor sich hinzudösen – früher oder später werden sie mit Problemen zu kämpfen haben, die durch verschiedene organische oder seelische Veränderungen entstanden sind und für sie und ihren Besitzer zur Qual werden. Manchmal ist es das beste, sie so schnell wie möglich von ihrem körperlichen Leiden, den Schmerzen und der unheilbaren Krankheit zu erlösen. Ein fürsorglicher Besitzer bringt eine solche Entscheidung nur sehr schwer übers Herz, jedoch im begründeten Fall darf nicht lange gezögert werden.

Zu Recht wird aber jeder Halter angeprangert, der sein Tier, das gerade jetzt große Aufmerksamkeit und Pflege braucht (aber keinen Nutzen mehr bringt), aus reiner Bequemlichkeit beseitigt bzw. wegjagt, was noch grausamer ist. So ein Vorgehen ist nicht nur deshalb grausam, weil das greise Tier auf sich selbst gestellt völlig hilflos und schutzlos ist. Unsere Haustiere haben sich einem Menschen anvertraut und hängen sehr an ihm. Für sie ist es ohne ihre Bezugsperson so, als würde die ganze Welt zusammenbrechen. Diese starke Gefühlsbindung sowie ihre Hilflosigkeit sollten uns, wenn wir kein Herz aus Stein haben, dazu bewegen, das Tier in Frieden, Sicherheit und Liebe seinen Lebensabend verbringen zu lassen. Wenn wir es recht bedenken, sehnen auch wir uns nach diesem sicheren Hafen.

Warum sich die Beziehung zum Tier verschlechtern kann

Es kommt nicht selten vor, daß sich der Kontakt mit einem Tier, das wir selbst aufgezogen oder aufgenommen haben, über lange Zeit hinweg als angenehm erweist: Gegenseitiges Vertrauen und Verständnis entwickeln sich, Regeln werden beachtet, die Zusammenarbeit klappt wunderbar, und Reibereien sind so gut wie ausgeschlossen. Doch dann, vielleicht ein Jahr später, tritt eine Verschlechterung ein. Das sonst so zuverlässige und erfahrene Tier widersetzt sich unseren Befehlen, arbeitet nicht mehr mit, nimmt schlechte Gewohnheiten an, vielleicht mag es uns auch nicht mehr, die sanften Annäherungsversuche bleiben aus, und es empfängt uns nicht mehr mit überschwenglicher Freude. Was hat sich nur verändert? Wenn wir ratlos vor diesen unverständlichen Auswirkungen stehen, geht uns bestimmt nicht nur einmal durch den Kopf: »Wie konnte das geschehen? Alles läuft doch wie immer und bis jetzt gab es nie Probleme.«

Doch zweifellos trügt der Schein, wie in vielen anderen Fällen auch. Ohne Grund ändert sich nie etwas. Das ist etwa so wie bei einer gescheiterten Ehe. Jeder hat schon einmal diese Worte aus dem Mund von Verwandten und Freunden gehört: »Wir haben uns einmal so geliebt, doch jetzt sind wir uns fremd geworden.« Oder: »Am Anfang war ich so glücklich mit ihm, aber jetzt streitet er nur noch mit mir.« Dabei lief doch alles wie sonst, jedenfalls fast alles. Natürlich stimmt das nicht. Wenn der untröstliche Galan und seine Dame nämlich ehrlich darüber nachdenken, wird ihnen aufgehen, daß es doch ein paar Unterschiede zwischen früher und heute gibt, obwohl sie winzig klein sind. Und die Lehre daraus? Was dem einen unbedeutend erscheint, ist dem anderen um so wichtiger. Besser gesagt: Es wäre ihm wichtiger gewesen.

Suchen wir also nach der »Kleinigkeit«, die wir bisher übersehen haben. Haben wir diese erst aufgespürt, zeigt sich uns automatisch die Lösung. Doch der Einfachheit halber gehen wir die häufigsten Gründe für das Scheitern einer Mensch-Tier-Beziehung durch, sehen uns die Anzeichen an und natürlich die Methoden, um sie wieder in Ordnung zu bringen.

Vorübergehende Schwierigkeiten wollen wir nicht dazuzählen, als da wären: Rückzug, ablehnendes Verhalten und mangelnde Disziplin seitens des Tieres.

Im ersten Kapitel wurden diese Art Probleme auf das Allgemeinbefinden zurückgeführt. Jetzt wollen wir die Erscheinungen betrachten, die sich über längere Zeit, still und heimlich, entwickelt haben, da nur sie auf eine wirkliche Verschlechterung der Beziehung hinweisen.

Weniger gemeinsam verbrachte Zeit

Dieser Mißstand tritt immer dann auf, wenn sich im Leben des Tierhalters eine entscheidende Veränderung ergibt und er plötzlich mehr Verpflichtungen zu erfüllen hat. Dazu gehört z. B., daß er nach Beendigung der Schule eine Arbeit aufnimmt, seinen Arbeitsplatz wechselt, heiratet, ein Kind geboren wird, er sich gesellschaftlich mehr einbringen muß usw. Bis zu einem gewissen Grad reagieren die Tiere positiv auf das verkürzte Beisammensein: Mit großer Vorfreude ersehnen sie die kostbaren Momente mit uns. Der Hund hat dabei die größte Geduld von allen, bei Katze und Pferd hingegen schwindet diese Freude viel eher, und sie legen bereits kurze Zeit nach der Vernachlässigung eine gewisse Gleichgültigkeit an den Tag.

Verschlechtert sich die Lage weiter, kann die Gleichgültigkeit in Abneigung und Mißtrauen umschlagen, die Annäherung wird verweigert und schließlich die ganze Zusammenarbeit. Hier heißt es dann: »Das Tier sieht mich so selten, daß es mich gar nicht mehr erkennt« oder »Seit ich mich nicht mehr mit ihm beschäftige, hat es alles vergessen, was ich ihm schon beigebracht hatte.« Und hier irren wir uns eben, denn *das Tier kann sich an alles erinnern*.

Alle diese Probleme sind nicht so schwerwiegend, sobald wir die alten Übungen wieder aufnehmen. Unser Verhältnis verbessert sich innerhalb kürzester Zeit. Auch ist es nicht so schlimm, wenn wir jemanden haben, der sich an unserer Stelle mit dem Tier beschäftigt, doch stellen wir uns darauf ein, daß wir in seinem Leben dann keine wichtige Rolle mehr spielen bzw. daß jemand anderes den Platz des Rudelführers einnehmen wird. Ärgern wir uns nicht und sehen es auf keinen Fall als Ehrverlust an. Wir können frei wählen, mit wem wir unsere Freizeit verbringen. Wenn wir weder die Zeit haben, uns mit dem Tier zu beschäftigen, noch die Möglichkeit, es jemand anderem anzuvertrauen, entsteht ein echtes Problem. Die Seele des alleingelassenen Tieres kann sich in jeglicher Hinsicht verzerren, mit allen Spielarten von Trauer, Bösartigkeit und Hinterhältigkeit.

Verwöhnung

Es gibt zwei Arten von Tierhaltern, die den Fehler begehen, daß sie ihrem vierbeinigen Liebling alles durchgehen lassen: Entweder ist er zu großherzig oder schlichtweg unerfahren. Die schlechte Auswirkung macht sich nicht sofort bemerkbar, besonders dann nicht, wenn das Tier bei uns aufwächst. (Wie könnte es anders sein, wo doch selbst die Mutter dem unbeholfenen Jungtier freie Hand läßt.)

Kommt ein gut erzogenes, erwachsenes Tier zu einem neuen Besitzer, zeigt es sich auch lange diszipliniert. Doch irgendwann fällt ihm auf, daß immer das geschieht, was es will – und es wird diesen Umstand ausnutzen. Es hört nicht mehr auf Rufe und Befehle, ist widerspenstig und weigert sich gegen alles Mögliche. Da bricht es dann aus dem wohlmeinenden Besitzer hervor: »Du hinterhältiges Biest! Ich habe dich stets gut behandelt, und das soll jetzt der Dank sein?« oder »Ich bin auch selber schuld, hätte ich es nur ordentlich durchgeprügelt!«.

Aber das »Biest« ist nicht hinterhältig, und eine Tracht Prügel wäre auch keine Lösung gewesen; nur die Regeln hätte man ihm gleich klarmachen müssen, was im Nachhinein leider viel schwerer ist. Auf jeden Fall sollten wir spätestens jetzt damit anfangen. Hat es den Anschein, daß wir nichts ausrichten können, bitten wir einen Fachmann oder einen anderen erfahrenen Tierhalter um Hilfe.

Gefühllosigkeit und Grobheit

Unsere Beziehung endet todsicher in einer Sackgasse, wenn
- wir nichts als Aufgaben stellen und immer nur Ergebnisse sehen wollen.
- sich unser Umgang mit dem Tier auf Füttern und Körperpflege beschränkt.
- unser Ansehen beim Tier auf Strafen und Machtbezeugungen beruht und nicht auf geistiger Überlegenheit.

Einige Tiere beugen sich der gefühllosen Behandlung aus Angst vor Schlägen und weiteren Grobheiten. Diese Vermeidungsstrategie geht jedoch selten auf, denn ein brutaler Besitzer denkt gar nicht daran, sich anders auszudrücken; umsonst versucht das Tier, seinem Herrn jeden Wunsch von den Augen abzulesen. Andere Tiere lassen sich indes nicht unterkriegen und entziehen sich den groben Händen, indem sie sich gegen die Angriffe wehren.

Wie auch immer, das Ende vom Lied steht schon fest: Es entwickelt sich ein eingeschüchtertes, unberechenbares oder aggressives Tier, das nicht bereit ist, mit uns zusammenzuarbeiten. Über solche Tiere schimpft man: »Dumm und störrisch!« oder »Das ist ein furchtbar böses Tier und einfach unerträglich. Machen wir Schluß mit ihm, denn es bringt nur Ärger!« Dabei wäre es selbst hier ganz einfach, die Sache zu bereinigen und wieder eine gute Beziehung herzustellen. So ein Tier ändert sich nämlich sofort, wenn wir ihm mit Liebe begegnen.

Schlechte Haltungsbedingungen

Muß ein Tier unter Bedingungen leben, die nicht artgerecht sind, und ist es auch noch andauerndem Streß ausgesetzt, hat dies einen negativen Einfluß auf die Beziehung zum Menschen. Unangenehme Gegebenheiten vergällen dem Tier die Lebensfreude, es wird schwermütig oder gereizt. Gibt man dem Tier die Möglichkeit, diese Umgebung regelmäßig zu verlassen, fühlt es sich nur dann unwohl, wenn es sich dort aufhalten muß. (Diese Situation dürfte klar sein und kann eigentlich nicht mißverstanden werden.) Sind diese schlechten Bedingungen jedoch ein Dauerzustand, können wir uns noch so sehr um ein gutes Verhältnis bemühen; unser Kontakt leidet einfach darunter. Wer den wahren Grund nicht erkennt, gibt regelmäßig dem Tier die Schuld, weil er glaubt, daß es »eben seine Natur« ist. Vielleicht führt er die Schwierigkeiten auch auf falsche Ursachen zurück: fehlende Paarungsmöglichkeit, Älterwerden, »jemand ärgert es« usw.

Man kann schnell die Wahrheit finden: Nehmen wir das Tier mit, irgendwohin, vielleicht sogar für einige Stunden oder länger. Bleiben wir bei ihm und beschäftigen wir uns mit ihm wie sonst und beobachten, wie es sich verhält. Wenn wir zu der Überzeugung gelangen, daß die Haltungsbedingungen verantwortlich sind, sollten wir sie unbedingt ändern, oder suchen wir einen besseren Ort für das Tier. (Das betrifft vor allem Pferde, die in einem Mietstall untergebracht sind.)

»Zwischentierische« Beziehungen

Das Verhalten der Tiere untereinander ist sehr vielfältig. »Fressen und gefressen werden« ist nur eines der oberflächlichen Schlagworte. Dabei kann die Räuber-Beute-Beziehung ohnehin nicht als richtiges Verhältnis betrachtet werden, ebenso die verschiedenen Formen der Rivalität nicht, weshalb sie hier auch unerwähnt bleiben.

Im großen und ganzen sollen nur solche Beziehungen vorgestellt werden, wie sie auch unter Menschen vorkommen:

- Verwandtschaftsverhältnis (z.B. Mutter/Kind)
- Freundschaft
- Verhältnis zur Tiergesellschaft
- Paarbindung

Über die Mutter-Kind-Beziehung, das Verhältnis der Wurfgeschwister untereinander, über die jahreszeitabhängigen Paarbindungen und das »kollegiale« Verhalten zwischen Herden- und Rudeltieren hatte ich bereits zuvor berichtet. Wir alle wissen, worum es geht. Es sind eher die seltenen, keineswegs typischen Verbindungen, die eine nähere Betrachtung verdienen, solche, die mit ihrer außerordentlichen Komplexität neue Beweise für das eigene Bewußtsein und die hochentwickelte Gefühlswelt der Tiere liefern.

Freundschaftliche Kontakte sind solche langwährende Verbindungen zwischen Einzeltieren innerhalb einer Art oder artübergreifend, die nicht ihrem Instinktverhalten entsprechen oder mit artspezifischem Verhalten (z.B. soziale Arbeitsteilung innerhalb des Rudels) begründet werden können. Da ein solcher Kontakt grundlegend auf einer seelischen Bindung beruht – auch wenn im Hintergrund ein unter besonderen Umständen entstandenes, gegenseitiges Interessenverhältnis besteht –, taucht die Frage auf, warum wir vorrangig die seelische Bindung betrachten, obwohl allein das Interessenverhältnis schon ein Motiv für die Zusammenarbeit sein kann. Das ist so, weil

- jeder dieser Kontakte eine seelische Verbindung in sich birgt, bei denen nicht unbedingt eine Zusammenarbeit im beiderseitigen Interesse vorliegt.
- die Zusammenarbeit für die Lebenserhaltung nicht notwendig ist.
- die Kontakte nach Wegfall der eigenen Interessen erhalten bleiben.

Planvolles Zusammenspiel: Die Katzenmütter Snowflake und
Ginger teilen sich die Jungenaufzucht.

Eines der besten Beispiele hierfür lieferte mir eine englische Dame namens Jenny
mit ihren beiden weiblichen Hauskatzen. Als ich bei ihr zu Gast war, säugte die
weißgefleckte Katze Snowflake (Schneeflocke) gerade liebevoll ihre fünf Jungen.
Ihre Gefährtin, die rot-cremefarbene Ginger jagte unterdessen Mäuse (mit dem
Geschick eines Profis). Einige fraß sie selbst, die anderen brachte sie zu Snowflake
und den Kleinen.

Ich hätte nie erfahren, in was für einem bezaubernden Verhältnis sie lebten,
wenn ich mich nicht gewundert hätte: »Wie eigenartig, daß die schlanke Snowflake
fünf Junge hat, und die kräftige Ginger dagegen gar keine.« – »Nicht doch«, lachte
Jenny, »zusammen haben sie fünf. Ginger hat vor ihr geworfen und hatte kaum
Milch. Deshalb säugt sie ihre Jungen nur noch ab und zu. Dafür jagt sie für alle.
Die andere Katze betreut die Jungen. Aber Ginger hat ihre Beute auch schon früher
mit Snowflake geteilt, als sie noch keinen Nachwuchs hatten.«

Unter Haustieren schließen Artgenossen oft Freundschaft miteinander, aber
bei Tieren, die in einer Gruppe zusammenleben, kann man schwer unterscheiden, wann es mehr als Gemeinschaftssinn ist. Viel interessanter sind hingegen
solche Fälle, bei denen artübergreifend Freundschaften entstehen und die Tiere
ansonsten Gegner wären (wie z. B. zwischen Hund und Pferd oder Hund und
Katze). Sie erinnern an Freundschaften zwischen ungleichen Paaren wie den
Ehrlichen, sich Gleichgültigen oder ewig Ränkeschmiedenden.

Katze und Pferd, die in freier Natur weder Feinde noch Konkurrenten sind, verstehen sich immer gut.

Hunde und Pferde stehen solange im Widerstreit zueinander, bis sie sich richtig kennen. Der Hund, der bis ins hohe Alter noch nie ein Pferd gesehen hat, wird es anbellen, anknurren oder ihm die Zähne zeigen, und womöglich wird er es vertreiben wollen, vielleicht sogar angreifen. (Dazu wird es jedoch kaum kommen, weil das Pferd entweder Reißaus nimmt oder sich mit einem Huftritt zur Wehr setzt.) Wo ein Stall ist, ist üblicherweise auch ein Hund, deshalb wächst kaum ein Pferd auf, ohne jemals einen Hund gesehen zu haben. Und wenn doch, so hat es Angst vor ihm und flieht, wie einst das Wildpferd vor den Wölfen. Auch solche Pferde, die an Hunde gewöhnt sind, gehen mit fremden und aggressiven Hunden vorsichtig um, obwohl es die meisten von ihnen unbeeindruckt läßt, wenn der Hund ein bißchen die Zähne zeigt.

In dem Stall, wo ich Gorsia zuerst untergebracht hatte, lebte vorher schon der schwarze Schäferhund Rex. Er hatte sich längst an die Gemeinschaft mit den Pferden dort gewöhnt, und sie lebten friedlich nebeneinander her. Doch dann kam mein Pferd neu in den Stall und besetzte seinen Platz. Der Hund stellte sich hinter meinem Hengst auf und begann zu bellen – gleichmäßig, langsam und in monotonem Rhythmus, aber nicht zornig. Doch das brachte das Pferd überhaupt nicht aus der Ruhe. Sein Herr schickte ihn mehrmals hinaus, weil er einfach nicht aufhören wollte, doch ohne Erfolg.

Zwei, drei Stunden lang dauerte das Gebell, dann legte sich der Hund neben Gorsia ins Stroh und schlief augenblicklich ein. Von diesem Zeitpunkt an waren sie Freunde. Die Geschichte geht aber noch weiter: Rex hatte mit seiner Partnerin drei Welpen, die auf dem Nachbarhof lebten. Ein paar Wochen nachdem mein Pferd im Stall eingetroffen war, waren die Jungtiere erwachsen geworden und kamen mit ihrer Mutter zusammen auf unser Gehöft. Einer der Rüden ging schnurstracks auf die Pferdebox von Gorsia zu, legte sich neben das Pferd und schlief von nun an immer dort, gerade so, als ob er einfach den Stammplatz seines Vaters eingenommen hätte.

Äußerst unterschiedlich stellt sich auch das Verhältnis zwischen Hund und Katze dar. Über ihre Gegnerschaft gibt es Sprichwörter zuhauf, doch ebenso bekannt ist ihre Freundschaft. Der ewige Kampf zwischen ihnen geht immer aufs Konto vom Menschen, entweder direkt, indem er den Hund auf die Katze hetzt (was erbärmlich und unwürdig ist), oder indirekt, indem Rivalität zwischen den Tieren hervorgerufen wird. Letzteres ist nicht immer beabsichtigt, aber viele Tierhalter denken einfach nicht daran, daß ihre Hausgenossen, die in wechselnder Reihenfolge gefüttert werden, dies als Grund für einen Konkurrenzkampf betrachten.

Auch wenn erst der Hund und dann wieder die Katze ins Wohnzimmer darf, kann eine Rivalitätssituation geschaffen werden, wobei einer von beiden seine verlorene Vormachtstellung in einem »erbitterten Krieg« zurückerobern wird. Es handelt sich hier um zwei verschiedene Raubtierarten, die in der Wildnis anders und an verschiedenen Orten leben. Ihr Beuteschema weicht voneinander ab, so daß sie keine Rivalen sind. Die Natur hat sie nicht zusammengebracht, aber die menschliche Zivilisation. Die meisten Konflikte zwischen den beiden Hausgenossen werden durch ihre unterschiedlichen Sprachen und Verhaltensmuster hervorgerufen.

Ein gutes Beispiel findet sich in der Geschichte »Alice im Wunderland«: Das Schwanzwedeln beim Hund drückt Freude aus, während es bei der Katze Mißfallen und Aggressivität bedeutet. Das Schnurren der Katze kann der Hund als Knurren auffassen usw. Wenn sich Hund und Katze erst richtig kennengelernt haben, sind solche Mißverständnisse natürlich ausgeschlossen.

Wie bereits erwähnt, sind dem Erlernen der Kommunikationszeichen keine zeitlichen oder räumlichen Grenzen gesetzt.

Zwischen den verschiedenen Tierarten können außergewöhnliche Verbindungen entstehen, wofür direkt oder indirekt der Mensch verantwortlich ist. Einerseits deshalb, weil er durch seine Pflege das natürliche Feindverhalten abschwächt, und andererseits, weil er – absichtlich oder unabsichtlich – die Verständigung bzw. das Miteinander der Tiere fördert.

Als außerordentlich kann jede Verbindung zwischen Tieren angesehen werden, die artfremd ist, wie etwa ein Hunderudel, das eine Katze, Ziege oder ein Schwein aufnimmt. Ferner können künstliche »Familien« als außergewöhnlich betrachtet werden, bei denen das Muttertier artfremde Tierwaisen mit ihrem eigenen Wurf zusammen aufzieht. Hundeweibchen sind bekanntlich gute Ammen. In Zoos werden daher häufig Raubtierbabys von Hunden großgezogen, wenn sie von ihrer eigenen Mutter abgelehnt wurden. Die Aufzucht von kleinen Tigern, Löwen, Panthern und Eisbären können selbst Hundeweibchen übernehmen, die keine eigenen Jungen haben, da manchmal die Milchbildung von allein einsetzt. Diese Besonderheit besteht bei einer Katze hingegen nicht. Ein Muttertier mit eigenen Jungen säugt aber hilfsbereit die Babys anderer Mütter. Daher haben Katzen neben Ottern und anderen kleinen Raubtieren auch schon Eichhörnchen, ja, sogar Frischlinge aufgezogen.

Warum unter verschiedenen Tierarten so viele gemischte Verhältnisse entstehen, hängt auch damit zusammen, da wir normalerweise nur ein einzelnes

Artübergreifende Verbindungen: Kleine Katzenwaisen finden
bei einem gutmütigen Schwein Geborgenheit.

Tier von jeder Art halten. Hund, Schwein, Pferd sowie Ziege usw. knüpfen gern Verbindungen, die auf einer Zusammenarbeit gründen, weil sie einsam sind oder sie vom Instinkt zur Gruppenbildung geleitet werden.

Was die Paarbindungen betrifft, wird die einfache, vorübergehende Paarung als normal betrachtet, ebenso der oft vertretene »Harem«. Bei einigen Tierarten kehren die Männchen, die zwar als Einzelgänger leben und jagen, zu jeder Paarungszeit zu einem ganz bestimmten Weibchen zurück. Bereits das steht für eine seelische Verbindung zwischen beiden, zeigt es doch deutlich, daß diese Verbindung nicht schlichtweg zur Erhaltung der Art dient. Es gibt aber auch Verbindungen, die ein Leben lang halten. Die Meeressäuger wählen nur einmal im Leben ihren Partner und suchen sich auch danach keinen neuen, wenn sie diesen einen verlieren. In freier Natur hat man beobachtet, daß ein Walroßbulle, der einen großen Harem besitzt, einige Weibchen besonders gern mag und betrauert, wenn sie sterben. Erwähnenswert sind auch bestimmte Paarbindungen zwischen Katzen. Ich möchte von einem sonderbaren und rührenden Ereignis erzählen:

Es war an einem verregneten Augusttag auf dem Lande, wo ich damals zusammen mit meinem Mann tätig war. Als wir von der Arbeit heimkehrten, beobachteten wir, wie sich eine große rotbraune Katze unserem Wohnhaus näherte und in den Vorraum schlich. Zunächst glaubten wir, es sei ein Kater, doch als wir eintraten, sahen wir mit Erstaunen, daß in der Ecke auch noch zwei kleine Katzenjunge lagen. Das erwachsene Tier (anscheinend doch die Mutter?) leckte die Kleinen ab und schmiegte sich an sie. Sie bildeten ein schönes Katzenknäuel.

Natürlich versorgten wir sie entsprechend mit Futter. Nach ein paar Tagen zog die kleine Familie ganz zu uns, und schließlich kam auch die ganze Wahrheit ans Licht: Die rotbraune Katze war doch der Vater. Er war es, der seine drei Monate alten Kinder – von denen es insgesamt drei gab – pflegte und unterwies. Die Mutter der Kleinen war nämlich inzwischen wieder von einem weißen Kater trächtig und stand kurz vor der neuerlichen Geburt. Als die kleinen Katzen später fünf Monate alt und schon fast erwachsen waren, verband sie immer noch eine tiefe Zuneigung mit ihrem Vater. Bald darauf erschien auch die Katzenmutter mit ihren neuen zwei Wochen alten Babys bei uns, und alle nahmen kurzerhand unseren Vorraum in Beschlag.

Es könnte sein, daß der Vater seine Jungen gegen den weißen, dominierenden Kater beschützt hatte. Dies halte ich aber für wenig wahrscheinlich. Der Nebenbuhler ließ sich nämlich in den nachfolgenden Monaten *nie* in der Gegend blicken. Von einem weiter entfernten Nachbarn erfuhr ich später, daß er einen solchen Kater hätte, dieser jedoch ständig in der Gegend herumstreunen würde.

Ein dominantes Tier geht regelmäßig sein Territorium ab und kontrolliert es, daher kann es nicht über Monate hinweg unsichtbar bleiben. Daß er der Vater sein mußte, ließ sich kaum abstreiten, da die Jungen des zweiten Wurfes eine besondere Färbung aufwiesen, die nur von einer Mutter mit der bekannten Farbe und Fellzeichnung sowie einem weißen Kater herrühren konnte. Gleichermaßen ließ sich die Fellfarbe der Jungen des früheren Wurfes eindeutig ihrer Mutter und dem ersten Vater zuordnen.

In unserer Gegend wimmelte es nur so von Mäusen. Weder der eine noch der andere Kater hätte befürchten müssen, daß die Nachkommen seine Existenz gefährdeten. Insofern wäre es nicht nötig gewesen, die Jungen vor dem anderen Kater zu schützen. Es konnte nicht anders sein, daß der Vater die Betreuung der Jungen auf sich nahm, um seine frühere Partnerin wegen ihrer erneuten Mutterschaft zu entlasten.

TEIL III

SEELISCHE UND PSYCHISCHE PROBLEME BEI TIEREN

In den vorherigen Kapiteln habe ich die Besonderheiten der tierischen Psyche hervorgehoben sowie die theoretischen und praktischen Grundlagen für eine geistige Verbindung erörtert. Wenn wir diesem Weg folgen, können wir uns nicht verirren – doch es ist von Vorteil, uns an dieser Stelle ausführlicher über die falschen Wege klarzuwerden.

Warum sind sie falsch? Und wohin führen sie? Wie können wir sie verlassen und auf den sicheren Weg zurückkehren? Suchen wir die Antwort darauf, wie wir an den Geist und das Herz eines psychisch kranken, leidenden Tieres herankommen. An ein Tier, das kein Vertrauen mehr hat und keinen Mut, sich abgeschottet hat und nichts mehr wahrnimmt; ein Tier, das keinen Platz mehr sieht in der vom Menschen geschaffenen Welt und mit irgendeiner Methode versucht, auszubrechen.

Nun, das ist wirklich kein leichtes Unterfangen. Es ist, als ob man auf einem steilen, steinigen Pfad voranstolpert und in einem dichten Wald nach einem anderen Weg sucht. Die Ursachen der Verhaltensprobleme können recht vielfältig sein, angefangen bei einer falschen Behandlung bis hin zu schwerwiegenden Krankheiten.

Diese Probleme sind schwer zu ergründen, gerade deshalb, weil die meisten Tierhalter sich nicht vorstellen können, daß sie diese selbst heraufbeschworen haben und dem Tier zugleich absprechen, auch seelischen Schmerz zu empfinden. Mit diesem Wissen stehen wir schon vor dem nächsten Dilemma: Die seelischen Leiden sind (ähnlich wie die körperlichen) manchmal leicht zu behandeln und dann wieder schwer in den Griff zu kriegen; leider gibt es auch solche Fälle, bei denen wir feststellen müssen, daß jede Hilfe zu spät kommt.

Nicht jedes abweichende Verhalten bedeutet, daß tatsächlich eine seelisch-geistige Störung oder eine Krankheit vorliegt. Einige Tiere verhalten sich in unseren Augen unmöglich, waren aber von Anfang an so, und wir können nicht einmal behaupten, daß ihr Schaden angeboren wäre. Der Seelenzustand eines Pavians oder Walrosses darf aber nur am Maßstab eines gesunden Pavians und eines gesunden Walrosses gemessen werden und eben nicht an menschlichen Normen und Regeln.

Aber bleiben wir doch bei den Haustieren: Unter ihnen finden wir auch Vertreter, die sich nie und nimmer mit der von uns geformten Welt anfreunden oder sich unseren Befehlen unterwerfen wollen. Bei Katzen ist dieser Verhaltensrückfall nicht einmal selten. Das ist auch verständlich, denn die Katze lebt vergleichsweise kurz beim Menschen und ist in dieser Zeit teils Selbstversorger geblieben. Aber auch unter den am längsten domestizierten Arten, dem Hund und dem Pferd, treten Einzeltiere auf, deren angeborener Wildheit mit keiner noch so ausgefeilten Methode beizukommen ist. Diese Tiere sind, was ihre Instinktwelt, arttypisches Verhalten und Reaktionen betrifft, völlig normal. Wenn wir mit so einem Tier richtig umgehen, wird es uns mögen und bereitwillig mit uns zusammenarbeiten – aber jeder noch so winzige Zwischenfall kann von ihm als Freiheitsbeschränkung angesehen werden und zu einem sofortigen Angriff oder Flucht führen.

Es stimmt nachdenklich, daß hinter den meisten Verhaltensauffälligkeiten in Wirklichkeit keine seelisch/psychologische Erkrankung steckt. Aus der Sicht des Tieres mußte die Erkrankung wegen der ihm zugefügten Behandlung oder unzumutbaren Lebensweise entstehen. Das bedeutet gleichzeitig, daß es zumeist verhältnismäßig leicht ist, die Störung völlig zu beseitigen. Die Kehrseite der Medaille ist, daß über kurz oder lang schwere psychische Probleme auftreten, wenn wir eben nicht rechtzeitig Abhilfe schaffen. Eine Heilung ist dann langwierig oder schlicht unmöglich.

Ob ein Tier ernsthaft krank ist oder nicht, kann leicht herausgefunden werden. Ein Tier, dessen Seele noch unversehrt ist, beginnt sofort zu genesen, sobald die für seinen Zustand verantwortlichen Umstände geändert wurden. Sind die Seele oder der Geist des Tieres in Mitleidenschaft gezogen, bestehen die Verhaltensstörungen auch in einem streßfreien Umfeld weiter fort. Betrachten wir nun also die bedeutendsten Formen krankhaften Verhaltens, zuerst nach dem Kriterium, wo Behandlung und Umwelteinflüsse die Ursachen sind. Dann wollen wir untersuchen, wie häufig man bei Tieren abweichendes Verhalten feststellen kann und in welchem Fall und wie sie sich heilen lassen.

Ursache: Falsche Behandlung

Sofern die Verhaltensstörung nicht auf eine Veränderung des Zentralnervensystems zurückzuführen ist, die wiederum durch Gendefekte, Entwicklungsfehler sowie Traumata entstehen kann, sind sie eine Folge von dauerhaft schädigenden Umwelteinflüssen. Wie auch immer, hinter dem Problemverhalten kann immer eine seelische Störung stecken, und ein Tier mit verletzter Seele ist *krank* – sein Zustand ist mit dem Leiden an einer körperlichen Krankheit vergleichbar.

Fortwährend negative Einflüsse werden entweder durch Umweltbedingungen oder die Behandlung des Menschen hervorgebracht. (Da hier von Haustieren die Rede ist, zählt dazu jede nachteilige Einwirkung des Menschen wie z. B. die Schaffung eines lauten und engen Lebensraumes.) Wenn man das Tier dem Einfluß entzieht, bessert sich die Störung oder verschwindet völlig.

Wie die Verhaltensstörungen im einzelnen geheilt werden können, gebe ich bei der jeweiligen Problembeschreibung an; die allgemeinen Grundlagen zur Beseitigung von Verhaltensstörungen werden hingegen im letzten Kapitel behandelt.

Ich möchte nicht unerwähnt lassen, daß ich schon etlichen verhaltensgestörten Tieren begegnet bin, und fast alle waren einer schlechten Behandlung ausgesetzt. Nach allgemeiner Auffassung werden diese Tiere als bösartig eingestuft, und »wenn sie erst ordentlich Schläge kriegen, werden sie schon zur Vernunft kommen«. Viele Tierhalter machen den Fehler, daß sie nicht nach den Ursachen, d. h. der eigentlichen Lösung des Problems, suchen. Es ist eine Tatsache, daß die vielen Informationsquellen bis heute keine passenden Antworten auf diese Fragen haben. Das ist kein Zufall, denn wer will schon jahrelang mit Problemtieren arbeiten, bevor endlich herauskommt, was ihnen wirklich fehlt? Ich habe es getan, mit der Absicht, nicht nur dem betroffenen Tier, sondern auch dem Tierhalter zu helfen. Ich hoffe, meine Aufzeichnungen gelangen überallhin, wo sie benötigt werden. Bitte wenden Sie sie an!

Verhätschelung

»Man kann des Guten auch zuviel tun«, so lautet eine alte Weisheit. Es ist schwer abzugrenzen, wo die aufmerksame, liebevolle Fürsorge aufhört und eine Verhätschelung beginnt. Das eine hat mit dem anderen nichts zu tun, und

Letzteres ist für Mensch und Tier gleichermaßen nachteilig. Ich würde nie und nimmer den Rat geben, mit Liebe und Fürsorge zu sparen, damit das Tier nur ja nicht verwöhnt wird.

Beobachten wir unseren Hausgenossen lieber genau und verfolgen zurück, welches Gute denn nun zu viel war. In Zukunft geben wir ihm weniger davon. Die Verhätschelung betrifft entweder den Körper oder die Seele. Vom Wesen her unterscheiden sie sich, doch beide sind genauso schädlich.

Körperlich wird es verwöhnt, wenn wir unseren Liebling überängstlich vor Witterungseinflüssen schützen, in der warmen Stube oder im geheizten Stall halten, ihn draußen zudecken oder sogar anziehen. So verliert das Tier seine Widerstandsfähigkeit, der Wärmehaushalt des Körpers wird geschwächt, durch das stets angenehme Klima paßt sich sein Fellwuchs nicht der jeweiligen Jahreszeit an, und bei Temperaturschwankungen, Wind und Wetter erkältet es sich leicht.

Sobald sie dies merken, begehen viele Tierhalter den nächsten Fehler, indem sie annehmen, daß ihr Tier sehr empfindlich ist und besser geschützt werden muß; sie packen es noch mehr ein und tragen dazu bei, daß sich seine ohnehin schon angeschlagene Gesundheit erst recht verschlechtert. Sicherlich stimmt es, daß unsere Hunde und Katzen alles daran setzen, um in einer eisigen Winternacht am warmen Ofen zu liegen, und das wird vielfach so gedeutet, daß die Tiere unter der Kälte leiden und deshalb nach drinnen wollen. Seltsam nur, daß sie mitten in der Nacht, manchmal sogar mehrmals, an der Tür kratzen und wieder hinaus wollen. Dann ärgern wir uns, weil sie sich einen ziemlich unpassenden Zeitpunkt für »ihr Geschäft« ausgesucht haben. Dabei ist dies gar nicht – oder fast nie – der eigentliche Grund. In Wahrheit verbringen die Tiere wirklich gern ein paar Stunden in der Wärme, aber ihr Instinkt fordert einen Rundgang durchs Revier, eine kleine Jagd tut auch gut, und mit den Katzen oder Hunden aus der Nachbarschaft muß auch der Kontakt gepflegt werden; selbst bei klirrendem Frost geht es ihnen großartig. Ihnen fällt nicht im Traum ein zu leiden! Wenn kein Hagel auf sie herabprasselt, machen ihnen Regen und Schnee nichts aus, vor einem Sturm ziehen sie sich in eine Ecke oder unter einen Dachvorsprung zurück.

Wir sollten ihnen lieber einen Unterstand (z. B. eine Hundehütte) im Garten errichten, anstatt sie im Haus einzusperren. Hunde, die gewöhnlich im Garten gehalten werden, graben sich selbst im strengsten Winter lieber zum Schutz in den Schnee ein, damit sie auf gar keinen Fall drinnen schlafen müssen. Diese Tiere sind abgehärtet, kerngesund und werden fast nie krank. Wenn wir ihnen dennoch ermöglichen wollen, sich ab und zu ins Haus zurückzuziehen, lassen wir eben eine Hunde- bzw. Katzenklappe in unsere Haustür einbauen.

Bewegung ist eine wichtige Voraussetzung für ihre Gesundheit. Tiere, die in der Wohnung leben und keine Gelegenheit haben, sich im Garten oder Freien aufzuhalten, müssen wir oft ausführen, damit sie körperlich fit bleiben. Wir sollten möglichst am Stadtrand oder in einer größeren Grünanlage mit ihnen spazierengehen. Ein Hund hat nicht viel davon, wenn man zehn Minuten lang mit ihm um den Block geht, damit er sein Häufchen macht! Junge Leute joggen oft mit ihrem Hund oder lassen ihn neben dem Fahrrad herlaufen, was auch gut für ihre eigene Ausdauer ist. Doch ältere Menschen sind nicht mehr so beweglich und sollten dem Tier auf einer Freifläche die Möglichkeit zum Austoben geben. (Aber keinesfalls dürfen wir unseren Hund auf der Straße laufen lassen, besonders nicht neben dem Auto oder Motorrad her!)

Auf unseren Spaziergang sollten wir selbst bei schlechtem Wetter nicht verzichten. Bei Regen und Kälte zieht man sich eben wetterfeste Kleidung an, aber die Sorge, daß unser Vierbeiner frieren könnte, ist unbegründet. Er wird sich nur dann erkälten, wenn er diese Witterungsbedingungen nicht gewohnt ist.

Von vielen Pferdehaltern habe ich zu hören bekommen, daß sie ihr Tier vor der Kälte schützen wollen, da es immer im Stall steht und sein Fell nicht so dick ist wie das von Pferden im Offenstall. Das trifft zu, aber bedenken wir, daß in der Nacht immer tiefere Temperaturen herrschen als am Tage. Außerdem brauchen wir nur zum Schlafen mehr Wärme als in Bewegung – das verhält sich bei Mensch und Tier gleich –, weil sich der Körper im Ruhezustand befindet und der Blutdruck sinkt, was zu einer verringerten Wärmeregulation führt. (Deshalb rollen sich viele Säugetiere zum Schlafen zusammen, und wir decken uns zu.) Das Pferd schläft auch nachts und im Morgengrauen, die Wärme im Stall schützt es vor Unterkühlung. Doch die Pferde in Koppelhaltung müssen für ihre Wärmeisolierung selbst sorgen und haben somit ein dichteres Fell, ebenso wie streunende Katzen oder jedes andere Wildtier. Tagsüber können wir das Pferd jedoch getrost aus dem Stall führen, egal wie kalt es ist.

Eine verfehlte Wirkung hat auch das ständige Reinigen, Baden und Entkeimen von Tieren, die sich hauptsächlich drinnen aufhalten. Diese Tiere kommen ja sowieso nicht mit Stoffen aus der Umwelt in Berührung, ob diese nun nützlich oder schädlich sind. Da also der Kontakt mit den verschiedenen Substanzen, Mikroorganismen, Parasiten usw. fehlt, baut der Körper auch keinen Schutz gegen sie auf. Wenn das Tier dann einmal aus der »sterilen Glaskugel« herausgelassen wird, kann es sich leicht anstecken oder allergisch reagieren.

Eine ähnliche Gefahr stellt eine übertriebene Behandlung mit Medikamenten dar (bei jeder kleinen Erkältung wird ein heftiges Antibiotikum verabreicht, das Futter wird mit künstlichen Vitaminen, Mineralstoffen und leistungssteigernden

Mitteln angereichert usw.). Die keimfreie Umgebung und Dauerbehandlung mit Medikamenten schwächt den Organismus, die natürliche Widerstandsfähigkeit und die Wirksamkeit der Abwehrkräfte. Früher oder später erlahmen die natürlichen Körpervorgänge, weil wir ihnen alles abnehmen. Sobald wir unsere Hilfe unterlassen, ist das Tier wehrlos. Es ist einfach unmöglich, die Tiere vor sämtlichen Krankheitserregern oder Schadstoffen zu bewahren. Fazit: Wir bemühen uns um einen Rundumschutz, doch davon wird es ständig krank; es ist kränker, als würden wir überhaupt nichts tun.

Es gibt Fälle, bei denen eine Sonderbehandlung berechtigt ist. Wir können kranke oder verletzte Tiere in der Wohnung pflegen, auch Waisen in der Säugephase. Wir sollten bei jeder Krankheit oder Verletzung helfen, doch nicht in übertriebener Form. Geben wir dem abgemagerten, geschwächten Tier nur solange Nahrungsergänzungsmittel, bis es sich wieder erholt hat. Doch dann stellen wir sein Futter auf normale, bedarfsgerechte Kost um, die reich an Vitaminen und Mineralstoffen ist.

Eine seelische Verhätschelung besteht dann, wenn wir uns zu viel mit dem Tier beschäftigen. Unsere Vierbeiner mögen und erwarten die Zuwendung des Menschen; sie geben uns auch regelmäßig zu verstehen, daß wir ihnen Gesellschaft leisten sollen. Sie können kaum genug davon bekommen, gestreichelt zu werden, zu spielen und zusammen mit uns etwas zu unternehmen.

Wenn wir sie wieder alleinlassen, heften sie sich hartnäckig an unsere Fersen, um eine »Verlängerung« des Spiels zu erreichen. Im Extremfall hat dies zur Folge, daß das Tier keinen Augenblick mehr allein sein kann, in unserer Abwesenheit Radau macht, winselt, jault, kratzt, tobt und nicht nur uns, sondern auch die Nachbarn stört. Besonders Hunde führen sich so auf, vor allem Welpen, für die wir Mutterersatz sind, aber auch einsame Tiere und solche, die nur wenig Außenreize haben. Also müssen wir uns wohl oder übel weiter mit ihnen beschäftigen, damit sie Ruhe geben. Daß ihre Toberei Erfolg hatte, merken die kleinen Quälgeister natürlich sofort und wenden diese Methode immer und immer wieder an. Diese Lage ist nicht zumutbar.

Ein unerfahrener Tierhalter schlußfolgert daraus, daß er die Situation nicht im Griff hat; und er trennt sich von dem eben erst angeschafften Haustier. Dabei ist die Ursache einfach nur Verhätschelung, und praktisch jedes Tier kann daran gewöhnt werden, daß wir uns manchmal auch mit anderen Dingen befassen, an denen es eben nicht teilhaben kann. Ab und zu haben wir etwas außer Haus zu erledigen, und das Tier muß daheim bleiben, und zwar ohne daß die ganze Gegend rebellisch gemacht wird.

Einen anderen Erziehungsfehler begehen wir, wenn wir widerspruchlos zulassen, daß das Tier einfach alles macht, wozu es Lust hat. Nicht lange, und es wird uns eine breite Palette seiner Undiszipliniertheit und seines schlechten Benehmens darbieten. Es wird sich keinen Deut darum scheren, wenn wir es mit unseren schwachen und nicht ernstzunehmenden Befehlen zur Ordnung rufen wollen. Aufgrund unserer Unfähigkeit konnte es überhaupt erst zu dieser Situation kommen.

Es fängt immer so an: Das Tier begreift schnell, daß Verbotsworte es nicht an seinem Unfug hindern, und es wird immer dreister. Sein Besitzer versucht verzweifelt, auf das Tier einzureden und achtet peinlich darauf, es ja nicht zu bestrafen (denn sein Liebling könnte ja sonst »böse auf ihn« werden). Eine Zurechtweisung in der Öffentlichkeit verabscheut der Tierhalter erst recht, denn er will bloß kein Aufsehen. Im Beisein von anderen Zweibeinern ist also alles erlaubt! Der überforderte Tierhalter wird irgendwann genug von seinen zwecklosen Belehrungen haben und sein Haustier als starrköpfig abtun und sich in sein vermeintliches Schicksal ergeben. Der geduldete Ungehorsam führt allmählich zu einem Überlegenheitsgefühl beim Tier und, wie es eben so kommt, übernimmt es schließlich das Regiment. Dadurch entwickelt sich so mancher Hund (aber auch Pferd oder Katze) zu einem Haustyrannen, der die ganze Familie beherrscht.

Auch ich neige dazu, Tiere zu verhätscheln, deshalb berichte ich nun von einem amüsanten, doch lehrreichen Beispiel aus meiner eigenen Erfahrung. Der Araberhengst Mohafez von meinem Mann war ebenso stolz wie Gorsia. Anfangs zeigte er mir, daß er mich mochte und meine Betreuung gebührend schätzte; er tat mir auch nie etwas zuleide. Allerdings gab er mir durch viele kleine Bosheiten zu verstehen, daß auf seinem ehrwürdigen Rücken eben nicht jeder thronen durfte. Und dann hatte er auch noch eine Art »Umkehrtick«. Er versuchte immer wieder, auf halber Strecke umzukehren; doch ich ließ es ihm nicht durchgehen.

Aber ich hatte ihn viel zu gern, als daß ich ihn hätte bestrafen können, daher übertrug ich es meinem Mann, ihm eine Lektion zu erteilen. Er wollte mir den Gefallen tun, doch wenn Mohafez bei ihm nicht kehrtmachte, könnte er ihn auch nicht bestrafen. Nun gut, die Sache sollte also an mir hängenbleiben. Meinetwegen.

Sie ritten also los. Mofci war schlau und wußte genau, worum es ging. Er verhielt sich tadellos. Dann saß ich auf und hoffte, er würde nicht wieder damit anfangen. Aber er tat es. Doch gerade als er kehrtmachen wollte, versetzte ich ihm einen kurzen Zügelschlag gegen die Schulter. Man konnte ihm sein Erstaunen

förmlich ansehen, denn sicher hatte er niemals damit gerechnet, daß ich ihn schlagen würde. Von nun an blieben die Umkehrmanöver aus.

Vernachlässigung

Vernachlässigung ist eine der häufigsten Ursachen für verhaltensauffällige
Tiere. Je nach Schweregrad und Zeitdauer sowie Empfindlichkeit des einzelnen
Haustieres kann eine Vernachlässigung unterschiedliche psychische Auswirkungen haben, von leichten und vorübergehenden Schwierigkeiten bis hin zu
schweren und tiefsitzenden Störungen.

Von einer Vernachlässigung spricht man, wenn sich der Besitzer nur wenig
oder gar nicht mit seinem Tier beschäftigt.

Natürlich bedarf nicht jedes Tier (auch nicht jede Tierart) unablässig der
Zuwendung des Menschen. Tiere, die mit anderen Artgenossen zusammenleben, kommen gut ohne uns aus, sofern wir nur für ihr leibliches Wohl sorgen.
Das hat dann aber den Nachteil, daß sie weniger den Kontakt zum Menschen
suchen und ihre Lernwilligkeit abnimmt. Einzeln gehaltene Tiere langweilen
sich und leiden, wenn sie zum Alleinsein verdammt sind und nicht mit anderen
Tieren in Berührung kommen. Die Vernachlässigung allein ist schon traurig
genug, aber noch schlimmer ist es, wenn man die Tiere anbindet (den Hund an
die Kette, das Pferd an den Strick usw.). Indem man ihre Bewegungsfreiheit ein-
schränkt, haben sie noch weniger Möglichkeiten, sich zu beschäftigen, können
ihre angeborenen Bedürfnisse nicht ausleben, geschweige denn arttypisches
Verhalten einüben. Sind sie zu allem Übel auch noch Streß ausgesetzt, leidet
ihr Nervensystem zusehends.

Zu Anfang zeigen die Tiere schlechte Gewohnheiten (sie lärmen, kauen Steine
oder nagen am Pfosten), später gesellen sich Teilnahmslosigkeit, Depression
oder wütende Ausbruchversuche und bösartige Angriffe hinzu, die ihre ge-
chundene Seele offenbaren. Eigenständige Tiere wie die Katze brauchen weniger
menschliche Fürsorge, doch auch sie fühlen sich nur dann allein wohl, wenn sie
sich in natürlicher Umgebung befinden, herumstreifen und jagen können.
Eben dadurch sind sie nämlich nicht allein!

Wenn wir jedoch glauben, daß eine Katze keine Gesellschaft bräuchte, irren
wir uns gründlich. (Das erstaunlichste Beispiel beschreibt der englische Tierarzt
mit dem Pseudonym James Herriot in seinem Buch *Der Tierarzt kommt*: Ein
geselliger Kater namens »Tiger« besuchte ganz allein sämtliche Versammlungen
in seiner Gemeinde wie Frauenvereine, Wohltätigkeitsbasare, Schulkonzerte
usw.)

Wenn wir jedoch glauben, daß eine Katze keine Gesellschaft bräuchte,
irren wir uns gründlich.

Die freilaufende Katze kommuniziert allgemein gern mit anderen Katzen
oder anderen Tieren. Eine Katze, die einzeln in der Wohnung gehalten wird,
begegnet nur Menschen. Sie kann sich tagsüber ganz gut beschäftigen, indem
sie schläft, herumläuft oder -springt, spielt, frißt, aus dem Fenster oder vom
Balkon hinunterschaut. Und man kann beobachten, daß sie den heimkehrenden Menschen freudig empfängt.

Natürlich verhält sie sich nur dann so, wenn sie daran gewöhnt ist, daß wir
mit ihr spielen, neben dem Füttern etwas Zeit mit ihr verbringen und uns wirklich mit ihr beschäftigen. Sonst langweilt sie sich, obwohl wir da sind. Von der
Lebensweise der Katze kann man ableiten, daß sie bei Vernachlässigung seltener
herumtobt, Krach macht und uns anfällt, statt dessen entwickeln sich jedoch
bei ihr schlechte Gewohnheiten sowie Teilnahmslosigkeit. Zu diesen Unarten
gehören das Markieren mit Urin und das Ablassen von Kot an den unmöglich-
sten Stellen.

Die Katzenbesitzer meinen dazu einstimmig: »Das Tier ›rächt sich‹, weil es
vernachlässigt wurde.« Vielleicht ist das tatsächlich so. Wir wissen nicht, was
dem Tier dabei durch den Kopf geht. Es kann sein, daß es diese »Zeichen« einfach so setzt, instinktiv, ohne böse Absicht, denn vielleicht nimmt ja dann ein
anderes Tier von ihm Notiz. Ebenso denkbar ist, daß wir dem Tier fremdge-
worden sind und es nicht mehr bereit ist, die von uns aufgestellten Regeln zu
befolgen. Vielleicht will es uns damit klarmachen: »Wenn du meine Erwartungen nicht erfüllst, werde ich deinen auch nicht gerecht.«

Die gewagte These könnte ebenfalls zutreffen, daß nämlich das Tier lieber eine Bestrafung für seine Missetat in Kauf nimmt, weil sie weniger schmerzt, als von uns ignoriert zu werden (dabei beschäftigt sich der Mensch immerhin mit ihm).

Wie empfindlich ein Tier ist, hängt auch vom jeweiligen Alter ab. Besonders kleine Tiere in der Säugephase und hochbetagte Tiergreise sind viel empfindlicher als junge, erwachsene Tiere in ihren besten Jahren.

Das läßt sich damit erklären, daß die Welpen noch und die Alten wieder hilflos geworden sind, sich nicht selbst versorgen können und unsere Vernachlässigung als Bedrohung empfinden. Bei den Jungen kann es zu Panik kommen, die sich in fortwährendem kläglichen Rufen äußert; und diese Seelenpein führt möglicherweise zu einer langen – mitunter sogar lebenslangen – Scheu und Schreckhaftigkeit.

Die verwahrlosten alten Tiere reagieren hingegen mit Niedergeschlagenheit und Trauer, sie ziehen sich still zurück und warten auf den erlösenden Tod – der auch bald eintritt. Auch die Wesensart eines Tieres spielt eine nicht unerhebliche Rolle. Am sensibelsten reagieren temperamentvolle und lebhafte Tiere auf Vernachlässigung, ruhige und melancholische Tiere verhalten sich eher gleichgültig. Der Grund mag sein, daß die außergewöhnlich aufnahmefähigen, intelligenten Tiere, die ein cholerisches Temperament haben, ein anregenderes Umfeld und mehr Bewegung brauchen und daher Untätigkeit, Monotonie und fehlende Verständigung kaum aushalten. Sie sind es, die »wild werden« können, toben und regelmäßig auszubrechen versuchen, wenn man sie einsperrt und obendrein noch festbindet.

Ein starker Freiheitsdrang hängt nicht unbedingt mit Vernachlässigung zusammen und keinesfalls mit geistigen Fähigkeiten. Einige Tiere, unabhängig von ihrem Temperament und der Intelligenz, hassen es einfach, eingesperrt zu sein, egal welche günstigen Bedingungen wir ihnen sonst bieten. Die tierischen »Entfesselungskünstler« zählen zu den verständigsten Hunden, Pferden usw. und können sich spielend von ihrem Halsband oder Zaumzeug befreien, Knoten lösen, Riegel und Schlösser öffnen; ihre Freiheit zu erlangen, ist ein atavistischer Wesenszug.

Weder Angst noch äußere Zwänge treiben die Tiere dazu, sondern ein tiefsitzender Instinkt, deshalb kann ihr Verhalten nicht als unnatürlich bezeichnet werden. Der Unterschied ist deutlich: Ein fliehendes Tier rennt, so weit es kann, das atavistische Tier verläßt seinen Lebensraum nicht, sondern bleibt in unmittelbarer Nähe – doch es darf auf keinen Fall eingesperrt oder festgebunden werden. Vera Tschaplina erzählt in ihrem bereits erwähnten Buch *Vierbeinige*

Ihre Freiheit zu erlangen, ist ein atavistischer Wesenszug. Weder Angst noch äußere Zwänge treiben die Tiere dazu, sondern ein tiefsitzender Instinkt.

Freunde u. a. von einem Fuchs, der sich mit unglaublichem Einfallsreichtum mehrfach aus seinem Käfig befreien konnte, egal, wie oft man ihn wieder hineinsperrte und welche unterschiedlichen Sicherheitsmaßnahmen auch getroffen wurden. Zu seinen Pflegern hatte er jedoch ein gutes Verhältnis und verließ nie das Zoogelände; er war lediglich bestrebt, einen Platz zu finden, der seiner natürlichen Umgebung eher entsprach. Schließlich brachten ihn die Wärter woanders unter.

Umweltstreß

Dazu werden alle Faktoren gezählt, die Anspannung, Nervosität, Unruhe oder Ängste hervorrufen können. Von ihrer Wirkung unterscheidet man natürliche und künstlich hervorgerufene Faktoren. Die natürlichen Streßfaktoren, wie zum Beispiel Sturm, Gewitter, Erdbeben, Hitze oder aber der Angriff eines Insektenschwarms, sind erstens vorübergehend, und zweitens beeinträchtigen sie eben aufgrund ihrer natürlichen Beschaffenheit das Befinden der Tiere nur zeitweilig. Sie stellen weder für Verhaltensstörungen noch für psychische Erkrankungen eine Ursache dar, so daß sie hier auch nicht näher behandelt werden.

Der Seelenfrieden der Tiere wird letztendlich durch die Streßwirkungen gestört, die von einer künstlichen Umgebung stammen, welche gezielt von Menschenhand geschaffen wurde. Selbstverständlich ist auch entscheidend, in welcher Stärke und wie lange der Streß andauert, welche Temperatur herrscht, welches Alter das Tier hat und wie es veranlagt ist.

Durch ihre hohe Sensibilität sind gewöhnlich die jungen und temperamentvollen Tiere am meisten gefährdet, doch zeigen sich hier viele Abstufungen.

Die Fähigkeit, Streß zu ertragen, hängt nicht nur mit den verschiedenen Außenreizen der Umgebung zusammen. Einige Tiere stört der Straßenverkehr nicht im geringsten, aber eine große, lärmende Menschenmenge macht sie mehr als nervös; bei anderen Tieren ist es vielleicht genau umgekehrt.

Die Intelligenz hat keinen Einfluß auf die Streßempfindlichkeit. Es kommt bei jungen oder erwachsenen Tieren vor, daß sie vor etwas Angst haben, was ihnen fremd ist. Dann lernen sie es kennen und gewöhnen sich daran, ihre Angst verschwindet. In dem genannten Fall muß das Tier aber nicht unbedingt empfindlich gegenüber dem jeweiligen Umwelteinfluß sein. Und wenn ja, ist es nicht von Bedeutung, ob das Tier ihn versteht: Das Phänomen, von dem die Rede ist, stellt keine wirkliche Gefahr dar. Selbst mit diesem Wissen widersetzt es sich und wird ein Leben lang vor dieser Erscheinung fliehen, weil sie ihn stört und es eine schlechte Erfahrung damit verbindet.

Der Stadtverkehr birgt drei verschiedene Streßfaktoren in sich: Lärm aller Art und verschiedenen Ursprungs, schnell fahrende Fahrzeuge und Fußgängermassen, die ein großes Gedränge verursachen, sowie unangenehme Gerüche. Sofern es einen bestimmten Grad nicht übersteigt, nimmt das ein Tier mit durchschnittlich empfindlichem Nervenkostüm nicht sonderlich mit. Viele Hunde, Katzen und sogar Pferde fühlen sich im Stadtverkehr relativ wohl; sie bewegen

Wie gut ein Tier den Großstadtstreß erträgt,
hängt von seiner Sensibilität und dem Temperament ab.

220

sich zwar mit Bedacht, aber ohne Angst oder Nervosität. Es gibt auch Tiere, die den Bilderstrom, die Geräusche und Gerüche in ihrer kaleidoskopartigen Vielschichtigkeit ausgesprochen genießen. Mit Problemen müssen wir nur dann rechnen, wenn

- es sich um ein besonders verkehrsreiches Stadtviertel handelt.
- das Tier überempfindlich ist.
- das Tier erwachsen oder schon älter ist und bisher in der Vorstadt oder auf dem Lande gelebt hat.

Die belastenden Einflüsse wirken sich überwiegend bei den obengenannten Voraussetzungen negativ aus.

All das steht jedoch nicht im Widerspruch dazu, daß allgemein die Altersgruppe der Jungtiere als besonders streßgefährdet angesehen wird. Natürlich ist so ein Jungtier empfindlicher als ein erwachsenes Tier, aber wenn sie nicht gerade mutterlos sind, kommen sie mit dem Straßenverkehr eigentlich kaum in Kontakt und sind besser davor geschützt und seiner schädigenden Wirkung weniger ausgesetzt. Abgesehen von extremen Zuständen, stellt der Straßenverkehr heutzutage für das erwachsene Tier keine Last mehr dar. Doch wenn ein Tier ohne ihn aufgewachsen ist, wird es sich nur schwer daran gewöhnen, darunter leiden und nicht nur seelisch, sondern auch körperlich erkranken, da die verschmutzte Großstadtluft Lunge, Herz und Kreislauf schädigt.

In ähnlicher Weise erzeugen auch andere Umweltbedingungen Streß bei unseren Tieren, wie z. B. Lärm durch Haushaltsgeräte, Werkzeuge, verschiedene Anlagen, Düsenflugzeuge, Schüsse, laute Musik, Stimmen und natürlich Menschenansammlungen verbunden mit Wettkämpfen, Ausstellungen, Filmaufnahmen, und zuletzt schlechte Fürsorge- und Haltungsbedingungen (festgebunden sein, beengter Lebensraum, nicht genügend Auslauf, fehlende Außenreize, schlechtes Raumklima und zu wenig Licht, Luftmangel, Schmutz und Gestank).

Ein seelisches Trauma, das durch Streß hervorgerufen wurde, äußert sich z. B. in Form von Unruhe, Nervosität, Appetitlosigkeit, unregelmäßigem Fressen und Verdauungsstörungen wie Durchfall. Ferner beobachtet man grundloses Ausbrechen, Niedergeschlagenheit, Unlust, Konzentrationsmangel, Unterbrechung des Spiels, Schreckhaftigkeit und Gereiztheit. Auf andauernden Umweltstreß, besonders im direkten Lebensraum, deuten auch Zyklusstörungen, verminderte Paarungslust, Verweigerung der Pflege und Aufzucht der Jungen und sonstige Fortpflanzungsprobleme hin.

Grobheit

In diese Kategorie fällt jegliche Falschbehandlung oder Gewalttätigkeit, die dem Tier unangenehm ist oder ihm direkt Schmerzen zufügt. Gegen das Prügeln als extreme Ausprägung der Grobheit machen sich schon seit geraumer Zeit Fachleute, Tiertrainer und Züchter stark, genauso wie populärwissenschaftliche Autoren, die sich mit der Erziehung von Haustieren befassen. Doch sollten wir bedenken, daß nicht die Grobheiten allein die Tiere verletzen können. Das verzerrte Verhalten, welches durch körperliches Leid entsteht, läßt sich nämlich auch bei Tieren beobachten, die nie geschlagen wurden.

(Es kann gar nicht oft genug betont werden, daß eine körperliche Zurechtweisung nicht mit Prügeln gleichgesetzt werden darf. Diese Form der Bestrafung ist, sofern sie korrekt angewendet wird, nicht zu verurteilen, da sie weder seelische noch körperliche Schäden verursacht.)

Grobheit ist, wenn man das Tier oft und unsachgemäß hochhebt, es an seinen empfindlichen Körperstellen anfaßt oder drückt, mit sich herumschleppt, übertrieben betatscht oder durchwalkt, es ärgert oder erschreckt und mit Lärm verscheucht (manche Leute machen sich einen Spaß daraus, einem Tier etwas ins Ohr zu schreien, und es verwundert nicht, daß ein Hund dann zuschnappt!) usw. Das sind nur einige von vielen Beispielen, die ich hier aufführe.

Wie Tiere auf Grobheiten reagieren, hängt weniger von ihrer Art, dem Alter und Temperament ab, statt dessen unterscheiden sich die zwei Verhaltenstypen durch ihre Persönlichkeit, die Wesensart und Veranlagung.

Tiere, die schwach und unsicher sind – dazu gehören auch Jungtiere vor der Pubertätsphase –, scheuen und versuchen auszubrechen. Sind die Tiere in ihrer Jugend andauernd extremen Grobheiten ausgesetzt, kann dies zu einer lebenslangen Neurose und Angstphobie führen. Die Angst zeigt sich oft in besonderer Weise nur in Verbindung mit den Gegenständen, die sie seinerzeit verursacht haben, oder bei einer gewissen Tätigkeit (z. B. grobe Behandlung oder grobe Dressur). Das kann sich zu einer Angst vor den Personen ausweiten, die mit dem Tier umgehen, deren Wesen und Handlungsweise, ja, sogar jeglichem menschlichen Verhalten.

Theoretisch könnten wir der Unterscheidungsfähigkeit des Tieres mehr Beachtung schenken, aber so pauschal geht das nicht. Bei intelligenteren Tiere ist eher eine Einzelbetrachtung angebracht; eine Verallgemeinerung greift eigentlich nur bei Geräten und Ereignissen, die mit Grobheiten zusammenhängen. Es geschieht relativ häufig, daß sich die Tiere ein bestimmtes Kleidungsstück oder Werkzeug von einer groben Person merken; diese Gegenstände lösen dann später auch gegen eine andere Person Widerwillen aus.

Tiere mit einer starken Persönlichkeit weisen Grobheit vehement zurück und lehnen sich durch Ungehorsam und Widersetzlichkeit auf. Wenn das nichts nützt, werden sie bösartig gegenüber ihrem Peiniger. Auch diese Reaktionen haben in der Angst ihre Ursache, die sich bei seelisch gefestigten Tieren nicht in Rückzug äußert, sondern sie zum Gegenangriff reizt. Sensible und temperamentvolle Tiere können ihren Herrn oder Pfleger regelrecht hassen.

Nicht jedes Tier bewertet Grobheiten gleich. Einige haben ein »dickes Fell« und nehmen einem nichts übel, selbst Furcht lassen sie nicht erkennen. Diese Duldsamkeit beobachtet man im allgemeinen bei ruhigen Tieren, die nicht so empfindlich sind. Von diesem Typus führen viele Abstufungen zum kompletten Gegenteil: dem überempfindlichen, temperamentvollen Tier, das schon die kleinste ruckartige Bewegung oder eine etwas zu ungeduldig geäußerte Bitte als Grobheit ansieht. Natürlich ist dies allein kein Grund, seinen Herrn zu hassen, das tut selbst das empfindlichste Tier nicht, es wird nicht aggressiv – nur sein Entgegenkommen nimmt sichtlich ab: Es wird lustlos, widerspenstig und aufsässig.

Anormales Verhalten

Das Verhalten des Tieres wird immer dann als anormal bezeichnet, wenn es durch seine hervorstechenden, ungewöhnlichen Merkmale von der Lebensweise und den Instinkthandlungen der jeweiligen Tierart abweicht. Bei Tieren, die in ihrer natürlichen Umwelt leben, finden wir solche krankhaften Veränderungen nicht. In Freiheit unterliegen Tiere, die eine Erbkrankheit haben oder schwachsinnig sind, der natürlichen Auslese; indem das kranke Tier stirbt, wird verhindert, daß sich ein Trauma infolge eines Nervenschadens herausbilden kann.

Außerdem sind Wildtiere keinem so lange andauernden Streß ausgesetzt, wie es in künstlicher Umgebung der Fall ist. Betroffen sind also Haustiere bzw. in Gefangenschaft lebende Wildtiere. Im vorherigen Kapitel haben wir uns mit den einzelnen Faktoren befaßt, die als wesentliche Gründe für die Entstehung von seelischen Verzerrungen gelten bzw. die Ursachen von Verhaltensstörungen darstellen, die auf seelische Verzerrungen hindeuten. Jetzt wollen wir uns einen Überblick über die Folgen und Symptome verschaffen.

Auf diesem Gebiet ist das Denken und Verhalten der Allgemeinheit von vielen Fehleinschätzungen und einer oberflächlichen Herangehensweise gekennzeichnet. Wenn ein Hund jemanden beißt, wird er als »neurotisch« eingestuft und beseitigt, obwohl es sich oft sogar um ein wertvolles Tier handelt, das nur durch falsche Behandlung zu dem wurde, was es ist; es könnte in fachkundigen Händen wieder ein zuverlässiges Tier werden. Für das Benehmen der sogenannten kitzeligen Stute, die sich gegen jede Berührung wehrt, indem sie beißt und ausschlägt, wird die Brunst oder Tragezeit verantwortlich gemacht. Beißt oder kratzt eine Katze, wenn wir sie streicheln oder mit ihr schmusen wollen, heißt es gleich: »Was für ein hinterhältiges Biest!«

Es ist typisch für uns Menschen, daß wir gleich im ersten Moment äußere Umstände oder allgemeine Eigenschaften für das Geschehen oder die Schwierigkeiten verantwortlich machen. Dabei merken wir nicht, daß wir selbst der Anlaß dieses Problems waren und sie deshalb auch nur selbst aus der Welt schaffen können. Wir sollten uns vor Augen halten, daß unzählige Tiere aufgrund ihrer Brunst, des Sexualtriebs, einer Krankheit oder einfach nur wegen des Wetters unruhig und nervös sind und trotzdem niemanden angreifen! Natürlich gibt es abgesehen davon auch echte und unumkehrbare Verhaltensstörungen, aber verglichen mit allen auftretenden Fällen ist dies ein verschwindend kleiner Prozentsatz. In den folgenden Unterkapiteln soll nun auf die Ursachen dieser Probleme, auf ihre typischen Merkmale und die möglichen Lösungen eingegangen werden.

Schlechte Angewohnheiten

Unter diesem Oberbegriff werden all jene Zwangshandlungen sowie ungewöhnlichen und übertriebenen Verhaltensformen zusammengefaßt, die nicht direkt von der Anwesenheit oder Behandlung des Menschen abhängen und auch nicht mit äußeren Gegebenheiten zu tun haben, die vorübergehenden Streß hervorrufen. Die meisten dieser Unarten treten bei angebundenen und eingesperrten Tieren auf, die unter Langeweile oder Einsamkeit leiden, ein eintöniges Dasein ohne jeglichen Auslauf fristen und oft auch noch schlecht gepflegt und versorgt werden. Dazu gehört z. B. zwanghaftes Kauen: Der Hund kaut auf Steinen herum, das Pferd koppt an Zaunpfählen und schluckt Luft.

Das Bekauen der Steine hängt damit zusammen, daß der Hund normalerweise Holzstücke verwendet, um seine Zähne zu putzen. Sind diese auf dem leergefegten Hof nicht vorhanden, sucht er sich eben einen Stein. Hinzu kommt, daß er allein ist und angebunden, der Hof nicht viel Auslauf bietet und er keine andere Beschäftigung hat. So beißt er täglich viele Stunden lang auf dem Stein herum, bis seine Zähne völlig abgenutzt sind. Das Koppen beim Pferd beginnt ähnlich. Da Pferde jedoch ihre Zähne nicht putzen, will das eingesperrte, sich langweilende Tier andauernd fressen. Wenn aber kein Futter mehr da ist und es sogar die Streu aufgelesen hat, fängt es an, Pfosten, Latten oder Balken zu benagen und schließlich Luft zu schlucken.

In Zucht- und Mastbetrieben hat man beobachtet, daß sich die beengt lebenden Tiere gegenseitig belecken und zwicken. Hierbei ist das Kauen nur teilweise auf die oben genannten Probleme zurückzuführen; statt dessen sind eher eine schlechte Fütterung und die damit verbundenen Mangelerkrankungen als Ursache anzusehen, welche auch zum Fressen von Erde und Kot führen.

Eine weitere Unart bei Stallpferden ist das Weben, wobei das Tier mit der Kopf-Hals-Partie hin und her pendelt. Diesen stereotypen Bewegungsablauf sieht man auch bei Raubtieren, die im Käfig auf und ab laufen. Aus unerklärlichem Grund ist diese Form des Herumgehens bei Pflanzenfressern unüblich – ihr Zwangsverhalten beschränkt sich aufs Schaukeln (wie z. B. bei Zoo-Elefanten).

Entweder fühlen sich die Tiere einsam, oder ihr Gehege ist zu klein und reizlos. Bei Pferden gibt es noch das übermäßige Schweifschlagen, dessen Ursache nicht ganz geklärt ist. Einige Fachleute meinen, daß das Tier mit dieser Bewegung zunächst Fliegen verscheuchen will. Es erkennt aber mit der Zeit, daß es sich dadurch vom Riemenseil befreien kann und somit von der Führung. Nun, beim Verscheuchen der Fliegen ist es so, daß das übliche Schwingen des Schweifes als eine viel erfolgreichere Methode erscheint als das Kreisen, was nur sehr wenige Pferde anwenden. Wenn aber ein kluges Tier mit dieser Gabe gesegnet ist und ihm einfällt, mit dieser ausgefuchsten Methode den Antreiber geradewegs zu entwaffnen, dann kann eigentlich nicht von einer schlechten Gewohnheit gesprochen werden.

Dies ist vergleichbar mit einem Reitpferd, das sich aufbäumt und durch Bocken Widerstand leistet. Dieses Auflehnen ergibt sich aus den Unannehmlichkeiten, die mit der Arbeit verbunden werden, oder der Angst davor. Daß sie den Schweif absichtlich bewegen, konnte bisher nicht bewiesen werden; deshalb wird es hier nur am Rande erwähnt. Das wiederholte und manchmal lang andauernde Graben, Buddeln und Rammen kann zu einer schlechten Gewohnheit werden, wenn sich dem Tier keine echte Gelegenheit zur Befreiung bietet. Der Hund, der ein Loch in den Boden gräbt, um unter einem Zaun hindurchzukriechen, tut dies natürlich, um sich zu befreien. Auf einem betonierten Grundstück mit starkem Eisenzaun kann es sich hingegen nur um ein Zwangsverhalten handeln, sobald das Tier nach einigen erfolglosen Versuchen hätte merken müssen, daß seine Bemühungen umsonst waren. Das trifft vielleicht auch auf die »Zwangsrunde« zu, die der Hund dreht. Freilaufende Tiere im abgesperrten Gehege laufen die Acht, während sich Kettenhunde im Kreis bewegen (ggf. stampfen oder springen sie an einer bestimmten Stelle hoch).

Fehlende Zuwendung führt eindeutig zu Krach und Herumbellen; durch sein fortwährendes Jaulen beabsichtigt der Hund, mit einem vorhandenen oder ausgedachten Rudel Verbindung aufzunehmen, mit dem Bellen will er seinem Herrchen ein Signal geben. Es wurde zwar gesagt, daß der Hund lernen muß, auch einmal ohne uns zu sein, doch soll das nicht heißen, daß er ständig alleingelassen werden darf. Vergessen wir nicht, daß der Hund ein Gesellschaftstier ist und nicht allein leben *kann*.

Wenn wir uns unbedingt einen Hund anschaffen wollen, aber eigentlich nicht genug Zeit für ihn haben, sollten wir ihn im Garten halten. Dort sind immerhin genügend Außenreize vorhanden, aber mit einem Spielgefährten wäre es noch besser. (Das kann ein gleichgeschlechtliches Jungtier sein oder eine andere Tierart.)

Entsetzt erfuhr ich von einem Bekannten, daß ihm jemand empfohlen hatte, seinem ständig bellenden Hund die Stimmbänder herausoperieren zu lassen. Wer solche Ratschläge gibt, wird wahrscheinlich nicht nur einen einzigen Menschen damit »beglücken«. Doch ich hoffe sehr, daß kein Hundehalter auf so einen herzlosen und barbarischen Vorschlag hört und sich jeder anständige Tierarzt weigert, einen derartigen Eingriff durchzuführen.

Grundsätzlich handelt es sich um keine Unart oder Zwangsverhalten, wenn Hunde oder Katzen, die drinnen leben, ihre Exkremente in der Wohnung ablegen. (Sollte es jedoch zur Gewohnheit werden, empfinden wir es als lästig.) Es mag überraschen, doch dieses Verhalten ist zumeist nicht anormal. Das Markieren mit Urin tritt hauptsächlich bei einsamen Tieren auf, die brünstig sind und so Botschaften für einen möglichen Partner weitergeben wollen. Manchmal zeigt sich daran (besonders bei Katern) ein zwischen mehreren Tieren aufkommender Revierstreit. Ganz anders verhält es sich, wenn das Haustier eine deutlich größere Menge Kot oder Urin auf dem Fußboden, den Möbeln oder einer anderen versteckten Stelle hinterläßt. In einem solchen Fall grollt uns das Tier, wahrscheinlich, weil es vernachlässigt wird. Oder aber es ist überreizt wegen der Streßeinwirkung aus dem Umfeld.

Manchmal hat die Unsauberkeit gerade bei älteren Tieren auch körperliche Ursachen, so etwa Demenz, Altersschwachsinn durch Gehirnverkalkung, Schließmuskelschwäche oder andere Gebrechen. Außerdem sind Gegenstände (z. B. Mäntel oder Taschen von Gästen und von ihnen benutzte Möbel usw.) ein beliebtes Angriffsziel von Katzen, wenn sie die bestimmte Person buchstäblich nicht riechen können. Falls das Kleidungsstück jedoch den Geruch von Moschus (als Bestandteil eines Parfüms) verströmt, hält die Katze dies für eine sexuelle Botschaft von einem Artgenossen, die von ihr entsprechend »beantwortet« wird. Anders als die Verhaltensstörungen, die im hinteren Buchteil behandelt werden, weisen die Unarten nicht auf einen Seelenschaden hin; sie können jedoch als Zwangshandlung betrachtet werden, mit der das Tier seine Machtlosigkeit auszugleichen versucht. Gerade deshalb hinterlassen sie auch keine tieferen Spuren und können sich nach einer Verbesserung der Lebensumstände von selbst wieder geben.

Ein Merkmal von schlechten Gewohnheiten ist übrigens, daß sie »ansteckend« sind: Die Tiere schauen sie voneinander ab. Während viele Tiere nicht von Zwangshandlungen betroffen sind, auch wenn sie sich noch so langweilen, können auch nicht vernachlässigte Tiere mit ganz normaler Lebensweise schlechte Gewohnheiten annehmen, indem sie das Verhalten von Problemtieren nachahmen. Das betrifft z. B. schreckhaftes oder bösartiges Verhalten, das aber nicht mehr als eine schlechte Gewohnheit ist, weil sich dahinter ja keine echte Gefühlsregung verbirgt. Besonders bei Pferden genügt schon ein einziges

Tier, das beißt und ausschlägt, um seine braven Stallgenossen in kürzester Zeit negativ zu beeinflussen – sie werden genauso die Ohren anlegen, die Zähne blecken und den Hinterhuf zum Austreten heben. Schlimmeres werden sie nicht tun und sich auch diese »Bosheiten« schnell wieder abgewöhnen, sobald der Störenfried nicht mehr im Stall steht.

Sicherlich gibt es auch einfache Lösungen, um diese Zwangshandlungen beim Tier zu unterbinden, doch wirken sie nur sehr oberflächlich gegen das Symptom. Man kann dem steinekauenden Hund zwar einen Maulkorb verpassen und dem koppenden Pferd einen Halsriemen anlegen, aber eigentlich müßten wir hier bei den Ursachen für die Zwangshandlung ansetzen, sonst hat alles keinen Zweck. Wenn die schlechte Gewohnheit fortan auch ausbleibt, sind die Einsamkeit, das Eingesperrtsein und die Langeweile nicht behoben und können weitaus schlimmere Folgen für uns haben.

Viele Hundehalter glauben, daß sie mit ihrem Vierbeiner nur deshalb spazierengehen müssen, damit er sich ausreichend bewegt. folglich halten sie ihn im Garten und nehmen ihn nirgends mit hin. Das ist leider falsch, denn das Tier fühlt sich auch im Garten allein, und seine Beweglichkeit ist eingeschränkt. Daher lautet mein Rat, auf den Spaziergang unter gar keinen Umständen zu verzichten!

Depression

Nichts ist so ergreifend wie ein unglückliches, gemütskrankes Tier. Einerseits weil es leidet, andererseits weil es niemandem etwas zuleide tut. Es scheint noch weniger Schuld zu tragen und schwerer erkrankt zu sein als andere verhaltensauffällige Tiere (das ist eine schwere Frage, ob es wirklich so ist), aber nur für einen Tierhalter, der diese Lage durchschaut. Vielen fällt noch nicht einmal auf, daß sich das Tier schlecht fühlt.

Bei oberflächlicher Betrachtung erscheint es so, als ob es faul oder launisch ist. Diese Symptome sind denen sehr ähnlich, auf die ich im Kapitel »Allgemeinbefinden der Tiere, Unwohlsein« über die Erscheinungsformen von Niedergeschlagenheit geschrieben habe: Das Tier ist schwermütig, bewegt sich weniger, kommuniziert nicht, reagiert nur selten auf Außenreize, liegt viel herum, rollt sich zusammen oder versteckt sich und hat keinen Appetit. Eine Verstimmung und die oben aufgeführten Symptome können allerdings auch durch körperliche Beschwerden ausgelöst werden. Die Depression unterscheidet sich davon in einigen, wichtigen Punkten:

Depressiver Hund: »Die Augen sind der Spiegel der Seele.«

- Niedergeschlagenheit ist ein vorübergehender Zustand mit nur einem Symptom, die sich sofort verflüchtigt, sobald die Ursache entfällt; Depression hingegen deutet auf eine verletzte Seele hin, der Zustand verschlimmert sich stetig und läßt sich nur schwer wieder verbessern.
- Die weise Redensart »Die Augen sind der Spiegel der Seele« trifft auch hier zu: Der Gesichtsausdruck ist jeweils verschieden. Im Gesicht des niedergeschlagenen Tieres zeigt sich Geknicktheit und Ermattung, bei der Depression hingegen spiegelt es eine seltsame Reglosigkeit, aber keine Ausdruckslosigkeit, wider. Man hat den Eindruck, daß es sich auf irgend etwas fixiert und nicht imstande ist, die Welt um sich herum wahrzunehmen.
- Tiere, die sich nicht wohlfühlen, haben oft keinen Appetit, aber fressen und trinken zumindest etwas. Ein depressives Tier verweigert jegliche Nahrung und oft auch Wasser, was verheerende Folgen haben kann.
- Bei Niedergeschlagenheit bewegt sich das Tier zumindest schwerfällig, bei Depression bewegt sich das Tier ohne äußerliche Einwirkung fast gar nicht. Wenn es – zum Beispiel durch Arbeit – zu Bewegung gezwungen wird, ist diese eher abgehackt und fahrig. Das Tier scheint innerlich ruhig zu sein, doch ab und zu widersetzt es sich oder unternimmt den Versuch, auszubrechen.

Depressionen können durch besonders qualvollen Seelenstreß hervorgerufen werden, der durch einen Schicksalsschlag ausgelöst wurde, wie etwa den Verlust oder Tod des Herrchens, eine auffällige Verschlechterung der Lebensumstände (besonders im hohen Alter), Festgebundensein ohne Außenreize oder aber die grobe und herzlose Behandlung durch den Menschen.

Besonders anfällig für diese Krankheit sind zweifellos feinfühlige Tiere, weil gerade sie unsere Hege, Aufmerksamkeit und Liebe besonders brauchen. Da eine Depression vorrangig durch die oben genannten Faktoren bedingt wird, ist für ihre Heilung eine liebevolle Atmosphäre unverzichtbar.

Mir ist nicht klar, was genau die Depression bei dem Hengst Onyx hervorgerufen hatte. Ich erkannte sie gleich an dem typischen Blick, als ich den Stall betrat. Sein neuer Besitzer zog ihn zwar nur gelegentlich, aber dann zu schwerer, anhaltender Arbeit heran. Und das vor allem deshalb, weil der Hengst oft scheute und weglaufen wollte. Auch aus seiner Box versuchte er auszubrechen. Das wäre alles halb so schlimm gewesen, doch eines Morgens beim Tränken verweigerte er das Wasser. Ich versuchte über den Tag hinweg öfters, ihm welches anzubieten, aber ohne Erfolg. Er lag nur teilnahmslos da, bewegte sich nicht und starrte ins Leere.

Als er am Ende des Tages immer noch nichts zu sich genommen hatte, entschloß ich mich, diesen Zustand zu ändern. Ich ging zu ihm in die Box, mit einem Eimer Wasser in der Hand und hielt ihn dem liegenden Tier unter die Nase. Es reagierte nicht. Ich stellte den Eimer ab und hockte mich neben das Tier hin. Ich begann mit ihm zu sprechen und streichelte dabei seinen Kopf. Meine Worte lauteten etwa so: »Onyx, das geht doch nicht. Bitte trink Wasser, du mußt. Ich weiß, daß du leidest, und das berührt mich sehr. Du bist ein gutes Pferdchen, ein herrliches Pferdchen. Sei doch bitte nicht so traurig! Trink einen Schluck Wasser. Glaub mir, alles wird dann gut. Du bist sehr schön. Glaub mir, daß ich dich lieb habe« usw.

Der Hengst wurde immer aufmerksamer. Ich lobte ihn, redete ihm gut zu und bot ihm immer wieder Wasser an, bis er schließlich seine Nase in den Eimer steckte und daran schnupperte. Dann nahm er einen Schluck. Darauf lobte ich ihn erneut und ging hinaus. Als ich später zu ihm zurückkehrte, lag er noch immer an derselben Stelle. Nach kurzem Zureden begann er zu trinken, der Eimer war schließlich leer.

Am nächsten Morgen konnte ich ihn dazu bringen, daß er aufstand. Ich brachte ihm Wasser, dann ein paar Äpfel und sprach wieder mit ihm, was viel Zeit in Anspruch nahm. An diesem Tag verbesserte sich sein Zustand zusehends. Am Abend fraß er schon mit Appetit. Drei Wochen später brachte man ihn fort, doch bis dahin sprang er schon ans Gitter und wieherte durchdringend nach mir, sooft ich in den Stall kam.

Störrigkeit

Störrische Tiere gibt es schon seit eh und je, solange sie dem Menschen dienen. Ihr Verhalten ruft auch heute noch eher Zorn beim Besitzer hervor als Mitleid oder irgendein anderes Gefühl. Zweifellos ist es empörend, wenn ein Reitpferd sich stur stellt, seine Hufe Wurzeln schlagen und es sich keinen Millimeter vom Fleck bewegen läßt, egal was geschieht. Weder Bitten noch Drängen hilft – deshalb wurden diese unfolgsamen Tiere allgemein als dumm angesehen. Das ist nicht ganz unbegründet, denn es zeugt nicht gerade von einem hohen Geist, in einer schwierigen Lage zu einer Salzsäule zu erstarren. Allerdings gibt es auch andere Situationen, in denen es wirklich das Klügste ist. Denken wir z. B. an Mimikry, bei der die Tarnfarbe das Tier vor seinem Feind schützt, weil es farblich mit der Umgebung verschmilzt, doch nur dann, wenn es sich kein bißchen bewegt. Ein vermeintliches Blatt erregt jedoch Verdacht, wenn es plötzlich davonläuft! Diese Art »Erstarrung« ist eine instinktive Abwehrreaktion, die nichts mit den geistigen Fähigkeiten zu tun hat. Denn was könnten wir im Ernstfall tun? Im Prinzip gibt es nur drei Möglichkeiten:
- sich dem Kampf stellen,
- die Flucht ergreifen oder
- sich verstecken, um einer Auseinandersetzung zu entgehen.

Kleine Tiere und Pflanzenfresser entscheiden sich meist für die letzte Möglichkeit, da sie bei einem Kampf schlechte Aussichten gegen ihren Feind hätten. Oft bleiben sie auch deshalb in ihrem Versteck und flüchten nicht, *damit sie Kraft sparen*. Ein bekanntes Beispiel für dieses Verhalten ist ein hochsensibles Fohlen oder erwachsenes Pferd: Sobald es in nächster Nähe, etwa in einem Busch, ein winziges Geräusch vernimmt, macht das Pferd einen Satz und versucht zu fliehen. Bemerkt es jedoch in der Ferne etwas Verdächtiges, verharrt es bewegungslos und wartet gespannt ab. Für Raubtiere ist der Kampf typischer oder die Flucht bei Gefahr, doch selbst bei ihnen zeigt sich dieses Abwarten, wenn sie im Zwiespalt sind, d. h. den Ausgang des Kampfes nicht abschätzen können, sich keine Chance gegen die mögliche Gefahrenquelle ausrechnen oder sich keine Gelegenheit zur Flucht bietet.

Doch zurück zur Störrigkeit. Bei welchen Tieren tritt sie also auf? Dieses Benehmen hängt selbstverständlich mit der »Zwiespältigkeit« menschlicher Entscheidungen zusammen, von der gewöhnlich Haustiere betroffen sind.

Pferd und Esel gelten als die berüchtigtsten Sturköpfe, und beide sind Pflanzenfresser. Woran liegt das? Die Tiere wollen etwas Unangenehmes vermeiden, wozu eben oft die Arbeit zählt. Warum wählen sie gerade diese Methode, um sich zu wehren? Da sie von früheren Erfahrungen her sehr genau wissen, daß ihnen Auflehnung oder Flucht nur Nachteile bringt: Das Unterfangen ist aussichtslos und verspricht keinen Erfolg, noch dazu ist mit Strafe zu rechnen. So seltsam es auch klingt, in diesem Fall ist das widerspenstige Tier nicht nur gutmütig und besonnen, es will seinen Herrn auch vor einer Gefahr warnen oder sich selbst schützen, indem es eben nicht kopflos flüchtet. Wie auch immer, diese »Anpflockmethode« hat zwei nicht vereinbare Motive: Das Tier will von einem bestimmten Ort, einer Situation oder einer Arbeit fernbleiben, aber es will auch nicht fliehen. Wenn es sich also weder dorthin noch davon weg bewegen mag, was bleibt ihm noch? Es bleibt stehen.

Die Störrigkeit und der Eigensinn entspringen somit der Angst und sind keinesfalls mit Dummheit oder Bösartigkeit gleichzusetzen. Junge Reitpferde gehen leicht durch, sobald sie im Gelände irgend etwas erschreckt; einen Reiter, der es daran hindern will, wird das Pferd womöglich abwerfen. Auch dieses Verhalten kann nicht als bösartig eingestuft werden, weil das junge Pferd unerfahren ist und noch nicht weiß, was (oder was nicht) es mit dem Menschen zusammen erwartet. Es denkt gar nicht daran, daß dem abgeworfenen Reiter etwas passieren könnte. Theoretisch lernt es mit der Zeit dazu und gewöhnt sich an die Erwartungen des Menschen, auch seine Angst verfliegt.

Nur ist die Praxis oft anders. Die schlecht – und nachlässig – erzogenen Pferde machen schlechte Erfahrungen und entwickeln kein Vertrauen zum Menschen; und wenn sie etwas lernen, dann nur, daß bei Flucht oder anderen Verstößen Strafe droht. Gegen die Arbeit sperren sie sich, weil sie mit Unbequemlichkeiten rechnen, aber sich offen dagegen aufzulehnen, wagen sie nicht, da sie sich vor Strafe fürchten. Andere Tiere protestieren eben, aber sie tun es aus keinem anderen Grund.

Auf dieser Stufe ist die Störrigkeit noch keine Verhaltensstörung oder anormal, doch sie kann dazu werden, wenn sich dieses Benehmen (wie eine schlechte Gewohnheit) festsetzt und selbst bei fachgerechter Haltung und Pflege grundlos fortbesteht. Besonders bei älteren Tieren kommt dies vor, sofern sie sich über lange Zeit eingeprägt haben, daß das Zusammenwirken mit dem Menschen unangenehm ist. Mittlerweile sind sie raffinierter geworden und haben sich »Tricks« angeeignet und alle möglichen Methoden entwickelt, wie sie sich der Zusammenarbeit entziehen können. Mit einem Anfänger auf dem Rücken greifen die Pferde liebend gern auf die bewährte »Anpflockmethode« zurück, weil ihnen klar ist, daß Springen, Aufbäumen, Abwerfen und Weglaufen Strafe bedeutet und sie sich damit nicht vor der Arbeit drücken können. Der Reiter, der irgendwann müde vom vergeblichen Anspornen und Antreiben wird, gibt meistens auf und verzichtet ganz auf den Ausritt.

So wie jedes Übel läßt sich auch dieses besser im Keim ersticken als später beseitigen. Wir dürfen die ersten zaghaften Vergehen nicht durchgehen lassen. In der Regel ist nicht schwer zu erkennen, welcher Grund dahintersteckt. Es kann ein äußerer Umstand sein, wobei eher selten die Gefahr besteht, daß sich Störrigkeit ausprägt, weil sich das Tier schließlich an die Umwelt gewöhnt (es sei denn, daß das Tier überempfindlich auf Streß reagiert).

Diese Gefahr besteht ebenfalls nicht, wenn das Tier wegen körperlicher Beschwerden die Arbeit verweigert. So betrachtet, können für das Entstehen der meisten Verhaltensstörungen Unbequemlichkeiten durch die Arbeit schuld sein. Dazu gehören etwa rücksichtsloses Vorwärtsstreiben, Überlastung, grobe Hilfengebung oder Schmerzen und Wunden durch falsches Anschirren. Es können auch nicht erkannte, unbehandelte chronische körperliche Beschwerden sein wie z. B. Hufkrankheiten. Indem wir entsprechend Abhilfe schaffen, können wir mit fast hundertprozentiger Sicherheit entgegenwirken und so eine ausgeprägte Störrigkeit verhindern. Die Ausgangslage ist viel schwieriger, wenn wir es mit einem erwachsenen oder älteren Tier zu tun haben, das durch und durch starrköpfig ist.

Störrigkeit wird allgemein nicht gern gesehen. Ein starrsinniges Tier davon zu überzeugen, daß die ihm zugedachte Aufgabe keine unangenehmen Begleiterscheinungen mit sich bringt, ist nämlich kompliziert und zeitaufwendig. Einfach, aber nicht immer wirksam, ist die Benutzung von Hilfsmitteln wie Gerte oder Sporen, um die Anweisungen deutlicher zu geben. In vielen Fällen ist der Starrsinn scheinbar gebrochen, aber das Tier leistet auf andere und individuelle Weise Widerstand. Wir müssen also erfinderisch sein, um für jedes einzelne Pferd die passende Methode zu finden.

Geistreiche Rezepte hierfür finden sich im bereits 1882 erschienenen Buch *Riding: On the Flat and Across Country: A Guide to Practical Horsemanship* (Hohe Schule des Geländereitens) von Matthew Horace Hayes, in dem auch bestimmte Verhaltensabweichungen von Reitpferden angesprochen werden. Obwohl der Autor betont, daß seine Vorgehensweise keineswegs allgemeingültig ist, konnte er angeblich mehrere Pferde wieder gefügig machen, indem er sie länger auf einer Stelle stehen ließ oder zum Rückwärtsgehen zwang.

Störrische Pferde und Esel gibt es zuhauf, und sie unterscheiden sich auch nicht viel voneinander. Allerdings läßt sich auch eine »besondere« Form der

Störrigkeit finden, von der genauso Hunde und Katzen betroffen sind. Diese Variante hat nichts zu tun mit einer Arbeit oder Aufgabe, sondern hängt offensichtlich mit irgendeiner Angst oder Abneigung zusammen. Ein solches Beispiel schildere ich nun aus meiner eigenen Erfahrung.

Auf einen Reiterhof war mir ein Komondor zugelaufen (ich hatte ihn schon früher im Zusammenhang mit Lurkó, dem »falsch gepolten« Wachhund, erwähnt). Der Komondor war ein altes Tier, den ich Norton nannte; er war verfilzt, ermattet und übellaunig. Er war verschlossen, bellte nicht, tat nichts und lag nur teilnahmslos und traurig in einer Ecke herum.

Ich fütterte ihn und versuchte, ihn aufzumuntern. Norton begriff schnell, daß ich ihn als Haustier angenommen hatte. An einem Abend gab er mir deutlich zu verstehen, daß er in mein Zimmer wollte. Er war ein großer, kräftiger Rüde, und wenn er ausgebreitet auf dem Boden lag, war nicht mehr viel Platz, um sich in dem kleinen Raum zu bewegen. Weder mit Bitten noch Schimpfen ließ er sich hinausschicken. Die Pferdehirten boten mir zwar an, ihn nach draußen zu jagen, doch das gestattete ich nicht. Ich wußte, daß er stur war, weil er sich fest entschlossen hatte, mein Hund zu werden, da gab er nicht nach. Mit der Inbesitznahme meines Zimmers zeigte er mir, daß er jetzt, egal was passierte, zu mir gehörte.

Schließlich willigte ich ein, daß man ihn mit Wasser begoß, da mir nichts Besseres einfiel. Danach trottete er mürrisch auf den Hof und war todunglücklich wie nie zuvor. Ich lockte ihn wieder heran, doch bald darauf machte er sich erneut in meinem Zimmer breit. Nach langem Betteln und Hin und Her konnte er wieder nur mit Wasser von dort vertrieben werden. Er war untröstlich. Zum Glück verstand er allmählich, daß ich ihn mochte, aber eben nicht mit ihm in einem Raum schlafen wollte. Nachdem wir dieses Mißverständnis endlich geklärt hatten, begann Norton aufzublühen, wurde zutraulich und lebhaft. Nachts lag er jetzt vor meiner Tür, um meine Träume zu bewachen.

In der Tat ist Störrigkeit wie bereits erwähnt eine Art Widerstand. Dennoch müssen wir die Sturheit von den anderen Arten des Widerstands unterscheiden, weil sie von ihrem Beweggrund her, der Antrieb jeden Verhaltens ist, deutlich abweicht. Das störrische Tier hat keine bösen Absichten, es weist nur unsere Aufforderung zurück. Andere aufsässige Tiere sind meistens auch bösartig, weil sie den Widerstand mit einer Art Vergeltung verbinden. Eine Ausnahme bildet das junge, unerfahrene Tier, das sich rein instinktiv verhält und nicht bedenkt, daß es dadurch den Menschen möglicherweise in Gefahr bringt. Wir sollten es nicht als bösartig einstufen, da sein Widerstand mit der Schreckhaftigkeit des erwachsenen Tieres gleichgesetzt werden kann und deshalb heilbar ist. (Die Ursache bei beiden Verhaltensformen ist Angst.)

Schreckhaftigkeit / Ängstlichkeit

Wenn man mit der Lektüre dieses Buches bis hierher vorgedrungen ist, wird einem das Wort Angst am häufigsten begegnet sein. Das ist kein Zufall: Die meisten seelischen Krankheiten haben ihre Wurzeln in der Angst. Umweltstreß verursacht Angst, genauso Grobheit, Vernachlässigung und indirekt auch Verhätschelung, da ein übertrieben behütetes und umsorgtes Tier den natürlichen und normalen Bewährungsproben des Lebens nicht mehr gewachsen ist.

Wenn wir auf der Ebene der Erscheinungsformen bleiben, stellen wir fest, daß auch viele schlechte Gewohnheiten aus der Angst erwachsen, ebenso wie Ungehorsam, Schreckhaftigkeit oder jede Art von Scheuen und Fluchtversuchen. Das trifft auch auf die Bösartigkeit zu, auf die ich später noch zu sprechen komme. Angst ist also allgegenwärtig, wenn es um Verhaltensstörungen oder seelisch-geistige Probleme geht. Sie ist weder Auslöser noch Ausdruck, sie ist der Antrieb, der – betrachtet man die Zusammenhänge – zwischen beidem steht (der Auslöser entfacht den Antrieb, dieser wiederum wird durch seinen Ausdruck sichtbar). Der Antrieb pflegt im Hintergrund zu bleiben, es gibt aber auch Beispiele, in denen ganz deutlich und unmißverständlich sichtbar wird, daß das Tier Angst hat und diese Angst der Grund für das abweichende Verhalten ist. Dann sagen wir: Es ist schreckhaft.

Und jetzt kommen wir zu einem wichtigen Punkt. Innerhalb bestimmter Grenzen (und die sind ziemlich weit gesteckt) ist die Angst kein Nachteil, sondern ein gesunder und nötiger Schutzmechanismus der Seele. Ohne die Empfindung von Furcht wären die Tiere bei einer Gefahr unvorsichtig, sie würden sich weder verteidigen noch fliehen, wenn ihnen körperliche Verletzung droht und wären nur bedingt überlebensfähig. Es gibt elementare Ängste, die immer und überall vor auftretenden Gefahren schützen sollen (vor Erdbeben, Feuer, Hochwasser, Blitzen, lautem Krach, furchterregenden Schatten); diese sind tief verwurzelte Instinkte in der Seele der Tiere, auch in der des Menschen. Vor dieser oder jener bestimmten Gefahrenquelle lernen wir uns zu hüten bzw. zu schützen.

An sich ist Angst bei Tieren normal. Nur bei denjenigen, die keine oder zu viel Angst verspüren, hat die Seele Schaden genommen. Die obere und untere Grenze der begründeten Furcht ist bei jedem Tier verschieden und hängt in erster Linie von der jeweiligen Tierart ab: Im großen und ganzen kann man sagen, daß Raubtiere nicht so furchtsam sind wie Pflanzenfresser, wobei als entscheidender Gesichtspunkt nicht die Lebensweise, sondern die Anzahl der Feinde gilt. Große Pflanzenfresser wie Elefanten oder Nashörner haben in freier Wildnis vor fast nichts Angst; kleine Raubtiere hingegen, wie Fuchs oder Marder, sind eher scheu und fluchtbereit. Bei den drei behandelten Haustierarten Hund, Katze und Pferd weisen eine große Schreckhaftigkeit und Ängstlichkeit jedenfalls auf eine kranke Seele hin.

Das Temperament des Tieres hat einen erheblichen Einfluß darauf, wie stark diese Schreckhaftigkeit ausgeprägt ist. Die Melancholiker haben fast keine Angst (daran erkennt man wie gesagt, daß diese Tiere krank sind), ruhige Tiere haben etwas Angst, lebhafte mehr und temperamentvolle Tiere sehr viel Angst. Dementsprechend scheuen oder fliehen sie auch, doch nur jenseits ihrer charakteristischen Grenzen kann ihr Verhalten wirklich als abweichend betrachtet werden. Wenn wir zum Beispiel bei einem ausgeglichenen lebhaften Tier Anzeichen von Panik erkennen, ein ruhiges Tier bei nur geringer Streßeinwirkung zu fliehen versucht oder umgekehrt ein temperamentvolles Tier matt herumsteht, obwohl der Nachbar seine Kreissäge anwirft, müssen wir von Schlimmerem ausgehen. Das Problem ist meist seelischer Natur, doch nicht immer: Manchmal sind auch körperliche Ursachen in Betracht zu ziehen. Das Tier kann z. B. ängstlicher sein, wenn es schlecht sieht, Fieber oder andere körperliche Beschwerden hat.

Eigentlich sind Umweltstreß und Grobheit die Auslöser für Schreckhaftigkeit, doch genauso verursacht Vernachlässigung im Jungtieralter diese heftige Gemütserschütterung. Dazu gehört die verfrühte Entwöhnung, worüber in den vorangegangenen Kapiteln schon gesprochen wurde. Wenn ein Jungtier zu früh von der Mutter getrennt wurde, ist dieser Schicksalsschlag sehr schmerzhaft für seine Seele; noch schmerzhafter und ernster liegt der Fall, wenn das Tier ausgesetzt wurde und ein Leben als Streuner führen mußte – auch die Fürsorge des Menschen entfiel dann. Es ist unerheblich, ob dieser Zustand nur kurze Zeit währte und es später von jemandem aufgenommen wurde. Bedenken wir, daß die menschliche Zuwendung nur den alten Schock lindert, ganz vergessen machen kann sie ihn nicht. Sollte abgesehen von dem schwelenden Trennungsschmerz auch noch Einsamkeit hinzukommen, wird das betroffene Tier sein Leben lang schreckhaft bleiben. Teilweise leiden auch Herdentiere unter seelischem Druck, die von ihren Artgenossen ausgeschlossen werden – auch die sorgfältigste menschliche Betreuung kann dann nichts ausrichten.

Einem sehr schreckhaften Tier können wir nur helfen, indem wir herausfinden, wovor genau es Angst hat:

- vor den Menschen allgemein?
- vor einem bestimmten Menschen?
- vor Menschen und Tieren?
- vor Artgenossen nicht, aber vor anderen Tieren?
- vor bestimmten Tierarten?
- vor Lebewesen nicht, aber vor Objekten oder Erscheinungen (z. B. Maschinen, Fahrzeuge, Gewitter, Wasser usw.)?
- vor mehreren der aufgezählten Punkte, vielleicht sogar vor allen?

Verantwortlich für eine sehr spezifische Angst sind zumeist schlechte Erinnerungen, die mit der Zeit auch verschwinden können – manchmal spontan, doch in erster Linie dann, wenn das Tier neue positive Erfahrungen sammelt. In diesem Fall gilt das Tier nicht als anormal und kann nicht einmal als übertrieben schreckhaft bezeichnet werden. Nicht selten bewirkt gerade Unerfahrenheit eine grundlose Schreckhaftigkeit: Das in künstlicher Umgebung lebende Tier konnte sich noch nicht mit sämtlichen Lebewesen oder Geräten vertraut machen.

Ein gutes Beispiel hierfür ist die Wohnungskatze, die bis zum Erwachsensein noch nie eine Maus gesehen hat und vor ihr erschrickt. Viele Hunde fürchten sich vor ihren Artgenossen, weil sie seinerzeit vom Tierzüchter gekauft und im frühen Welpenalter von Mutter und Geschwistern getrennt wurden. Daraufhin sind sie allein aufgewachsen und hatten keine Gelegenheit, Kontakte zu anderen Hunden zu knüpfen, wie es ihren Instinkten entspricht: d. h. zu Hündinnen und Rüden, Erwachsenen und Jungtieren, dominanten Tieren und welchen, die auf der Rangliste ganz unten stehen.

Eine durch Unerfahrenheit entstandene Angst kann durch verständnisvolle und geduldige Gewöhnung beseitigt werden – schrittweise und ganz allmählich weisen wir das Tier in die Welt der unbekannten Lebewesen und Gegenstände ein. Sollte unser Zögling aufbegehren, wenden wir keinen Druck oder Strafe an, da sie sich als hinderlich erweisen. Wenn überhaupt, kann der Vorgang nur auf eine Weise beschleunigt werden: durch Lob, Beruhigung, stückweise Belohnungen sowie gutes Zureden und Ermunterung. Wie auch immer, Hauptsache wir versuchen nie, eine Verbesserung zu erzwingen.

Angst, die durch Umweltstreß oder Grobheit hervorgerufen wurde, verschwindet normalerweise spontan, sobald wir die Ursachen beseitigt haben. Dabei ist es wichtig, daß das Tier sich geborgen fühlt und viel Liebe bekommt, was es beides bisher entbehren mußte. Falls wir das Tier noch nicht so gut kennen, sollten wir vorsichtig sein. Die oben genannten Ängste können sich nicht nur in Schreckhaftigkeit oder Fluchtversuchen äußern, sondern manchmal auch in Abwehrreaktionen. »Wer Angst hat, der flüchte, und wer nicht fliehen kann, der kämpfe um sein Leben« – das fordert das ewige Naturgesetz. Ein Tier, das beißt, kratzt oder ausschlägt, *ist immer noch gesünder* als ein vor Schreck erstarrtes, zusammengekauertes Fellbündel.

Für diese Angriffe ist kennzeichnend, daß sie frei von jeglichen bösen Absichten sind; sie sollen lediglich die Gefahr vertreiben. (Achtung! Das soll nicht heißen, daß solche Angriffe harmlos sind. Außerdem braucht man viel Erfahrung, um ein schreckhaftes Tier von einem bösartigen oder aggressiven Tier zu unterscheiden. Nähern wir uns einem solchen Tier nie arglos. Es ist ein Fehler zu glauben, daß »es sich nicht vor uns zu fürchten braucht«, weil wir ihm doch nichts tun wollen.)

Wenn hinter einer andauernden großen Schreckhaftigkeit eine Nervenschwäche steckt, die angeboren ist oder erworben wurde (durch Unfall, grobe Behandlung, Aussetzung, zu frühe Entwöhnung usw.), spricht man von einer echten seelischen Verzerrung, die nur langsam und auch nur bedingt heilbar ist. Wenn sich das Tier gesund entwickelt und ein friedliches Leben in sicherer Umgebung führt, kann es die Schreckhaftigkeit, die durch das Aussetzen oder zu frühe Trennung vom Muttertier zustande kam, überwinden. Diese Schreckhaftigkeit bedeutet jedoch nicht, daß das Tier eine geistige Störung hat, sie bessert sich mit den Jahren und kann ganz verschwinden. Bei der Schreckhaftigkeit, die erst im Erwachsenenalter durch einen Nervenschock ausgelöst wurde,

Schreckhaftigkeit entsteht zumeist durch Aussetzen oder eine verfrühte Trennung von der Mutter.

verhält es sich völlig anders: Das Verhalten des Tieres ist zusammenhanglos, unberechenbar und widersprüchlich, sein Scheuen willkürlich. Da Tiere, die unter solcher Krankheit leiden, neben ihrer Schreckhaftigkeit auch noch aggressiv sind, wird ihr Verhalten gesondert unter dem Abschnitt »Aggressivität« behandelt.

Hinterhältigkeit

Mag sein, daß viele diesen Abschnitt mit mißbilligendem Kopfschütteln lesen werden. Ein Tierfreund könnte mit einigen Vorurteilen dagegenhalten und behaupten, daß sie keine Schuld trifft und ihnen nur der nötige Antrieb fehlt. Andere Leute wiederum, die die Tiere häufig unterschätzen, erheben vielleicht deshalb ihre Stimme, weil ihrer Meinung nach diese »einfältigen« Geschöpfe nur von Instinkten geleitet werden und gar nicht erst auf die Stufe der Bösartigkeit gelangen.

Leider gibt es nun einmal hinterhältige Tiere, und zwar nicht zu knapp. Sie werden so bezeichnet, weil sie mit Absicht etwas Boshaftes tun oder es versuchen. Diese Berechnung erreicht natürlich niemals die des Menschen; das Tier denkt sich keinen Racheplan aus, bei ihm ist die Sache weniger kompliziert, doch es geht immerhin so weit, daß es den richtigen Augenblick abpaßt.

Die Hinterhältigkeit ist ein Gefühl, das sich in der verletzten Seele entwickelt, und ein gefühlsmäßiger Antrieb. Demzufolge ist das Tier nicht von klein an so, sondern wird erst dazu gemacht, indem es fortlaufend Unrecht, Kränkungen und Verletzungen erfährt, überwiegend durch den Menschen. Und selbst dann wird es nicht unbedingt hinterhältig. Auslöser dafür sind zumeist Grobheit, fast ebenso häufig Vernachlässigung oder Zwangshaltung. Bei weiblichen Tieren verursacht die Wegnahme oder Tötung der Jungen diese Hinterhältigkeit.

Verglichen mit Hunden und Pferden sind Katzen am wenigsten hinterhältig. Theoretisch könnte dieses Gefühl auch in ihnen aufkeimen, weil gerade sie die meisten Kränkungen erdulden, doch praktisch kommt es nicht vor. Stellt man ihnen nach, laufen die Katzen weg, aber der Mensch erwartet von ihnen immerhin keine regelmäßige Arbeit, die von ihnen als unangenehm empfunden werden könnte. Da sie überdies in keiner Herde leben, macht ihnen auch eine Vernachlässigung nicht so viel aus, und sie fühlen sich nicht zur Vergeltung genötigt, weil ihr Besitzer ein »schlechter Rudelführer« ist. Bei Hunden ist die Hinterhältigkeit immer noch weniger vertreten als bei Pferden. Das hängt damit zusammen, daß der Hund vom Menschen, den er als Rudelführer anerkennt, jede erdenkliche und noch so extreme Behandlung hinnimmt. Von anderen Personen droht ihnen selten Verunglimpfung. Die Aufgaben, die man Hunden stellt, gehen immer mit ihren Instinkten einher, deshalb werden sie von ihnen auch gern gelöst, sie widersetzen sich nicht, und meistens sind sie nicht überlastet. Sie werden vorwiegend dann bösartig, wenn sie an die Kette gelegt oder vernachlässigt werden.

Manche Hunde zeigen ihre Hinterhältigkeit nur gegenüber Fremden. Hier handelt es sich in der Regel um Tiere, deren Vorgeschichte wir nicht kennen (z. B. ein streunender Hund, der von einer gutmütigen Person aufgenommen wurde, doch wegen schlechter Erfahrungen »seine eigene Meinung« von den übrigen Menschen hat). Ein anderer Grund für Bösartigkeit kann andauernde Störung, Quälerei oder Gehässigkeit sein, denen der Hund im Garten oder Hof ausgesetzt ist. Hinterhältige Hunde zeigen weder Angriffsbereitschaft noch Schreckhaftigkeit oder Angst. Sie knurren nicht und fletschen nicht die Zähne, wenn wir uns ihnen nähern, aber sie ziehen sich auch nicht zurück oder fliehen.

Rastlose Tiere oder solche mit schlechten Erfahrungen beißen erst dann zu, sobald sich ihnen ein Fremder nähert oder sie berühren will. Tiere, die vernachlässigt wurden, begrüßen einen freundlich, doch sobald man sich zum Gehen anschickt, schnappen sie zu. Bereits junge Hunde schnappen nach dem Hosenbein des Besitzers, wenn er sich abwendet und nicht mehr mit dem Tier beschäftigen will (vor allem bei einer vorzeitigen Entwöhnung von der Mutter). Das ist auch der Hauptgrund für Hinterhältigkeit – sorgen wir rechtzeitig vor!

Bei Pferden kann Hinterhältigkeit durch die verschiedenen Formen schlechter Behandlung entstehen. Dazu gehören grobe Behandlung, Schmerzen verur-

Bereits junge Hunde schnappen nach dem Hosenbein des Besitzers,
wenn er sich abwendet und sich nicht mehr mit dem Tier beschäftigen will.

sachendes Geschirr oder Geräte, rabiate und unsachgemäße Dressur, falsches Reiten oder Kutschieren sowie angebundene Haltung im Stall und Vernachlässigung. Es kommt also nicht von ungefähr, daß es mehr hinterhältige Pferde gibt als Hunde. Ihre Böswilligkeit äußert sich darin, daß sie leicht beißen und ausschlagen, sich aufbäumen, um den Reiter abzuwerfen, störrisch sind, sich beim Reiten einfach hinlegen oder im Gespann mit voller Wucht gegen den Kutschbock treten.

Die letztgenannten Bosheiten sind während der Arbeit zu beobachten, und sie stehen im Zusammenhang mit den auftretenden Unannehmlichkeiten; Beißen und Ausschlagen sind eher im Stall typisch und hängen meist mit einer schlechten, unsachgemäßen Betreuung zusammen. Sofern Vernachlässigung und Bewegungsmangel die eigentlichen Ursachen sind, beißen und treten die Pferde nicht, sondern drücken ihren Herrn gegen die Stallwand. Diese Handlungen sind Vergeltungsmaßnahmen mit dem Ziel, es ihm heimzuzahlen, deshalb sind sie im allgemeinen gefährlicher als kleine »Anschläge«, die als bloße Schreckreaktion zu werten sind. Doch selbst das ist längst nicht so gefährlich, wie ein Wutanfall, der aus Aggressivität entstanden ist, mit der festen Absicht zu zerstören.

Wenn man davon ausgeht, daß Hinterhältigkeit durch Angst und Beklemmung ausgelöst wird und ein schreckhaftes Tier manchmal angreift, müssen wir diese beiden Verhaltensformen genau voneinander unterscheiden. Sobald sich der Mensch nähert, zeigt das erschreckte Tier in seinem Gesichtsausdruck und der Körperhaltung Angst (angelegte Ohren, weit aufgerissene Augen, gesträubtes Fell, eingezogener Schwanz, geduckte Körperhaltung), es weicht zurück und greift dann eventuell an, sobald die Gefahr offensichtlich wird – meistens bedeutet das, daß eine Berührung mit dem Menschen unumgänglich ist. Das hinterhältige Tier zeigt keinerlei Furcht, unserem Nahen begegnet es mit Gleichgültigkeit, der Racheakt folgt erst während einer gemeinsamen Tätigkeit unter bestimmten Bedingungen, indem es oft den »günstigsten« Augenblick für die Gegenwehr abwartet, dann, wenn der Mensch überhaupt nicht damit rechnet (die Tiere spüren das!), er wegen seiner gegenwärtigen Körperhaltung ungeschützt ist und gerade nicht aufpaßt. Deshalb werden hinterhältige Tiere auch als heimtückisch und falsch bezeichnet.

Ein Tier kann gleichzeitig schreckhaft und hinterhältig sein. Da viele verschiedene Verhaltensstörungen von Angst gesteuert sind, treten sie meist alle gemeinsam auf. Manche Tiere zeigen auch einem Menschen gegenüber Angst und einem anderen gegenüber Hinterhältigkeit. Tiere mit hoher Intelligenz können sowohl schreckhaft als auch bösartig oder beides werden, wenn sie den jeweiligen Umständen ausgesetzt sind; doch jemandem, den sie als aufrichtig einschätzen, begegnen sie mit Vertrauen und Gutmütigkeit.

Gegen Bösartigkeit hilft nur entschlossenes, aber behutsames Vorgehen. Bei Widerstand oder Angriffen muß man energisch auftreten und im begründeten Fall auch Bestrafung einsetzen. Doch nicht der Sieg, die Übermacht oder Gefühllosigkeit dürfen im Vordergrund stehen. Das Tier wird sich sonst niemals ändern, wenn es seinem Herrn nicht vertrauen und ihn lieben kann.

Auf einem Reiterhof auf dem Lande bat man mich, mein Möglichstes zu tun, um ein Araber-Halbblut zu heilen, das an einer chronischen Sehnenentzündung an der Fessel litt. Wegen der Erkrankung stand das Tier seit mehreren Monaten nur im Stall und fing schon an, bösartig zu werden. Außerdem war es starrköpfig und widerspenstig, was es sich wohl bei der früheren Arbeit angeeignet hatte. Wochenlang behandelte ich das Tier täglich mehrmals mit einem besonderen Heilmittel.

Zu Beginn mußte ich wegen des ständigen Beißens und Herumzappelns viel Geduld aufbringen, besser gesagt: eiserne Nerven zeigen. Außerdem mußte das Tier ständig beobachtet werden, weil es den Verband mit den Zähnen entfernen wollte. Später erweiterte ich die Behandlung durch gezielte Bewegungsübungen. Langsam heilte der Fuß und festigte sich, und während dieser Zeit änderte sich auch das Wesen des Pferdes völlig. Der Besitzer war überglücklich, daß aus seinem lahmen Reitpferd mit schlechten Charaktereigenschaften ein gesundes, fröhliches und folgsames Tier geworden war.

Er erkundigte sich, was der Grund für diese große Veränderung sei, worauf ich antwortete: »Das Benehmen des Pferdes hat nur die Behandlung widergespiegelt, die immerzu roh und einseitig fordernd war. Ich habe ihm Liebe, Unterstützung und Aufmerksamkeit zuteil werden lassen, die ich nun vom Tier zurückbekomme.« Zu meinem Erstaunen nahm der Besitzer meine Kritik positiv auf. Er wollte auch sofort zu seinem Pferd in den Stall. Er sprach es an, aber es reagierte nicht. Als er merkte, daß sein Rufen vergeblich war, sah er mich hilflos an. »Das ist mein Fehler«, gab ich entschuldigend zu, »ich habe es immer ›mein Schäfchen‹ genannt.«

Aus diesem Beispiel können wir lernen, daß sich ein bösartiges Tier ohne Liebe nicht von unserer Freundschaft überzeugen läßt. Wir müssen ihm Vertrauen und Sanftmut entgegenbringen aber dennoch stets auf der Hut sein. Ein verzogenes Tier, das von der sanften Behandlung überrascht ist, kann sich nämlich eine ganze Weile (auch tagelang) »anständig« benehmen und später durch eine unbedachte Bewegung wieder die alten, bösen Verhaltensweisen annehmen. Wenn ein schreckhaftes und bösartiges Tier neu zu uns kommt, zeigt es sich manchmal in der ungewohnten Umgebung noch nicht angriffslustig. Doch seine Zurückhaltung schwindet nach ein paar Tagen und dann fängt es an, Ärger zu machen.

Aggressivität

Viele Leute bezeichnen einfach jedes angriffslustige Tier als aggressiv. Das geschieht nicht ohne Grund, wenn man es wörtlich nimmt. Doch von ihrem Ursprung und der Ausprägung unterscheidet sich Aggressivität als Fehlverhalten von der Angriffslust, die durch Schreckhaftigkeit und Bösartigkeit ausgelöst wird.

Das liegt vor allem daran, weil die Aggressivität *nicht auf Angst zurückzuführen* ist – folglich treten auch keine angstbedingten Verhaltensstörungen auf, und die Heilung (soweit möglich) wird völlig andere Methoden erfordern. Die Gründe für Aggressivität sind

*   starkes Überlegenheitsgefühl,
*   Schädigung des Zentralnervensystems oder
*   schwere geistige Störung durch Schockeinwirkung.

Aggressivität, die von einem starken Überlegenheitsgefühl herrührt, kann mit der schon erwähnten atavistischen Wildheit zusammen auftreten. Das bedeutet, daß sich das Tier nicht in die Gefangenschaft fügt und den Befehlen des Menschen widersetzt. Bei Katzen, besonders bei freilebenden Tieren, trifft man dieses Verhalten häufig an; bei Hunden und Pferden eher selten.

Obwohl sie oberflächlich betrachtet allgemein als »neurotisch« gelten, sind sie nicht krank, sondern vollwertige Vertreter ihrer Art. Trotzdem sollte man sie nicht aus Liebhaberei im Haus halten, da ein Angriff zwar selten, aber dann sehr gefährlich sein kann (die Katze ist eher die Ausnahme). Der Rückfall auf das Verhalten der Ahnen vererbt sich glücklicherweise nicht, weil es selten vorkommt, daß sich zwei solche Tiere paaren. Es gibt einfach zu wenige davon.

Vereinzelt wäre es von Vorteil, sie nachzuzüchten, denn diese Hunde, Katzen und Pferde sind ausgesprochen schöne Exemplare, sie haben einen kräftigen Wuchs mit starken Muskeln und verfügen über eine hohe Intelligenz. (Ihre Aggressivität weist auf ihren wilden Ursprung hin – bei Tieren mit ähnlichen Charaktereigenschaften, die aber geistig und körperlich weniger entwickelt sind, ist die Aggressivität auf bestehende Verhaltungsstörungen zurückzuführen, die durch angeborene oder erworbene Nervenschwäche, Haltungs- und Erziehungsfehler usw. entstanden sind.)

Diese Tiere werden »wild« geboren, und auf ihre Zähmung besteht wenig Hoffnung. Ein Versuch kann schwerwiegende Folgen haben – gerade deshalb, weil diese Tiere *keine Wut zeigen und keinerlei Neigung zur Aggressivität*. Man kann leicht den falschen Schluß ziehen, daß mit ihnen alles in Ordnung ist. Über geraume Zeit mag dies gutgehen, bis plötzlich ein solcher Konflikt heraufbeschworen wird, bei dem sich die Frage stellt, wer das Sagen als Rudelführer hat.

Der oben geschilderte Fall kann als eine Art Eingewöhnungsschwierigkeit bezeichnet werden, ähnlich wie der zweite Typ der Aggressivität, der durch das starke Überlegenheitsgefühl entsteht. Letzteres kommt besonders bei Einzeltieren vor, die schlecht erzogen wurden und bei Menschen aufwachsen, die ihnen alles erlauben und sie nie zur Ordnung rufen. Bei Hunden wird dieses Überlegenheitsgefühl möglicherweise begünstigt, wenn er als erster zu fressen bekommt und sich sein Herrchen einen anderen Platz sucht, sobald der Hund den seinen besetzt, usw. Bei Pferden sind diese Punkte unerheblich, weil es ja nicht mit in der Wohnung lebt. Allerdings geschieht es, daß ein unerfahrener Tierhalter ein neugeborenes Fohlen verhätschelt und sich später vor dem größeren undisziplinierten Wildfang fürchtet und es weiter gewähren läßt, anstatt es durch eine entschlossene Erziehung zu lenken.

Solche verzogenen Hunde und Pferde gewöhnen sich daran, daß die Menschen ihnen nachgeben, um nicht mit ihnen aneinanderzugeraten. Deshalb beißen sie und schlagen aus, sobald etwas nicht nach ihrem Kopf geht und erreichen schließlich, was sie wollen. Oft können diese Tiere auch mit anderen Artgenossen nicht normal auskommen. Das ist besonders kennzeichnend für Haustiere, die seit ihrer Jugend von ihrem Besitzer isoliert gehalten wurden; sie kennen die Gegebenheiten und Verhaltensnormen der Tiere untereinander nicht. Es fällt auf, daß Hunde oder Pferde, die regelmäßig miteinander kommunizieren, freundschaftliche Beziehungen knüpfen und sich selten anfeinden. Tiere, die dies unterlassen, sind oft streitsüchtig und aggressiv. (Hiervon sind alle scharfgemachten Hunde ausgenommen, die nur das vom Menschen erlernte und geforderte Verhalten zeigen und dessen Befehlen folgen. Wir sprechen in diesem Fall nicht von abweichendem Verhalten.)

Das starke Überlegenheitsgefühl durch mangelnde Erziehung kann zwar ein Problem darstellen, wenn sich das Tier in eine menschliche oder tierische Gemeinschaft eingewöhnen muß, doch läßt es sich bereinigen. (Natürlich gilt, daß, je jünger das Tier ist, um so schneller tritt der Erfolg ein.) Mit der nötigen negativen Bekräftigung unterdrücken wir die *geringsten* Anzeichen seiner Angriffslust oder seiner Drohgebärden und halten an unserer Absicht fest, bis das Tier unsere Erwartungen erfüllt hat. Wenn keine Auseinandersetzungen auftreten, sollten wir bestimmt, aber dennoch behutsam auftreten – das unangeleinte, undisziplinierte Tier kann seinen rücksichtslosen Herrn sonst hassen, was seine Aggressivität steigert oder in eine versteckte Hinterhältigkeit übergeht.

Aggressivität, die aufgrund von Geistesgestörtheit entsteht, hat vielfältige Erscheinungsformen, was glücklicherweise nicht bedeutet, daß solche seelisch kranken Tiere häufig sind. Viele Infektionskrankheiten rufen teilweise Nervenstörungen hervor, die eine ungewöhnliche Unruhe und Reizbarkeit mit sich bringen, doch wirkliche Aggressivität äußert sich nur in einer Phase der Tollwut, die als »rasende Wut« bezeichnet wird.

Diese Viruskrankheit birgt, da sie unheilbar ist und jedes Haustier und sogar den Menschen befallen kann, eine große Gefahr. Durch strenge und wirksame Maßnahmen seitens des Landes hat man die Krankheit jedoch praktisch unter Kontrolle und konnte die Neuansteckungen auf ein Minimum beschränken. Es wurde bereits erwähnt, daß die Geistesverwirrung durch die unerträglichen Schmerzen der Krankheit (d. h. Tollwut) entsteht, wie auch andere Krankheiten mit immensem Schmerz bewirken, daß das Tier verzweifelt und tobend angreift.

Durch Kopfverletzungen entstandene Gehirnverletzungen sind als Erkrankung des Nervensystems zu nennen, davon war im Zusammenhang mit der Schreckhaftigkeit schon die Rede. (Typisch ist, daß zu dieser Form der Aggressivität auch Scheu hinzukommt, die ursächlich genauso wenig im Zusammenhang mit Angst steht, wie Aggressionen anderen Ursprungs.) Leider werden Hunde in einer Großstadt häufig bei Autounfällen verletzt oder erleiden ein anderes Trauma. Mir sind viele begegnet, von denen es hieß: »Er ist ein guter Hund, aber seitdem er von einem Auto angefahren wurde, sollte man lieber einen Bogen um ihn machen. Er ist ein bißchen verrückt.« Wenn wir doch zu ihm gehen, fällt uns auf, daß das Tier Angst hat, aber trotzdem mit dem Schwanz wedelt. Es will sich an uns schmiegen; warum sollten wir also nicht zu ihm gehen, obwohl es doch so zahm wirkt? Bei diesen Tieren läßt sich schlecht einschätzen, wann und bei wem sie plötzlich wütend zuschnappen. Mit ausreichend Erfahrung entgeht uns nicht, daß es »nicht ganz richtig im Kopf ist«: Sein Blick ist trüb, gebrochen, und die schlummernde Aggressivität spiegelt sich selbst dann in den Augen wider, wenn es uns am hingabevollsten umschmeichelt.

Es ist bekannt, daß man einem Hund nicht direkt in die Augen sehen darf, weil das leicht ein aggressives Verhalten provoziert. Das ist keine Verhaltensstörung, sondern gehört zu den natürlichen Instinkten des Tieres. Der Begriff

»Auge in Auge« ist gleichzusetzen mit »dem Gegner in die Augen« sehen: Rivalisierende Wölfe machen sich auf diese Weise gegenseitig klar, daß keiner von beiden die Absicht hat, sich zurückzuziehen. Es muß im Kampf ausgefochten werden, wer der stärkere ist. Von geistig gesunden und richtig erzogenen Hunden wird das alles nicht so ernst genommen, außer der Blickkontakt dauert zu lange und ist auf nächster Distanz. Besonders Kinder sollte man vor dieser Gefahr warnen, damit sie nicht erst aus Schaden klug werden. Sowohl das starke Überlegenheitsgefühl als auch die früher erwähnte Erkrankung des Zentralnervensystems machen den Hund überempfindlich, auch für den direkten Blickkontakt.

Aggressivität kann auch wütende Verzweiflung und Haß hervorrufen, wenn sie auf einen seelischen Schock zurückzuführen ist. Das tritt meist bei Tieren auf, die lebhaft und temperamentvoll sind und über eine hohe Intelligenz und ausgeprägte Gefühlswelt verfügen. (Die genannten Eigenschaften hängen auch oft mit dominantem Verhalten zusammen.) Es sind Fälle bekannt, bei denen ein Tier nach dem Verlust seines Partners oder Herrn in eine tiefe Depression verfiel, aus ähnlichen Gründen entsteht auch Aggressivität. So manchem Hund oder Pferd, das den Tod – oder nur die Trennung – von seinem Herrn nicht verkraftet hat, sind die anderen Menschen später verhaßt gewesen; einige Elefanten wiederum begannen nach dem Verlust ihres Partners wütend um sich zu schlagen und Steine auf Menschen zu schleudern. Wale, deren Partner vor ihren Augen getötet wurde, sollen die Seeleute erbittert verfolgt haben. An die Büffel und die Geschichten über sie erinnern sich nur noch wenige Alte aus der ungarischen Tiefebene, damals entstand das Sprichwort: »Verkaufe nie den Gefährten deines Büffels.« Bei diesen Geschöpfen bricht eine ungestüme Wut aus, sobald sie plötzlich alleingelassen werden. Haß und damit verbundene Aggression kann auch durch andere seelische Schocks hervorbrechen, wenn das Tier andauernd körperlich mißhandelt wurde.

Für die oben aufgeführten Fälle ist bezeichnend, daß die Tiere selten angreifen und auch sonst keine aggressive Neigung zeigen, obwohl sie unheilbar krank sind. Im Gegensatz dazu greifen Tiere an, die durch fortwährende Streßeinwirkung aggressiv und unversöhnlich geworden sind – hält man sie in Gefangenschaft, versuchen sie heftig, sich zu befreien – doch ihre zerstörerischen Anfälle können allmählich nachlassen.

Jedes aggressive Tier ist gefährlich. Ihre Angriffe dienen nicht zur Vertreibung oder Vergeltung, sondern allein dem Ziel, den mutmaßlichen Feind unschädlich zu machen. (Eine Ausnahme bilden geisteskranke Tiere, die ohne echten Vorsatz, d. h. nur wegen der im geschädigten Gehirn entstehenden Reize jemanden anspringen.) *Sie wollen töten.* Sie schnappen nicht einfach nur mit den Zähnen nach uns oder fuchteln mit Tatzen oder Hufen in der Luft herum, sie setzen diese erbarmungslos ein. Deshalb darf sich einem aggressiven Tier nur jemand mit großem Sachverstand nähern, der das Risiko auf ein Minimum senken kann und auch im Ernstfall Herr der Lage bleibt.

Es muß noch erwähnt werden, daß ein derartiges Tier dennoch für die Arbeit oder Zucht wertvoll sein kann, aber eine Gefährdung der Umwelt und anderer Menschen ist unbedingt auszuschließen.

An dieser Stelle soll auch das »Pitbull-Problem« nicht unerwähnt bleiben. In den letzten Jahrzehnten haben Hundeangriffe mit schweren Körperverletzungen zugenommen, wobei oft Tiere wie der American Staffordshire Terrier beteiligt waren, die illegal für den Hundekampf abgerichtet wurden. Es hat sich im allgemeinen Bewußtsein festgesetzt, daß die sogenannten Kampfhunde von vornherein gefährlich sind. In meinem Heimatland Ungarn ist auch eine Verordnung herausgebracht worden, die die Zucht dieser Tiere verboten und die Sterilisierung der Zuchttiere vorgeschrieben hat.

Dabei gibt es in Wahrheit keine gefährlichen Hunderassen. Jede Rasse mit kräftigem Körperbau und lebhaftem Temperament »eignet« sich dazu, aus ihr blutrünstige Bestien zu drillen. Sie werden wahrhaft geschliffen, durch ständiges Aufstacheln und Schmerzzufügung! Ein starkes Überlegenheitsgefühl reicht nicht aus, damit ein losgelassener Hund jemandem hinterherhetzt und ihn ohne Anlaß zerfleischen will – er tut dies nur, sobald ihm dieser Mensch verhaßt gemacht wird. Wenn der Hund nicht gequält wird, sondern »nur« aufgehetzt, also zum Angreifen erzogen wurde, spürt er keinen Haß und wird nur im Beisein seines Herrn bzw. auf seinem Hof andere Menschen angreifen. Grundsätzlich ist jedes Aufhetzen eine unnütze und hirnlose Angelegenheit, wodurch meist ein unschuldiger Mensch und auch der eigentlich unschuldige Hund den Schaden haben.

Vorschläge zur Verhaltenskorrektur

Es ist bereits mehrfach betont worden, daß für die Heilung von körperlichen sowie seelischen Krankheiten vermehrte Hingabe, Aufmerksamkeit und eine fachgerechte Sonderbehandlung nötig sind. Bei körperlichen Beschwerden haben wir es recht einfach, da wir nur den Tierarzt aufsuchen brauchen, der sich mit der Lösung des Problems befaßt (unter Umständen müssen wir noch das verschriebene Medikament verabreichen). Bei der Heilung von psychischen Problemen sind wir meist auf uns selbst gestellt, denn die Seele läßt sich nicht rein äußerlich heilen, es gibt auch keine Wunderpille dafür. Selbst bei ähnlich gelagerten Krankheitsfällen mit körperlichen Symptomen wirkt manchmal bei dem einen Tier diese Methode und bei dem anderen jene Methode. Bei seelischen Problemen gibt es überhaupt keine allgemeingültige Lösung, und es hängt immer von der augenblicklichen Lage ab, ob sich unser Handeln als richtig erweist.

Außerdem darf man solche Aufgaben nur mit Herz und Gefühl angehen. Wir können nicht mit Erfolg rechnen, wenn wir das Tier nicht lieben, kein Mitgefühl mit ihm haben und sein Problem nicht als *wichtig* ansehen.

Der Heilungserfolg hängt davon ab,

- wie lange und heftig der bestehende Streß oder die jeweiligen Umstände auf das Tier eingewirkt haben. (Es versteht sich von selbst, daß der lange andauernde und hochgradige Streß eine größere Gefahr für den Seelenzustand des Tieres bedeutet.)
- welche Ausmaße der Schaden bereits hat – leichtere Schäden können schnell geheilt werden, mittlere Schäden sind schwer heilbar und langwierig, schwere Fälle heilen äußerst langsam, und ein Erfolg ist fraglich.
- wie alt und regenerationsfähig das Tier ist – am anfälligsten sind Tiere in der Säugephase und alte Tiere; die Gefahr eines bleibenden Seelenschadens ist bei ihnen also am größten. Das erwachsene Tier, besonders in jüngeren Jahren, kann sich schneller und besser von einem Schock erholen. Die genauen Umstände spielen ebenfalls eine Rolle.
- wie das Verhältnis zwischen dem betroffenen Tier und seinem Heiler ist – dazu gehören seine Einstellung, die angewandten Heilmethoden, die Zeit, die er mit dem Tier verbringt, und das Vertrauen des Tieres.

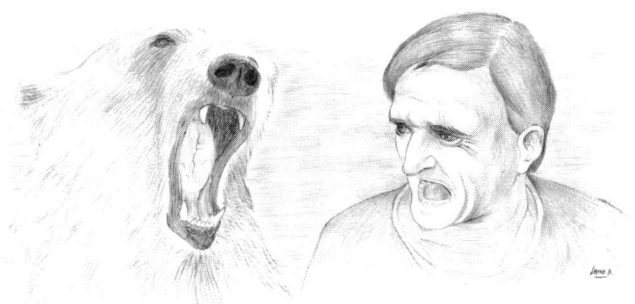

Wie der Mensch, so das Tier: Wenn das Haustier ein gestörtes Verhalten aufweist, spiegelt das sehr häufig die Einstellung seines Herrn wider. (Das gilt auch für Wildtiere, mit denen man in Berührung kommt.)

Ohne eine geistige Verbindung können zwar kleine Verhaltensstörungen behoben werden aber keine wirklichen Seelenschäden.

Und der Kontakt beinhaltet auch einen anderen wichtigen Aspekt, mit dem wir uns bis jetzt kaum beschäftigt haben. Wenn das eigene Tier anfängt, sich gestört zu verhalten, spiegelt diese Verzerrung sehr häufig die Einstellung seines Herrn wider. In den Händen eines rohen und herrschsüchtigen Besitzers werden viele Tiere störrisch, wobei sie die Starrheit und die fehlende Anpassungsfähigkeit übernehmen. Es ist kein Wunder, daß ein Tier bei einem brutalen Herrn aggressiv wird und sich bei einem unsicheren und ängstlichen Menschen an dessen Charakter anpaßt.

Der wichtigste Aspekt bei der Behandlung von seelisch kranken Tieren ist Vertrauen. Bevor wir irgend etwas beginnen, sollten wir erreichen, daß das Tier uns vertraut, da wir sonst nicht weiterkommen. Doch das ist nicht ganz einfach. Das Vertrauen eines gesunden Tieres können wir dadurch gewinnen, daß wir Geduld mit ihm haben und ihm keine Unannehmlichkeiten bereiten. *Einem seelisch kranken Tier müssen wir unser Herz auftun, ihm offen und aufrichtig zeigen, wer wir sind, und ihm unsere Hilfe, die heilende Kraft der Liebe aus der Tiefe unserer Seele darbieten.* Sollten wir dazu nicht fähig sein oder sollte ein Hindernis bestehen, sei es nur ein winziges negatives Gefühl wie Abneigung, Widerstand, Angst, Wut usw., sollten wir uns gar nicht erst an diese Aufgabe wagen. Vor dem Tier können wir unsere wahre Einstellung nicht verbergen, und unser Versuch, ihm Hilfe anzubieten, wird selbst bei bestem Willen scheitern. Wenn das kranke Tier auch noch bösartig und aggressiv ist oder sich angstvoll verteidigt, wird es uns sicher angreifen.

Sich für seine negative Einstellung zu schämen und diese willentlich zu unterdrücken, ist überflüssig. Es kommt nicht von ungefähr, daß solche ablehnenden Gefühle in uns aufkeimen. Nehmen wir sie als natürlich an und finden uns damit ab. Nicht jeder verfügt über die Gabe, seelisch Kranke zu heilen, genauso wie nicht jeder gleich gern fliegt oder Gedichte schreibt.

Und selbst dann sind die gestörten Seelen immer noch verschieden, und es ist ungewiß, ob wir mit jedem Tier auf »dieselbe Wellenlänge« gelangen. Ich spreche aus eigener Erfahrung: Von zehn hinterhältigen oder verängstigten Tieren kann ich mich ohne Bedenken neunen nähern und sicher sein, daß sie mir nichts tun. Bis jetzt habe ich mich nie geirrt, aber es gibt immer eines von zehn Tieren, das ich für gefährlich halte und auf das ich nicht gleich direkt zugehe.

Bei aggressiven Tieren verhält es sich genau umgekehrt. Von zehn Tieren gibt es nur eines, dem ich mich als Fremde bedenkenlos nähern kann. Auch dieses zehnte Tier wird mich *ganz bestimmt angreifen,* doch es wird mich nicht töten wollen wie die anderen neun.

Bei manchen Tieren würde ich mich nicht auf die Behandlung einlassen, da ich mir bewußt bin, daß ich keine Heilung bewirken werde. Entweder weil ich das Problem nicht genau einschätzen kann oder ich nicht genügend Kraft dazu habe.

Bevor wir uns einem kranken Tier nähern, ist es wichtig, daß wir uns zuerst eingehend mit ihm vertraut machen. Ermitteln wir, was seine Probleme verursacht hat, versetzen wir uns in das Tier hinein, in seine Lage und sein Schicksal. Entdecken wir auch seine guten Eigenschaften wie Schönheit, Kraft, Geschick, Intelligenz usw. (Ohne diese Qualitäten könnten wir ihm weder Liebe noch Verständnis entgegenbringen, und sein weiteres Schicksal wäre uns nicht wirklich wichtig.)

Nach diesem Kennenlernen *geben wir dem Tier zu verstehen,* was wir Positives von ihm erfahren haben. Es mag sich seltsam anhören, aber am einfachsten ist es, wenn wir dem Tier alles erzählen. Möglicherweise wird es nichts davon verstehen, doch auch das steht nicht im Vordergrund. Indem wir offen und ehrlich über etwas reden, tragen wir dazu bei, daß unsere seelisch-geistige Energie freigesetzt und verströmt wird. Diese Energie kann jeder lebendige und aufnahmefähige Geist direkt wahrnehmen, auch ohne irgendein Verständigungsmittel oder Zeichensystem.

Beobachten wir seine Erwiderung und erspüren den richtigen Zeitpunkt, in dem wir uns dem Tier nähern können. Viele Leute glauben, daß man seine Liebe am einfachsten durch Streicheln ausdrückt, und wollen das Tier sofort anfassen. In den meisten Fällen ist das genau verkehrt! Tiere mit einer verzerrten Seelenwelt, die mit menschlicher Berührung etliche schlechte Erfahrungen gemacht haben, werden diese Absicht negativ deuten. Wir können froh sein, wenn sie schlichtweg vor unserer Hand zurückzucken und unseren Annäherungsversuch nicht energischer abwehren.

Sollte unsere Ungeduld das Tier verstört und die Kontaktaufnahme vereitelt haben, beruhigen wir es und lassen es vorerst allein, bevor wir einen weiteren Versuch unternehmen, aber diesmal mit einem Leckerbissen anstatt des »Ölzweigs«. (Während der »Friedensverhandlung« ist das ein besonders wirksames Argument.)

Achten wir darauf, daß unser Patient sich wohlfühlt und genügend Auslauf hat. Streß und Anstrengung müssen genauso von ihm ferngehalten werden wie nervtötende Langeweile und Einsamkeit. Es ist richtig, daß wir dem Tier seine Freiheit lassen, aber wir sollten ihm auch kleinere Aufgaben stellen, weil es uns sonst nie entgegenkommen wird.

Vereinfacht dargestellt, spielt sich in seinem Inneren folgendes ab: *Es war schlecht, mit den Menschen zu arbeiten, jetzt bin ich frei, und das ist schön – in Zukunft werde ich mich nicht mehr fügen.*

Fassen wir uns also in Geduld. Wir können keinen festen Termin setzen, wann das Tier geheilt sein wird. Sicher kann in etwa abgeschätzt werden, wie groß das Problem ist, doch weiß man nie genau, wie viel Zeit ein Tier zu dessen Bewältigung braucht. Sorgen wir uns nicht, wenn wir am Anfang keine Besserung erkennen. Es kommt vor, daß eine Weile gar nichts passiert und dann, eines schönen Tages, ändert sich alles wie von Zauberhand.

Der erste Fortschritt zeigt sich meistens dadurch, daß das bisher gleichgültige bzw. argwöhnische Tier uns mit Lauten begrüßt. Das bedeutet nämlich, daß es sich über unser Kommen freut. Auch wir sollten dann unsere Freude äußern, aber noch etwas zurückhaltend. Warten wir ab, bis das Tier auf uns zukommt: Es wird uns zeigen, wann es mit uns arbeiten will, sich an uns schmiegen oder unsere Hand lecken. Zu Beginn sollten wir ihm auch hier langsam und vorsichtig die Hand hinhalten. Einerseits darf sie keineswegs als Bedrohung empfunden werden, andererseits wollen wir ihm Zeit geben zu entscheiden, ob es unsere Berührung annimmt.

Achten wir auch darauf, daß wir das Tier bei unserer Annäherung nicht in eine Ecke drängen und ihm genügend Raum und Ausweichmöglichkeit lassen. Unter diesen Umständen wird uns das Tier wahrscheinlich auch nicht angreifen, falls es nicht aggressiv ist. Mit den ersten Zeichen seines Vertrauens wird sich unser sanftes, verständnisvolles und einfühlsames Vorgehen gelohnt haben.

Danksagung

Ich bedanke mich bei allen, die mit ihren guten Ratschlägen und der Weitergabe ihres Wissens zum Gelingen dieses Buches beigetragen haben:

Meinem Ehemann Pál Kovács

Pamela J. Grant, London

Ann Head, Crowthorne, Großbritannien

Ibolya Józsa, Magyaralmás, Ungarn

Agnes Bianco, Genua, Italien

Im vorchristlichen Europa, wie in allen anderen Teilen der Welt, wurde die Erde als atmendes Wesen angesehen. Bäume und ihre Kraft und Energie wurden als heilige Pforten der Einweihung gesehen, um die Grenzen des Bewußtseins zu erweitern und Kontakt mit dem Unsichtbaren aufzunehmen. »Geist der Bäume« führt in das Innere der Bäume, eine faszinierende Welt der Zellen und Moleküle, es erklärt die elektromagnetischen Kraftfelder und wie Bäume mit Hilfe von Licht kommunizieren. Es werden Wege beschrieben, auf denen der Mensch wieder in einen bewußten und liebevollen Austausch mit Bäumen treten kann.

Fred Hageneder
Der Geist der Bäume
Eine ganzheitliche Sicht ihres unerkannten Wesens
4. Auflage, geb. mit Schutzumschlag, 416 Seiten, 17 x 24 cm, reich und farbig illustriert
ISBN 978-3-89060-472-5

Die Wirkung von Yoga kann gesteigert werden, wenn wir die Übungen unter oder in der Nähe von Bäumen ausführen, so daß ihre Ausstrahlung einen unterstützenden Einfluß auf die Übungen hat. Praktiziere Yoga unter einer Eiche, und die Stärke und Entschlossenheit dieses Baumes werden dich aufladen; oder unter eine Buche, was deine Disziplin und Klarheit erhöhen wird. Doch jeder Baum wird überdies eine Einladung an deine Herzenskräfte sein, ihm Dank und Segen zurückzugeben.

Satya Singh, Fred Hageneder
Baum-Yoga
Paperback, 160 Seiten, viele Abbildungen
ISBN 978-3-89060-247-9

Es gibt zwei Arten von Engeln: solche mit Flügeln und solche mit Blättern.
Der jahrtausendealte Weg, Rat zu finden oder der Natur Dank zu sagen, führt in den heiligen Hain. Da heilige Haine jedoch – mit Verlaub gesagt – selten geworden sind und selbst ehrwürdige einzelne Bäume in friedvoller Umgebung nicht immer schnell zu finden sind, wenn wir sie bräuchten, bieten wir hiermit ein Baumorakel an, das uns den Engeln der Bäume wieder näherbringen kann.

Fred Hageneder, Anne Heng
Das Baum-Engel-Orakel
Buch kartoniert, 112 Seiten, mit 36 Karten im Stülpdeckel-Karton
ISBN 978-3-89060-076-5

Dieses Buch bietet im ersten Teil die Grundlagen der Steinheilkunde, wie und warum sie wirkt. Im zweiten Teil werden über hundert Steine ausführlich vorgestellt, die heilkundlich bereits gut erforscht sind. Die vielfältigen Aspekte der Heilung von Körper, Geist und Seele durch spezifische Steine werden hier ausführlich beschrieben. Unter Heilpraktikern gilt dieses Buch als Grundwerk, und über 80.000 verkaufte Exemplare beweisen, daß es auch für Laien verständlich und nutzbringend ist.

Michael Gienger
Die Steinheilkunde
Ein Handbuch
416 Seiten, Festeinband, durchgehend farbig bebildert
ISBN 978-3-89060-016-1

Das umfassende Handbuch, welches 450 Steine in Bild und Text porträtiert, verfaßt vom Begründer der Analytischen Steinheilkunde, die auf der Grundlage von Naturwissenschaft, Empirie und feinstofflichen Zusammenhängen diesem Zweig der Naturheilkunde wieder eine tragfähige Grundlage bietet. Ausführlich werden Mineralogie, Vorkommen, Heilwirkungen und Verfälschungsmöglichkeiten sowie Handels- und Phantasienamen dargestellt.

Michael Gienger
Lexikon der Heilsteine
Von Achat bis Zoisit
Festeinband, Fadenheftung, 528 Seiten, mehr als 200 Farbtafeln
ISBN 978-3-89060-032-1

Die Steinheilkunde ist in den letzten Jahren von vielen Praktikern weiterentwickelt worden. So konnten in dieser Neuausgabe viele Heilanwendungen aufgenommen werden, die sich in der Praxis bewährt haben. Dabei beschränkt sich Michael Gienger nicht allein auf Steine, sondern er zeigt, wie Steine sinnvoll ergänzt oder als Unterstützung auch bei schwerwiegenden Erkrankungen herangezogen werden können. Das Hausbuch für alle, die mit Steinen heilen wollen.

Michael Gienger
Die Heilsteine Hausapotheke
Erweiterte Neuausgabe. Paperback mit Klappen und Fadenheftung,
320 Seiten, mit 16 Farbtafeln
ISBN 978-3-89060-078-9

Zurückgezogen in der Stille hoher Berge leben die Nachfahren eines einst blühenden Volksstammes, die Kogi-Indianer in der Sierra von Kolumbien. Éric Julien schenkten sie ihr Vertrauen – und ihr unschätzbar tiefes Wissen um ein Leben im Einklang mit der Natur und ihren geistigen Kräften. In diesem Buch teilt er seine Erfahrung, daß die Kogis mit ihren Zeremonien das Gleichgewicht der Erde bewahren helfen und daß es ein für das gesamte Ökosystem nicht mehr gutzumachender Verlust wäre, würden sie ausgerottet und ihre Kultur zerstört. Wir bekommen eine Ahnung, welch tiefes Wissen wir verloren haben und wiedergewinnen müssen, um eine Zukunft zu haben.

Éric Julien
Der Weg der neun Welten
Die Kogi-Indianer und ihr Urwissen vom Leben im Einklang mit Himmel und Erde
Pb., 320 Seiten, 32 Farbtafeln
ISBN 978-3-89060-322-3

Als isländische Elfenbeauftragte ist Erla weltweit bekannt geworden. Seit Kindheit hellsichtig, kann sie aber nicht nur von Elfen und Berggeistern berichten. In diesem Buch erzählt sie aus ihrem Leben, etwa von ihren Begegnungen in der Astralwelt oder ihren Erfahrungen mit Heilgebeten, und sie regt die Leser mit praktischen Übungen immer wieder an, die eigene Wahrnehmung zu erweitern, denn die Realität ist so viel umfassender und vielfältiger, als wir sie gewöhnlich sehen.

Erla Stefánsdóttir
Lifssýn mín
Lebenseinsichten der isländischen Elfenbeauftragten
Geb., 17 x 24 cm, 208 Seiten, durchgehend mit farbigen Bildern
ISBN 978-3-89060-264-6

Die einfachste, billigste und heilste Art, mit Schädlingen umzugehen, ist, mit ihnen zu reden und Frieden zu schließen. Anhand zahlreicher Beispiele belegt der Autor, daß eine Kommunikation mit Tieren möglich ist. Es gilt jedoch, einige einfache Grundregeln zu beachten, um eine Verständigung und auch Vereinbarungen mit anderen Lebewesen möglich zu machen. Daß dies mit menschlichen Worten und jenseits davon selbst mit Schnecken möglich ist, kann jeder erlernen und erfahren. In fünf einfachen Schritten erfährt der Leser, wie leicht es ist, selbst mit Schnecken erfolgreiche Vereinbarungen zu treffen.

Hans-Peter Posavac
Schneckenflüstern statt Schneckenkorn
Paperback, 112 Seiten, mit vielen Zeichnungen von Kai Strathus
ISBN 978-3-89060-240-0

Die Schwingung der Erde zu erhöhen, ist unser aller Aufgabe. Indem die »Freunde der Bäume« die alte weltweite Tradition Heiliger Haine (wieder) einführen, hoffen sie, ihren Teil zu jener Veränderung beizutragen, die notwendig ist, um die weltweite ökologische Krise zu meistern.

Mehr unter www.freunde-der-bäume.de oder über den Verlag.

Freunde der Bäume

Bücher von NEUE ERDE im Buchhandel
Im deutschen Buchhandel gibt es mancherorts Lieferschwierigkeiten bei den Büchern von NEUE ERDE. Dann wird Ihnen gesagt, dieses oder jenes Buch sei vergriffen. Oft ist das gar nicht der Fall, sondern in der Buchhandlung wird nur im Katalog des Großhändlers nachgeschaut. Der führt aber allenfalls 50% aller lieferbaren Bücher. Deshalb: Lassen Sie immer im VLB (Verzeichnis lieferbarer Bücher) nachsehen, im Internet unter **www.buchhandel.de**
Alle lieferbaren Titel des Verlags sind für den Buchhandel verfügbar.

Sie finden unsere Bücher in Ihrer Buchhandlung oder im Internet unter **www.neue-erde.de**
Bücher suchen unter: **www.buchhandel.de**. (Hier finden Sie alle lieferbaren Bücher und eine Bestellmöglichkeit über eine Buchhandlung Ihrer Wahl.)
Bitte fordern Sie unser Gesamtverzeichnis an unter

NEUE ERDE GmbH
Cecilienstr. 29 · D-66111 Saarbrücken
Fax: 0681 390 41 02 · info@neue-erde.de